土木工程专业课程设计指南系列丛书

土木工程施工组织与概预算课程设计指南

丛书主编　周绪红　朱彦鹏

本书主编　李强年

中国建筑工业出版社

图书在版编目(CIP)数据

土木工程施工组织与概预算课程设计指南/李强年主编.
北京：中国建筑工业出版社，2010
（土木工程专业课程设计指南系列丛书）
ISBN 978-7-112-12074-1

Ⅰ．土… Ⅱ．李… Ⅲ．①土木工程-施工组织-课程设计-
高等学校-教学参考资料②土木工程-建筑概算定额-课程设计-
高等学校-教学参考资料③土木工程-建筑预算定额-课程设计-
高等学校-教学参考资料 Ⅳ．TU72

中国版本图书馆 CIP 数据核字(2010)第 076997 号

土木工程专业课程设计指南系列丛书
土木工程施工组织与概预算课程设计指南
丛书主编 周绪红 朱彦鹏
本书主编 李强年

*

中国建筑工业出版社出版、发行(北京西郊百万庄)
各地新华书店、建筑书店经销
北京天成排版公司制版
北京建筑工业印刷厂印刷

*

开本：787×1092毫米 1/16 印张：17¼ 插页：3 字数：420千字
2010年7月第一版 2020年7月第六次印刷
定价：**37.00**元
ISBN 978-7-112-12074-1
(19348)

本书是高等院校"土木工程专业课程设计指南系列丛书"之一。全书分为两部分：第一部分为单位工程施工组织设计，第二部分为建筑工程概预算课程设计。第一部分介绍了施工组织设计的基本知识、流水施工原理、单位工程施工组织设计方法与注意事项及单位工程施工组织设计实例；第二部分介绍了建筑工程概预算基本知识、建筑工程概预算编制方法、建筑工程概预算的编制内容及建筑工程概预算设计实例。

本书可供高等院校土木工程专业、工程管理专业及相关专业师生作为课程设计的教学辅导与参考书。

＊　　＊　　＊

责任编辑：咸大庆　李天虹
责任设计：张　虹
责任校对：赵　颖

丛 书 前 言

土木工程专业是实践性很强的技术类专业，要办好土木工程专业必须加强专业的实践性环节教育。土木工程专业的实践性环节一般包括课程设计、毕业设计、实验和实习，而课程设计所占实践环节的比重较大，直接影响学生毕业后的专业工作能力。因此，搞好课程设计是培养土木工程专业学生最重要的环节之一。但是，由于辅导环节很难跟上大规模的土木工程专业学生的需求，加之辅导老师的教学水平参差不齐，使课程设计很难达到教学计划提出的要求，为此，我们编写了这套"土木工程专业课程设计指南系列丛书"，希望为辅导老师的教学工作提供方便，从而进一步提高课程设计的辅导效率和质量。

根据土木工程专业建筑工程和交通土建知识模块中涉及的课程设计内容，"土木工程专业课程设计指南系列丛书"分为《房屋建筑学课程设计指南》、《钢筋混凝土结构课程设计指南》、《钢结构课程设计指南》、《交通土建课程设计指南》和《土木工程施工组织与概预算课程设计指南》五本书，对各课程设计中遇到的知识点、计算条件、设计计算步骤针对性地进行论述，并给出了设计计算实例，可供学生做课程设计时参考。另外，还按照组合法，给出了35人左右的设计题目，可做到一人一题，解决了老师命题难的问题。

"土木工程专业课程设计指南系列丛书"按照我国现行规范编写，并尽量介绍最新理论和技术，设计计算知识点论述完整，设计实例计算步骤翔实，便于学生自学，也方便辅导老师使用。

"土木工程专业课程设计指南系列丛书"除了能满足教学要求外，还可作为土木工程专业工程技术人员的工具书，在设计、施工和注册考试中使用。

由于编写时间仓促，加之编者水平有限，疏漏之处在所难免，敬请读者批评指正。

土木工程专业课程设计指南系列丛书　编委会

2010 年 2 月 22 日

本　书　前　言

《土木工程施工组织与概预算课程设计指南》是高等院校土木工程专业、工程管理专业及相关专业课程设计教学辅导与参考书。全书系统介绍了单位工程施工组织设计和建筑工程概预算的基本理论知识、设计方法、设计内容及设计实例。单位工程施工组织设计部分包括单位工程在编制施工组织设计时涉及的基本理论知识、设计方法及注意事项；建筑工程概预算部分包括建筑工程概预算的基本理论知识、建筑工程概预算的编制方法、建筑工程概预算编制的内容及步骤。

本书要求学生在了解与掌握"土木工程施工"、"土木工程施工组织与管理"和"工程估价"等课程相关理论的基础上，有机地将理论知识与工程设计任务紧密联系起来，利用书中有关的设计方法、设计内容、基本要求及设计实例，发挥主观能动性，完成各项设计任务。另外，本书也可以为工程咨询、设计、科研、监理和管理工作者在进行相关设计、管理及科研工作中提供参考。

本书内容按照我国最新颁布的国家现行标准规范编写而成，可以为高等院校的师生及相关技术与管理人员在使用时提供便利。

本书第一篇第1章、第2章2.1～2.3节由兰州理工大学李强年编写；第2章2.4、2.5节及第3章3.1～3.4、3.9节由兰州理工大学李辉山编写；第3章第3.5～3.8节由兰州大学焦贵德编写；第4章由兰州理工大学崔宏编写；第二篇第5章由兰州理工大学秦爽编写；第6章由兰州理工大学杨林峰编写；第7章7.1、7.2节由兰州理工大学郝虎编写；第7章7.3节由西北民族大学焦保平编写；第8章由兰州理工大学崔宏编写。

本书由兰州理工大学朱彦鹏教授审核，李强年统稿。

由于编写时间仓促，加之编者水平有限，疏漏之处在所难免，敬请读者批评指正。

目　　录

第3章 单位工程施工组织设计方法及注意事项

第4章 建筑工程施工组织设计实例

第二篇　建筑工程概预算课程设计

第5章　建筑工程概预算基本知识

第8章　建筑工程概预算设计实例

第一篇 单位工程施工组织设计

第1章 施工组织设计基本知识

1.1 施工组织设计概论

1.1.1 基本建设及其内容构成

基本建设是固定资产的建设，是指建造、购置和安装固定资产的活动及其与此相联系的其他工作。

基本建设按其内容构成来说，包括：

1. 固定资产的建筑和安装

其包括建筑物和构筑物的建造和机械设备的安装两部分工作。

建筑工程主要包括各种建筑物(如厂房、宿舍、办公楼、教学楼、医院、仓库等)和构筑物(如烟囱、水塔、水池等)的建造工程。

安装工程主要包括生产设备、电气、管道、通风空调、自动化仪表、工业设备等。

固定资产的建筑和安装工作，必须通过施工活动才能实现。它是创造物质财富的生产性活动，是基本建设的重要组成部分。

2. 固定资产购置

其包括各种机械、设备、工具和器具的购置。

3. 其他基本建设工作

其主要是指勘察设计、土地征购、拆迁补偿、建设单位管理、科研实验等工作以及它们所需要的费用等。这些工作和投资是进行基本建设所必需的，否则，基本建设就难以进行，也无法投产和交付使用。

基本建设的范围包括新建、扩建、改建、恢复和迁建各种固定资产的建设工作。

1.1.2 基本建设项目及其组成

基本建设项目，简称建设项目。凡是按一个总体设计组织施工，建成后具有完整的系统，可以独立形成生产能力或发挥效益的建设工程，称为一个建设项目。在工业建设中，一般以一个企业为一个建设项目，如一个冶炼厂等。在民用建设中，一般以一个事业单位为一个建设项目，如一幢住宅楼、一所医院等。大型分期建设的工程，如果分为若干个总体设计，则就有若干个建设项目。

一个建设项目，按其复杂程度，由下列工程内容组成。

1. 单项工程

凡是具有独立的设计文件，竣工后可以独立发挥生产能力或效益的工程，称为一个单项工程。一个建设项目，可由一个单项工程组成，也可由若干个单项工程组成。例如，工业建设项目中，各个独立的生产车间、实验楼、仓库等，民用建设项目中，学校的教学楼、实验室、图书馆、学生宿舍等。这些都可以称为一个单项工程，其内容包括建筑工程、设备安装工程以及设备、工具、仪器的购置等。

2. 单位工程

凡是具有单独设计，可以独立施工，但完工后不能独立发挥生产能力或效益的工程，称为一个单位工程。一个单项工程一般都由若干个单位工程所组成。例如：一个复杂的生产车间，一般由土建工程、管道安装工程、设备安装工程、电气安装工程等单位工程组成。

3. 分部工程

一个单位工程可以有若干个分部工程组成。例如，一幢房屋的土建单位工程，按结构或构造部位划分，可以分为基础、主体结构、屋面、装修等分部工程，按工种工程划分，可以分为土(石)方工程、基础工程、混凝土工程、砌筑工程、防水工程、抹灰工程等分部工程。

4. 分项工程

一个分部工程可以划分为若干个分项工程。可以按不同的施工内容或施工方法来划分，以便于专业施工班组的施工。例如，一般房屋砖基础分部工程，可以划分为基槽(坑)挖土、混凝土垫层、砖砌基础、回填土等分项施工过程。

1.1.3 基本建设程序和施工程序

1. 基本建设程序

基本建设程序就是建设项目在整个建设过程中从设想、决策、评估、设计、施工到竣工验收、投入生产等各项工作必须遵循的先后顺序，是我国几十年来基本建设工作实践经验的科学总结，其顺序不能颠倒，是建设项目在建设过程中必须遵循的客观规律，是建设项目科学决策和顺利进行的重要保证。

基本建设程序分为决策，设计招标，实施、交付使用及项目后评价四个阶段。

第一阶段：基本建设项目及其投资的决策阶段。

这个阶段是根据国民经济长、中期发展规划，编制项目建议书，进行建设项目的可行性研究，对建设项目进行决策，编制建设项目的计划任务书(又叫设计任务书)。其主要工作包括调查研究、经济论证、选择与确定建设项目的地址、规模和时间要求等。

第二阶段：基本建设项目的设计招标阶段。

这个阶段主要工作是根据批准的计划任务书，进行勘察设计，做好建设准备，安排建设计划。其主要工作包括工程地质勘察、进行初步设计、技术设计(或扩大初步设计)和施工图设计，编制设计概算，设备、材料订货，征地拆迁，编制年度的投资计划及项目建设计划。

第三阶段：基本建设项目实施、交付使用阶段。

这个阶段主要是根据设计图纸和技术文件，进行建筑安装施工，做好生产或使用准备，施工单位必须按照合同规定的内容全面完成施工任务，要求严格执行施工验收规范、质量检验评定标准进行工程质量验收，质量不合格的工程不得交付使用。

第四阶段：项目后评价阶段。

建设项目后评价是工程项目竣工投入生产运营一段时间后，对项目的立项决策、设计施工、竣工投产及生产运营等全过程进行系统评价的一种技术经济活动，是固定资产投资管理的一项重要内容，以便达到总结经验、吸取教训、提出建议、改进工作，不断提高工程项目决策水平和投资效果的目的。目前，我国开展的项目后评价按照三个层次进行，即项目单位的自我评价、项目所属行业(或地区)的评价和各级计划部门(或主要投资方)的评价。

基本建设程序的上述四个阶段，前两个阶段是建设项目的前期工作，后两个阶段是后期工作，前三个阶段可分为八个步骤，其内容包括：

(1) 建设项目可行性研究

其包括选择建设项目的地址、写出报告、审批等，项目审批完成意味着立项完成。

(2) 建设项目的计划(设计)任务书

其包括建设项目地址的确定并经审核批准。

(3) 勘察设计工作

其中初步设计及设计总概算批准后，进一步做技术设计和施工图设计。如果有技术设计，则需要进一步做修正概算；施工图设计完成后，做出施工图预算。

(4) 项目建设的准备工作

待初步设计批准后，建设单位进行设备订货、建设项目的施工准备等工作。

(5) 建设项目的建设计划安排

其包括分年度的建设投资，当年的基建投资列入建筑安装工程年度计划之内。

(6) 建筑、安装施工

这是建设项目付诸实施的重要一步，也是施工单位最根本的任务。为确保建设项目投产，施工单位应保证工程质量，按期完成施工任务。

(7) 生产准备

建设单位应根据建设项目的技术经济特点，在施工期间，抓紧做好生产前的各项准备工作。

(8) 竣工验收、交付使用

这是一个基本建设项目完成的最后一步，也是检验工程项目从计划、设计转化为施工的重要一步。验收合格后，标志着新的固定资产的完成。

上述八个步骤，就是基本建设的程序，即基本建设各项工作的先后顺序，这个顺序不允许颠倒。但各工作之间有交叉，如图 1-1 所示。

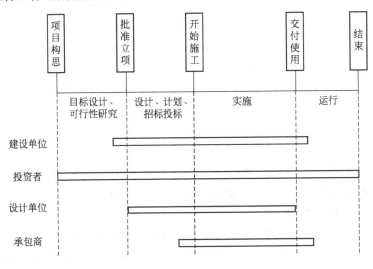

图 1-1　基本建设程序图

2. 施工程序

工程项目建设程序一般来讲都分为三个大的阶段，即前期决策阶段、项目实施阶段和交付使用阶段。我国的工程项目建设程序可划分为六个步骤，包括项目建议书阶段、可行性研究阶段、设计招标阶段、建设准备阶段、建设实施阶段和竣工验收阶段。工程项目的施工程序是拟建工程项目在整个施工阶段必须遵循的先后次序，反映整个施工阶段必须遵循的客观规律，是整个建设程序中的一部分。施工程序也具有明显的阶段性，一般来说，前一阶段的活动为后一阶段的工作提供必要的前提和基础。

根据施工组织与管理的需要，按照工作内容和重点的不同，施工程序一般可分为如下几个阶段：

（1）承接任务阶段

在承接任务阶段施工单位的主要工作内容包括按招标的要求投标，中标后签订施工合同；有些施工任务可以通过建设单位的委托承包，还有一些国家重点项目由国家或上级主管部门直接下达给施工企业的方式承接，任何一种承接方式均应签订施工合同。

（2）施工准备阶段

签订施工合同后，施工单位应全面开展施工准备工作，这一阶段的重点工作是编制施工组织设计。根据工程项目的特点，施工单位应首先编制施工组织总设计，根据批准后的施工组织总设计，编制单位工程施工组织设计。施工组织设计应明确施工方案、施工技术组织措施、施工准备工作计划、施工进度计划、资源供应计划、施工平面布置，并落实执行施工组织设计的责任人和组织机构。有了施工组织设计，施工单位可据此进行具体的各项施工准备工作，落实劳动力、材料、构件、施工机具及现场的"三通一平"等，具备开工条件后，提出开工报告并经审查批准，即可正式开工。

（3）实施阶段

工程实施阶段是施工管理的重点，应按照施工组织设计精心安排施工。从广义上讲，施工管理工作应涉及施工全过程；从狭义上讲，施工管理工作是为落实施工组织设计，针对具体的施工活动进行的协调、检查、监督、控制等指挥协调工作。一方面，应从施工现场的全局出发，加强各单位、各部门的配合与协作，协调解决各方面问题，使施工活动顺利开展；另一方面，应加强技术、质量、安全、进度等各项管理工作，严格执行质量、安全检查制度，落实施工单位的经济责任制，全面做好内部的各项经济核算与管理工作。这一阶段的最终任务是应按合同规定的内容完成工程项目的施工，并做好收尾工作和必要的交工准备工作。

（4）竣工验收阶段

竣工验收是施工程序的最后阶段。在竣工验收前，施工单位应先自行进行预验收，检查评定各分部、分项工程的质量，整理各项竣工验收的技术经济资料。在此基础上，由建设单位组织或委托监理单位组织竣工验收，即可将工程交付使用。

1.1.4　工程项目的施工准备工作

施工准备工作是指在施工前，为保证施工正常进行而事先必须做好的各项工作，其根本任务是为正式施工创造必要的技术、物质、人力、组织等条件，使施工得以顺利、安全地进行。施工准备工作不仅是在施工前进行，而且贯穿于整个施工过程。施工准备工作是搞好目标管理、推行技术经济承包的根本保证，对于发挥企业优势、合理供应资源、加快施工速度、提高工程质量、降低工程成本、增加企业经济效益、实现企业管理科学化等具有重要的意义。

1. 施工准备工作的分类

(1) 按照施工准备工作的范围分类

按照施工准备工作范围的不同，施工准备工作可分为全场性施工准备、单项(位)工程施工条件准备和分部(项)工程作业条件准备三种。

① 全场性施工准备

它是以一个建设项目为对象而进行的各项施工准备，其目的和内容都是为全场性施工服务的，不仅要为全场性的施工活动创造有利条件，而且要兼顾单项工程施工条件的准备。

② 单项(位)工程施工条件准备

它是以一个建筑物或构筑物为对象而进行的施工准备，其目的和内容都是为该单项(位)工程服务的，它既要为单项(位)工程做好开工前的一切准备，又要为其分部(项)工程的施工进行作业条件的准备工作。

③ 分部(项)工程作业条件准备

它是以一个分部(项)工程或季节性施工项目为对象而进行的作业条件准备。

(2) 按照工程所处的施工阶段分类

按照工程所处的施工阶段不同，施工准备工作可分为开工前的施工准备工作和开工后的施工准备工作两种。

① 开工前的施工准备工作

它是在拟建工程正式开工前所进行的一切施工准备，其目的是为工程正式开工创造必要的施工条件。它包括全场性的施工准备及单项工程施工条件的准备。

② 开工后各施工阶段的施工准备工作

它是在拟建工程开工后，每个施工阶段正式开始之前所进行的施工准备工作。例如，地下工程、主体结构工程和装饰工程等施工阶段的施工内容不同，其所需的物资技术条件、施工组织方法和现场布置等也就不同，应为各施工阶段正式开工之前创造必要的施工条件。

2. 施工准备工作的内容

每项工程施工准备工作的内容，根据该工程的规模、地点和具体条件的不同而不同。一般来讲，工程项目的施工准备工作按照性质和内容分为技术准备、物资准备、劳动组织准备、施工现场准备和施工场外协调准备等五个方面。

(1) 技术准备

技术准备是施工准备工作的核心。

① 了解扩大初步设计方案

施工单位应提前与设计单位结合，了解扩大初步设计方案的编制情况，使方案的设计在质量、功能、工艺技术等方面均能适应当前建设发展的水平。

② 熟悉和审查施工图纸

主要是为编制施工组织设计提供各项依据，通常按照图纸自审、会审和现场签证三个阶段进行。图纸自审由施工单位主持，并写出图纸自审记录；图纸会审由建设单位或委托监理企业主持，设计和施工单位共同参加，形成"图纸会审纪要"，三方共同会签并加盖公章后，作为指导施工和工程结算的依据。

③ 调查分析原始资料

其包括对自然条件的调查分析和技术经济条件的调查分析两部分。对自然条件的调查分析包括对建设地区的气象、建设场地的地形、工程地质和水文地质、施工现场地上和地下障碍物状况、周围建筑物和周围环境情况等项调查；对技术经济条件的调查分析包括当地建设施工企业状况、地方资源、交通运输、水电及其他能源、主要设备、各种材料和特种物质等的生产能力和供应情况等调查。

④ 编制施工图预算和施工预算

施工图预算应按照施工图纸所确定的工程量、施工组织设计拟定的施工方法，根据预算定额和有关费用定额来编制。施工预算是在施工图预算或工程承包合同价的基础上编制的，它是施工企业进行"两算"对比、编制成本计划、考核用工、签发施工任务单和内部经济核算的依据。

⑤ 编制施工组织设计

编制施工组织设计是施工准备工作的重要组成部分，应根据拟建工程的规模、结构特点和建设单位要求，编制指导该工程施工全过程的施工组织设计，是指导施工项目管理全过程的规划性、全局性的技术、经济和组织的综合性文件。

（2）物资准备

① 工程材料准备

应根据施工预算的材料分析和施工进度计划的要求，编制工程材料需要量计划，为施工备料、确定仓库和堆场面积以及组织运输提供依据。

② 构（配）件和制品加工准备

应根据施工预算所提供的构（配）件和制品的名称、规格、数量和加工要求，编制相应的计划，为加工订货、组织运输和确定堆场面积提供依据。

③ 施工机具准备

应根据施工方案和进度计划的要求，编制相应的施工机具需要量计划，为组织施工机具的进场和确定机具停放场地提供依据。

④ 生产工艺设备准备

应按照拟建工程的生产工艺流程及其工艺布置图的要求，编制工艺设备需要量计划，为组织工艺设备的进场和确定临时停放场地提供依据。

物资准备工作程序如图 1-2 所示。

（3）劳动组织准备

① 建立工程项目组织机构

根据工程的规模、结构特点和复杂程

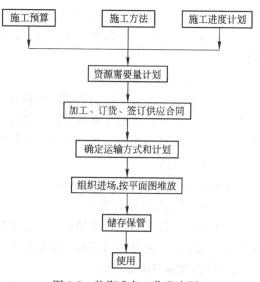

图 1-2 物资准备工作程序图

度，任命项目经理并确定工程项目组织机构的其他人选，成立项目经理部，建立起掌握施工技术、富有开拓精神并善于经营管理的工程项目组织机构。

② 确立精干的施工队、组

根据工程的特点和采用的施工组织方式，确定建立相应的专业施工队伍或综合施工队伍，并确定各施工班组合理的劳动组织，制订出该工程的劳动力需要量计划。

③ 组织劳动力进场

按照开工日期和劳动力需要量计划，组织劳动力进场，并进行劳动纪律、安全施工和文明施工等教育。

④ 做好交底工作

为落实施工计划和技术责任制，应按管理系统逐级进行交底。交底内容通常包括：工程施工进度计划和月、旬作业计划；各种工艺操作规程和质量验收标准；各项安全技术措施、降低成本措施和质量保证措施等。

(4) 施工现场准备

① 做好施工场地的控制网测量

应根据给定的永久性坐标和高程，按照建筑总平面图的要求，进行施工场地内的控制网测量，设置场区内永久性控制测量标桩。

② 保证"四通一平"

应确保施工现场的水通、电通、道路畅通、通讯畅通和场地平整。

③ 建造施工设施

按照施工平面图和施工设施需要量计划，建造各项生产、生活需用的临时设施，修筑好施工场地的围墙或围挡，并按消防要求，设置足够数量的消火栓。

④ 组织施工机具进场

根据施工机具需要量计划，组织施工机械、设备和工具进场，同时按施工平面图要求，安置或存放在规定地点，并应进行相应的检查和试运转工作。

⑤ 组织材料进场

根据工程材料、构(配)件和制品需要量计划，组织其进场，按施工平面图中规定的地点和方式储存或堆放。

⑥ 进行有关试验、试制

材料进场后，应根据有关规定进行材料的试验、检验；对于新技术项目，应拟定相应的试制和试验计划，并应在开工前实施。

⑦ 做好季节性施工准备

按照施工组织设计要求，认真落实冬期施工、雨期施工和高温季节施工项目的施工设施和技术组织措施。

(5) 施工场外协调准备

① 材料加工和订货

根据各项材料、构配件和制品需要量计划，同有关生产、加工厂签订供货合同，以保证按时供应。

② 施工机具租赁或订购

对于施工企业缺少的施工机具，应根据需要量计划，确定租赁或购买的方式，并同有关单位签订租赁合同或订购合同。

③ 做好分包安排，签订分包合同

对于某些专业工程，如大型土石方工程、结构安装工程和设备安装工程，可分包给相应的专业承包企业；或将工程的劳务作业分包给劳务分包企业。应尽早做好分包安排，并采用招标或委托承包的方式，同有关分包单位签订分包合同，并保证合同的实施。为落实以上各项施工准备工作，必须编制相应的施工准备工作计划，建立、健全施工准备工作责任和检查等制度，使其有领导、有组织和有计划地进行。

1.2 施工组织设计的作用与分类

施工组织设计是根据施工的预期目标和施工条件，选择最合理的施工方案，指导拟建工程施工全过程中各项活动的技术、经济和组织的综合性文件。它的任务是对拟建工程，在人力和物力、时间和空间、技术和组织上，做出全面而合理的安排，进行科学的管理，以达到提高工程质量、加快工程进度、降低工程成本、预防安全事故的目的。

1.2.1 编制施工组织设计的重要性

施工组织设计在工程施工中的重要性主要表现在以下几个方面：

1. 从建设工程产品及其生产特点来看

由建设工程产品及其生产特点可知：不同的建设工程有不同的施工方法，即使是相同的建设工程，因为建造的地点、时间不同，其施工方法也不可能完全相同。所以，没有完全统一的、固定不变的施工方法可供使用，这就需要在拟建工程开工之前，根据其不同的特点和施工条件，进行合理的部署，并通过施工组织设计科学地表达出来。

2. 从工程施工在整个工程建设过程中的地位来看

根据基本建设的投资分配可知，在建设实施阶段，投资往往占基本建设总投资的 60%及以上，高于其他各阶段投资的总和。因此施工阶段是基本建设中一个非常重要的阶段。认真编制好施工组织设计，对于保证施工阶段的顺利进行，实现预期的投资效果，意义非常重大。

3. 从施工企业的生产经营管理来看

（1）施工企业的生产计划与施工组织设计的关系

施工企业的生产计划是根据国家或地区基本建设计划的要求，以及企业对建筑市场的科学预测和项目中标的情况，结合本企业的具体情况而制定的不同时期的生产经营计划。而施工组织设计是按各具体的拟建工程开、竣工时间编制的指导施工的文件。施工组织设计是企业生产计划的基础，同时施工组织设计的编制又要服从企业的生产计划，两者之间有着极为密切而又不可分割的关系。

（2）施工企业生产的投入、产出与施工组织设计的关系

施工企业生产经营管理目标的实施过程，实质上就是对企业所承包的各个工程从承担任务开始到竣工交付全过程中的投入、产出进行计划、组织、控制和管理的过程，其基础就是各个工程的施工组织设计。所以，施工组织设计是统筹安排企业生产的投入、产出的

关键。

(3) 施工企业的现代化管理与施工组织设计的关系

施工企业的现代化管理水平主要体现在经营管理素质和经营管理水平两个方面。经营管理素质包括竞争能力、应变能力、赢利能力、技术开发能力和扩大再生产能力等；经营管理水平就是计划与决策、组织与指挥、控制与协调、教育与激励等职能的水平。企业经营管理的素质及经营管理机构的职能，都必须通过施工组织管理机构来体现，通过施工组织设计的编制、贯彻、检查和调整来实施，这充分体现了施工组织设计对施工企业现代化管理的重要性。

1.2.2 施工组织设计的作用

施工组织设计是连接工程设计和施工之间的桥梁，它既要体现基本建设的要求，又要符合施工活动的客观规律，对建设项目、单项及单位工程的施工全过程起到战略部署和战术安排的双重作用，并统一规划和协调复杂的施工活动。施工生产的特点表现为综合性和复杂性，如果施工前不对各种施工条件、生产要素和施工过程进行精心安排，周密计划，那么复杂的施工活动就没有统一行动的依据，就必然会陷入毫无头绪的状态。通过施工组织设计的安排，可以把工程的设计与施工、技术与经济、施工企业的全面生产与各具体工程的施工更紧密地结合起来；可以把直接参与施工的单位与协作单位及各部门、各阶段、不同过程之间的关系更好地进行协调。这样，才能保证拟建工程的顺利进行。

施工组织设计是对拟建工程的施工全过程实行科学管理的重要手段，也是指导拟建工程从施工准备到施工完成的组织、技术、经济的一个综合性的设计文件，对施工全过程起指导作用。工程施工的全过程是在施工组织设计的指导下进行的，即在工程的实施过程中，要根据施工组织设计来组织现场的各项施工活动，对施工的进度、质量、成本、技术、安全等各方面进行科学的管理，以保证拟建工程在各方面达到预期的要求并能按期交付使用。

施工组织设计是施工准备工作的重要组成部分，也是及时做好其他有关施工准备工作的依据，因为它规定了其他有关施工准备工作的内容和要求，使施工人员处于主动地位。施工组织设计根据工程特点和施工条件科学地拟定施工方案，确定施工顺序、施工方法和相应的技术组织措施，安排施工进度计划。施工人员就可以根据这些施工方法，在进度计划的控制下组织施工；可以预见施工中可能发生的矛盾和风险，采取相应的对策；可以实现施工生产的节奏性、均衡性和连续性，使各项工作均能够顺利完成。

施工组织设计是对施工活动实行科学管理的重要手段，在施工企业的现代化管理中占有十分重要的地位。它是编制工程概、预算的依据之一；是施工企业整个生产管理工作的重要组成部分；是编制施工生产计划和施工作业计划的主要依据。

编好施工组织设计，按科学的程序组织施工，建立正常的施工秩序，有计划地开展各项施工活动，及时做好各项施工准备工作，保证劳动力和各种技术物资的供应，协调各施工单位之间、各工种之间、各种资源之间的关系，使平面与空间以及时间上的安排更加科学合理，为保证施工的顺利进行、保证质量按期完成施工任务、取得良好的经济效益起到重要的作用。

1.2.3 施工组织设计的分类

施工组织设计的各阶段是与工程设计的各阶段相对应的，根据设计阶段的不同，可分为施工组织总设计、单位工程施工组织设计和分部(分项)工程作业设计。一般情况下，一个大型工程项目，应先编制施工组织总设计，作为对整个建设工程施工的指导性文件。在此基础上编制单位工程施工组织设计，如果需要，还须编制某些分部工程的作业设计，用以指导具体施工。

1. 施工组织总设计

施工组织总设计是以建设项目为对象编制的，在有了批准的初步设计或扩大初步设计之后方可进行编制，目的是对整个工程施工进行通盘考虑，全面规划。一般应以主持该项目的总承建单位为主，有建设、设计和分包单位参加，共同编制。它是建设项目的总的战略部署，用以指导全现场的施工准备和有计划地运用施工力量，开展施工活动。

2. 单位工程施工组织设计

单位工程施工组织设计是以单位工程为对象进行编制的，用以直接指导单位工程施工。在施工组织总设计的指导下，由直接组织施工的企业根据施工图设计进行单位工程施工组织设计的编制，并作为施工单位编制分部作业和月、旬施工计划的依据。

3. 分部(分项)工程作业设计

对于工程规模大、技术复杂或施工难度大的或者缺乏施工经验的分部(分项)工程，在编制单位工程施工组织设计之后，需要编制作业设计，用以指导施工。

1.3 施工组织设计的主要内容及编制程序

1.3.1 施工组织设计的编制原则

施工组织设计要正确指导施工，须体现施工过程的规律性、组织管理的科学性、技术的先进性和方案的可行性。根据多年实践经验，形成了组织施工应遵循的基本原则。

1. 保证施工项目重点、统筹安排

土木工程施工的根本目的就是按照建设单位的要求及合同规定的内容，把施工项目保证质量按期完成，交付生产或使用，因此，应根据拟建项目的具体情况和施工条件，对工程项目进行统筹安排，把有效的资源投入到重点工程上，使其早日投产，发挥效益。同时，也应照顾一般工程，资金的投入不应过分集中，以免造成人力、物力的损失。总之，应注意主体工程和配套工程的相互关系，重视准备项目、施工项目、收尾项目和竣工投产项目的关系，做到协调一致，保证工期，充分发挥其最大效益。

2. 科学合理安排施工顺序，优化施工方案

施工的先后顺序反映了客观要求，施工顺序的科学、合理，能够使施工过程在时间、空间上得到统筹安排。施工顺序是随工程性质、施工条件不同而变化，但经过优化施工方案，合理安排施工顺序是达到高效、优质完成施工任务的根本保证。

(1) 先准备，后施工

准备工作满足施工条件方可开工，以防造成施工现场混乱。

(2) 先全场，后单项

施工先进行全场性工程，而后进行各个单项工程，如路通、水通、电通、场地平整应先进行，有利于现场平面管理。例如，地下工程先深后浅；场地工程先场外，后场内；先主干后分支等。

（3）先临设，后施工

施工前应先建设施工期间必须使用的设施(如住宅、办公、食堂、仓库等)，具有完善的后勤保障，才能保证施工顺利进行。

（4）先土建，后设备

土建工程要为设备安装和试运行创造条件，并要考虑满足试车要求。

（5）平行流水，立体交叉同时考虑

考虑各工种的施工顺序的同时，要考虑空间顺序，既解决各工种在时间上搭接的问题，又解决施工流向问题，以保证各专业、各工种能够不间断地、有次序地进行施工。

总之，在保证质量的前提下，尽量做到施工的连续性、均衡性、紧凑性，充分利用时间、空间上的优势，发挥其最大的经济效益。

3. 确保工程质量和施工安全

质量直接影响土木工程产品的寿命和使用效果。因此，严格按设计要求组织施工，按施工规范进行操作，确保工程质量。安全是顺利开展建设工程的保障，安全事故的发生，不仅耽误工期，也会造成难以弥补的损失，因此，提高效益，优化施工过程等必须建立在保证质量，安全生产的基础之上，二者不可分割。施工过程中的安全第一、保证质量的施工理念，建立健全相应的规章、制度，质量、安全检查和管理要经常化，做到以预防为主。

4. 加快施工进度，缩短工期

土木工程产品只有在该项目建成投产后才能发挥效益，因此，缩短建设周期是提高效益的重要措施。在施工过程中，合理使用人工、机械设备、节约材料，在保证质量、投资最少的前提下寻求最合理的工期。

5. 采用先进科学技术，发展产品工业化生产，采用先进的施工工艺

先进的科学技术是提高劳动生产率，加快施工速度，降低工程成本，保证工程质量的重要途径。建筑工业化生产是先进科学技术在土木工程施工中的一种体现。由于建筑产品的固定性和生产的流动性，多种作业在有限空间内流动作业，造成工效降低、工期延长，要改变这种状况，就必须采用先进的施工工艺。

6. 采用先进的施工技术和科学组织方法结合

广泛采用国内外先进的施工技术，吸收先进的施工经验，是提高效益的重要手段。在拟定施工方案时，选择技术上先进、经济上合理，又能确保工程质量和安全生产的施工技术方案，采用科学、合理地组织方法，能够缩短工期，节约投资。

7. 科学、合理地安排施工计划，提高施工的连续性和均衡性

施工计划的科学性、合理性，是决定工程施工能否成功的基础。安排施工计划时，适当安排冬、雨期施工项目，提高施工的连续性和均衡性。在保证重点项目的同时，可以将一些辅助、附属项目安排在冬、雨期施工，或者把受气候影响较小的项目安排在冬、雨期。在冬、雨期施工时，采取相应的技术措施，以避免工程质量下降、安全事故增多、材

料浪费等问题。考虑人工、机械、材料的合理使用的同时，使各工种能够在不同的作业面上连续均衡施工，编制出科学合理的施工组织设计。

1.3.2 施工组织设计的编制依据

施工组织设计是根据不同的施工对象、现场条件、施工条件等因素，在充分调查分析的基础上编制的。不同类型的施工组织设计，其编制依据既有共同之处，互相之间又有联系，也有差异，如施工组织总设计是编制单位工程施工组织设计的依据，而单位工程施工组织设计又是编制分部或分项工程施工组织设计的依据。

（1）设计文件，包括已批准的初步设计、扩大初步设计、施工图设计的图纸和设计说明书等。

（2）国家和地区有关现行的技术规范、规程、定额标准等资料。

（3）自然条件资料，包括建设场地的地形情况、工程地质、水文地质、气象等资料。

（4）技术经济资料，包括建设地区的建材工业生产状况、交通运输、资源供应、供水、供电和生产、生活基地设施等资料。

（5）施工合同规定的有关指标，包括质量要求、工期要求和采用新结构、新技术的要求，以及有关的技术经济指标等。

（6）施工中施工企业可能提供的劳动力、机械设备、其他资源等资料，以及施工单位的技术状况、施工经验等资料。

1.3.3 施工组织设计的内容

1. 施工组织设计的基本内容

施工组织设计的编制内容，根据工程规模和特点的不同而有所差异，但不论何种施工组织设计，一般都应具备如下基本内容。

（1）工程概况。它包括建设工程的名称、性质、建设地点、建设规模、建设期限、自然条件、施工条件、资源条件、建设单位的要求等。

（2）施工方案。应根据拟建工程的特点，结合人力、材料、机械设备、资金等条件，全面安排施工程序和顺序，并从该工程可能采用的几个施工方案中选择最佳方案。

（3）施工进度计划。施工进度计划反映了最佳施工方案在时间上的安排，应采用先进的计划理论和计算方法，综合平衡进度计划，使工期、成本、资源等通过优化调整达到既定目标。在此基础上，编制相应的人力和时间安排计划、资源需要量计划、施工准备计划。

（4）施工平面图。施工平面图是施工方案和施工进度计划在空间上的全面安排，它把投入的各种材料、构件、机械、运输，工人的生产、生活场地及各种临时设施等，合理地布置在施工现场，使整个现场能有组织地进行文明施工。

（5）主要技术组织措施。它是为保证工程质量、保障施工安全、降低工程成本、防止环境污染等，从组织、技术上所采取的各项切实可行的措施，以确保施工顺利进行。

（6）主要技术经济指标。技术经济指标包括工期指标、劳动生产率指标、质量指标、降低成本率指标、主要材料节约指标、机械化程度指标等，用以衡量组织施工的水平，它是对施工组织设计文件的技术经济效益进行的全面评价。

2. 各类施工组织设计的具体内容

由于不同类型的施工组织设计的编制对象不同，其编制内容也不同。各类施工组织设计应包括的具体内容如下。

（1）施工组织设计大纲，包括：①工程项目概况；②项目施工目标；③项目管理组织机构；④项目施工部署；⑤项目施工进度计划；⑥项目施工平面图设计；⑦项目施工质量、成本、安全、环保等措施；⑧项目施工风险防范。

（2）施工组织总设计，包括：①建设项目概况；②施工管理组织机构；③全场性施工准备工作计划；④施工总部署及主要建筑物或构筑物的施工方案；⑤施工总进度计划；⑥各项资源需要量总计划；⑦施工总平面图设计；⑧各项技术经济指标及措施；⑨结束语。

（3）单项（位）工程施工组织设计，包括：①工程概况；②施工方案的确定；③单位工程施工准备工作计划；④单位工程施工进度计划；⑤资源需要量计划；⑥单位工程施工平面图设计；⑦质量、安全、成本、环保及冬雨季施工等技术组织措施；⑧主要技术经济指标；⑨结束语。

（4）分部（项）工程施工组织设计，应包括：①分部分项工程概况及其施工特点分析；②施工方法及施工机械的选择；③分部分项工程施工准备工作计划；④分部分项工程施工进度计划；⑤劳动力、材料和机具等需要量计划；⑥作业区施工平面图设计；⑦质量、安全和成本等技术组织保证措施；⑧结束语。

1.3.4 施工组织设计的编制程序

（1）施工组织总设计的编制程序如图1-3所示。

（2）单位工程施工组织设计的编制程序如图1-4所示。

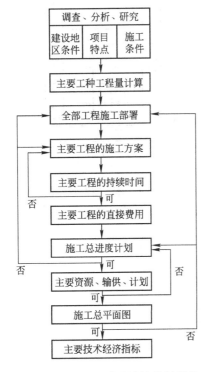

图1-3　施工组织总设计的编制程序　　图1-4　单位工程施工组织设计的编制程序

（3）分部分项工程施工组织设计的编制程序如图1-5所示。

可以看出，编制施工组织设计时，既要采用正确的编制方法，还要遵循科学的编制程序。其编制过程由粗到细，反复协调进行，最终达到优化施工组织设计的目的。

1.3.5 施工组织设计的检查和调整

施工组织设计的编制，只是为拟建工程的实施提供了一个可行的技术方案，这个方案的效果必须通过实践去检验。为此，重要的是在施工过程中要认真贯彻、执行施工组织设计，并建立和完善各项管理制度，以保证其顺利实施。施工组织设计贯彻的实质，就是把一个静态的平衡方案，在变化的施工过程中不断实践，进行动态的管理，并考核其效果和检查其优劣，以达到预定的目标。而根据施工组织设计的执行情况，在检查中发现问题并对其原因进行分析，不断拟定改进施工措施或方案，对施工组织设计的有关部分或指标逐项进行调整，使施工组织设计在新的基础上实现新的平衡。施工组织设计的贯彻、检查和调整是一项经常性的工作，必须随着施工的进展情况，根据反馈信息及时地进行，而且要贯穿工程项目施工过程的始终。施工组织设计的贯彻、检查、调整的程序如图1-6所示。

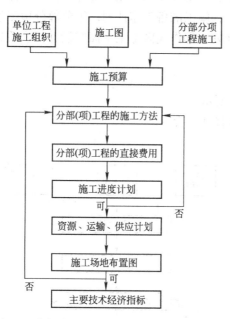

图1-5 分部分项工程施工组织设计的编制程序

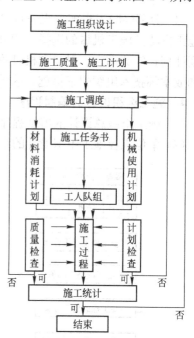

图1-6 施工组织设计的贯彻、检查、调整的程序图

第 2 章 流水施工原理

2.1 流水施工的基本概念

2.1.1 流水施工的三种组织方式

流水作业法是组织产品生产的理想方法，也是土木工程施工的有效的科学组织方法，它建立在分工协作的基础上。在建筑工程施工中，劳动力、机具和材料在空间位置上不断地移动，把一定数量的材料和半成品在某个部位上加工或装配，使之成为建筑物的一部分，然后又转移到另外的部位，不断重复同样的工作，从而使建筑生产过程具有连续性和均衡性。

1. 流水施工的概念

土木工程施工中，一般采用依次施工、平行施工和流水施工等组织方式。

（1）依次施工

依次施工组织方式是将拟建工程项目的整个建造过程分解成若干个施工过程，按照一定的施工顺序，依次完成施工任务的一种组织方法。即前一个施工过程完成后，后一个施工过程才开始施工；或前一个工程完成后，后一个工程才开始施工。它是一种最基本的施工组织方式。

【例 2-1】 有四栋房屋的基础，其每栋的施工过程及工程量等如表 2-1 所示。

四栋房屋的施工过程及工程量 表 2-1

施工过程	工程量	产量定额	劳动量	班组人数	延续时间	工种
基础挖土	210m³	7m³/工日	30 工日	30	1	普工
浇混凝土垫层	30m³	1.5m³/工日	20 工日	20	1	混凝土工
砌筑砖基	40m³	1m³/工日	40 工日	40	1	瓦工
回填土	140m³	7m³/工日	20 工日	20	1	灰土工

如组织成依次施工，如图 2-1 所示。

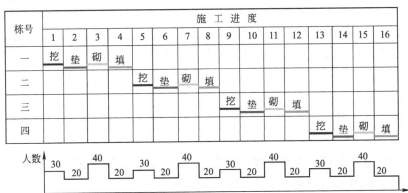

图 2-1 依次施工

① 特点：工期长（$T=16$d），劳动力、材料、机具投入量小；专业工作队不能连续施工（宜采用混合队组）。

② 适用于：场地小、资源供应不足、工期不紧时，组织大包队施工。

（2）平行施工

在拟建工程任务十分紧迫、工作面允许以及资源保证供应的条件下，可以组织几个相同的工作队，在同一时间、不同的空间上进行施工，这样的施工组织方式称为平行施工。由图 2-2 平行施工可以看出，平行施工具有以下特点：

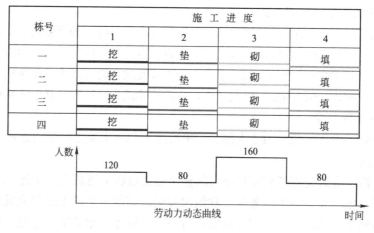

图 2-2　平行施工

① 工期：$T=4$d。

② 特点：工期短；资源投入集中；仓库等临时设施增加，费用高。

③ 适用于：工期极紧时的人海战术。

④ 充分利用工作面，工期短。

⑤ 工作队不能实现专业化，不利于提高工程质量和劳动生产率。

⑥ 施工现场的组织管理复杂。

（3）流水施工

将拟建工程项目的全部建造过程，在工艺上分解为若干个施工过程，在平面上划分为若干个施工段，在竖向上划分为若干个施工层；然后按照施工过程组建相应的专业工作队（或组），各专业工作队的人数、使用材料和机具基本不变；按规定的施工顺序，依次、连续地投入到各施工层进行施工，并使相邻两个专业工作队，尽可能合理地平行搭接，在规定的时间内完成施工任务。如图 2-3 所示，其特点是：

① 工期：$T=7$d。

② 充分利用了工作面，争取了时间，所以工期较短，若能合理地平行搭接，将进一步缩短工期。

③ 能实现专业化生产，有利于改进操作技术，保证工程质量和提高劳动生产率。

④ 各工作队能够连续作业，不致产生窝工现象。

⑤ 单位时间内投入的资源量较为均衡，有利于资源的组织供应。

⑥ 易于进行现场的施工组织和管理，为文明施工和科学管理，创造了有利条件。

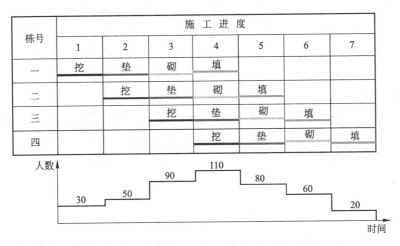

图 2-3 劳动力动态曲线

流水施工体现了连续、均衡的施工特点，有效地利用了施工平面和空间，是一种普遍适用且目前普遍采用的施工组织方式。

2.1.2 流水施工的概念

流水施工是在依次施工和平行施工的基础上产生的，兼有两者的优点。流水施工在工艺划分、时间排列和空间布置上都是一种科学、先进和合理的施工组织方式，具有显著的技术经济效果。主要表现在以下几点。

（1）科学地安排施工进度，并可合理地安排搭接施工，减少了因组织不善而造成的停工、窝工损失，合理地利用了时间和空间，故能有效地缩短工期，尽早竣工，使项目发挥其效益。

（2）按专业工种建立劳动组织，实现了专业化生产，有利于改进操作技术和施工机具，有利于保证工程质量，也有利于提高劳动生产率，可以降低工程成本，从长远考虑还可减少项目的维修费用。

（3）由于流水施工具有节奏性、均衡性和连续性，使得劳动消耗、物资供应、机械设备利用都处于相对平稳均衡状态，利于发挥管理水平、减少物资损失和施工管理费，降低工程成本，提高承建单位的经济效益。

2.1.3 流水施工分类

根据流水施工组织的范围不同，通常可分为以下四级：

1. 群体工程流水

群体工程流水又称大流水，它是在若干单位工程之间组织的流水施工，是为完成工业或民用建筑群而组织起来的全场性的综合流水，反映在进度计划上是一个工程项目的施工总进度计划。

2. 单位工程流水

单位工程流水又称综合流水，是在一个单位工程内部，各分部工程之间组织的流水施工。例如，基础工程、主体工程、屋面工程、装饰工程等之间的流水施工。在项目施工进度计划表上，它是若干组分部工程的进度指示线段，并由此构成一张单位工程施工进度计划。

3. 分部工程流水

分部工程流水又称专业流水，是在一个分部工程内部，各分项工程之间组织的流水施工。例如，砖混结构主体工程中砌砖墙、支模板、扎钢筋、浇筑混凝土等工艺之间的流水施工。在项目施工进度计划表上，它由一组标有施工段或工作队编号的水平指示线段或斜向指示线段来表示。

4. 分项工程流水

分项工程流水又称细部流水，即在一个专业工种内部组织的流水施工。例如，砌砖过程中各工序之间的流水。分项工程流水是范围最小的流水，在项目施工进度计划表上，它是一条标有施工段或工作队编号的水平指示线段或斜向指示线段。

2.2 组织流水施工的主要参数

在组织项目流水施工时，用以表达流水施工在施工工艺、空间布置和时间排列方面开展状态的参数，统称为流水参数。它包括工艺参数、空间参数和时间参数三类。

2.2.1 工艺参数

在组织工程项目流水施工时，用以表达流水施工在施工工艺上的开展顺序及其特性的参数，称为工艺参数，它包括施工过程和流水强度两种。

1. 施工过程分类

在工程项目施工中，施工过程所包含的施工范围可大可小，可以是分项工程、分部工程，也可以是单位工程或单项工程。根据工艺性质不同，一般可划分为以下几类。

（1）制备类施工过程

制备类施工过程是指为了提高建设产品的加工能力而形成的施工过程。如砂浆、混凝土、构配件和制品的制备过程。它一般不占用工程项目的施工空间，不影响总工期，因此，不必反映在进度计划表上。

（2）运输类施工过程

运输类施工过程是指将建设材料、构配件、设备和制品等物资，运到建设工地仓库或现场使用地点而形成的施工过程。它一般也不占用工程项目的施工空间，不影响总工期，通常不列入施工进度计划中；但在结构吊装工程中，若采用随运随吊方案的运输过程时，它对总工期有一定影响，须列入施工进度计划中。

（3）砌筑安装类施工过程

砌筑安装类施工过程是指在施工项目空间上，直接进行最终建设产品加工而形成的施工过程。例如，砌砖墙、现浇结构支模板、绑扎钢筋、浇筑混凝土等分项工程，或基础工程、主体工程、屋面工程和装饰工程等分部工程。它们占用施工项目的空间并影响总工期，必须列入进度计划表中。

2. 施工过程数目的确定

施工过程的数目以 n 表示，它是流水施工的基本参数之一。拟建工程项目的施工过程数目较多，在确定列入施工进度计划表中的施工过程时，应注意以下几个事项。

（1）占用工程项目施工空间并对工期有直接影响的分部分项工程才能列入表中。

（2）施工过程数目要适量，它与施工过程划分的粗细程度有关。划分太细，将使流水施工组织复杂化，造成主次不分明；太粗，则使进度计划过于笼统，不能起到指导施工的作用。一般情况下，对于控制性进度计划，项目划分可粗一些，通常只需列出分部工程的名称；而对于实施性进度计划，项目划分得应细一些，通常要列出分项工程的名称。

（3）要找出主导施工过程（即工程量大、对工期影响大或对流水施工起决定性作用的施工过程），以便于抓住关键环节。

（4）某些穿插性施工过程可合并到主导施工过程中，或对在同一时间内、由同一专业工作队施工的过程，可合并为一个施工过程。而对于次要的零星分项工程，可合并为其他工程一项。

（5）水暖电卫工程和设备安装工程通常由专业工作队负责施工，在一般土建工程施工进度计划中，只反映这些工程与土建工程的配合即可。

3. 流水强度

某施工过程在单位时间内所完成的工程量，称为该施工过程的流水强度。流水强度一般以 V 表示，它可由以下公式计算求得。

（1）机械作业流水强度

$$V_j = \sum_{j=1}^{x} R_i S_i$$

式中　V_j——某施工过程 i 的机械作业流水强度；

　　　R_i——投入施工过程 i 的某种施工机械台数；

　　　S_i——投入施工过程 i 的某种施工机械产量定额；

　　　x——投入施工过程 i 的某种施工机械种类数。

（2）人工作业流水强度

$$V_i = R_i S_i$$

式中　V_i——某施工过程 i 的人工作业流水强度；

　　　R_i——投入施工过程 i 的专业工作队的工人数；

　　　S_i——投入施工过程 i 的专业工作队平均产量定额。

2.2.2　空间参数

在组织项目流水施工时，用以表达流水施工在空间布置上所处状态的参量，均称为空间参数。它包括工作面、施工段和施工层三种。

（1）工作面。某专业工种的工人在生产建设产品时所必须具备的活动空间，称为该工种的工作面。它是根据该工种的产量定额和安全施工技术规程的要求确定。工作面确定合理与否，将直接影响专业工种的生产效率。建筑施工中各工种的工作面参考数据见《建筑施工手册》。

（2）施工段。划分施工段是组织流水施工的基础，通常把拟建工程项目在各个施工层平面上划分成若干个施工区域，称为施工段。施工段数以 m 表示。

施工段划分的原则：

施工段数要适当。过多，每段工作面较小，势必减少工人数，延长工期；过少，又会造成资源供应过分集中，不利于组织流水施工。因此，为使施工段划分得合理，一般应遵循以下原则：

A. 同一专业工作队在各施工段上的劳动量应大致相等，其差值不宜大于 $10\% \sim 15\%$。

B. 为保证结构的整体性，施工段分界线应尽可能设置在建筑缝处；或根据施工的具体要求和情况，施工段的界线须考虑与施工缝留设方式相同。

C. 为充分发挥工人(或机械)生产效率，施工段不仅要满足专业工种对工作面的要求，而且要使施工段所能容纳的劳动力人数(或机械台数)满足劳动优化组合的要求。

D. 施工段数目的确定，一般应使 $m \geqslant n$，以满足合理流水施工组织的要求。

(3) 施工层。对于多层建筑物，既要在平面上划分施工段，又要在竖向上划分施工层。上下各施工层的分界线和段数应一致，以保证专业工作队在施工段和施工层之间，能开展有节奏、均衡和连续的流水施工。

施工段数 m 与施工过程数 n 之间的关系：

为了便于讨论施工段数 m 与施工过程数 n 之间的关系，现以例题说明(图 2-4)。

【例 2-2】 一栋二层砖混结构，主要施工过程为砌墙、安板(即 $n=2$)，分段流水的方案如图 2-4 所示(条件：工作面足够，各方案的人、机数不变)。

方案	施工过程	施工进度																特点分析
		1	2	3	4	5	6	7	8	9	10	11	12	13	14	15	16	
$m=1$ $(m<n)$	砌墙	一层 → 瓦工间歇 ← 二层																工期长；工作队间歇。不允许
	安板	一层 吊装间歇 二层																
$m=2$ $(m=n)$	砌墙	一.1 一.2 二.1 二.2																工期较短；工作队连续；工作面不间歇。理想
	安板	一.1 一.2 二.1 二.2																
$m=4$ $(m>n)$	砌墙	一.1 一.2 一.3 一.4 二.1 二.2 二.3 二.4																工期短；工作队连续；工作面有间歇(层间)允许，有时必要
	安板	一.1 一.2 一.3 一.4 二.1 二.2 二.3 二.4																

图 2-4 施工段数与施工过程的关系

结论：专业队组流水作业时，应使 $m \geqslant n$，才能保证不窝工，工期短。

注意：m 不能过大。否则，材料、人员、机具过于集中，影响效率和效益，且易发生事故。

2.2.3 时间参数

1. 流水节拍

在组织流水施工时，每个专业工作队在各个施工段上所必需的持续时间，称为流水节拍，以 t_i 表示，可由下式计算：

(1) 定额计算法

据现有人员及机械投入能力计算。

$$t_i = Q_i/(S_i R_i N_i) = Q_i H_i/(R_i N_i) = P_i/(R_i N_i)$$

式中　t_i——专业工作队在施工段 i 的流水节拍；

　　　Q_i——专业工作队在第 i 施工段要完成的工程量；

　　　S_i——专业工作队的计划产量定额；

　　　R_i——专业工作队投入的工人数或机械台数；

　　　N_i——专业工作队的工作班次；

　　　P_i——专业工作队在 i 施工段上的劳动量(或机械台班数量)；

　　　H_i——专业施工队的计划设计定额。

（2）工期计算法

据工期及流水方式的要求定出 t_i，再配备人员或机械数量。即

$$t_i = T_i / (r \, m_i)$$

式中　t_i——某施工过程在某施工段上的最小流水节拍；

　　　T_i——某单位工程的总工期；

　　　r——某单位工程的施工层数；

　　　m_i——施工段数。

（3）经验估算法

无定额或干扰因素多，难以确定的施工过程的流水节拍，或采用新工艺、新方法和新材料等没有定额可循的施工过程，流水节拍的确定一般采用三时估算法，即

$$t_i = (a_i + 4b_i + c_i) / 6$$

式中　t_i——某施工过程在某施工段上的流水节拍；

　　　a_i——某施工过程在某施工段上的最短估算时间；

　　　b_i——某施工过程在某施工段上的最可能估算时间；

　　　c_i——某施工过程在某施工段上的最长估算时间。

2. 流水步距

在组织流水施工时，将相邻两个专业工作队先后在同一施工段开始施工的时间间隔，称为它们之间的流水步距，以 $K_{j,j+1}$ 表示。在确定流水步距时，要满足以下原则：

① 须满足相邻两个专业工作队在施工工艺顺序上的制约关系。

② 要保证相邻两个专业工作队在各个施工段上都能连续作业。

③ 要保证相邻两个专业工作队，在开工时间上能实现合理地搭接。

3. 技术间歇

在组织流水施工时，将施工对象工艺性质决定的间歇时间，称为技术间歇，一般以 $Z_{j,j+1}$ 表示。例如，现浇构件养护时间，以及抹灰层和油漆层硬化时间等。

4. 组织间歇

在组织流水施工时，将施工组织原因造成的间歇时间，称为组织间歇，以 $G_{i,i+1}$ 表示，如施工机械转移时间，以及其他需要很多时间的作业准备工作等。

5. 平行搭接时间

在组织流水施工时，为了缩短工期，有时在工作面允许的前提下，某施工过程可与其紧前施工过程平行搭接施工，其平行搭接时间以 $C_{i,i+1}$ 表示。

6. 流水施工工期 T

流水施工工期指从第一个专业施工队投入流水施工开始，到最后一个专业施工队完成流水施工为止的整个持续时间。一般用下式计算：

$$T = \sum K + \sum t_n + \sum Z + \sum G - \sum C$$

式中　T——流水施工工期；

　　　$\sum K$——各施工过程之间流水步距之和；

　　　$\sum t_n$——最后一个施工过程在各施工段上的流水节拍之和；

　　　$\sum Z$——技术间歇时间之和；

　　　$\sum G$——组织间歇时间之和；

$\sum C$——平行搭接时间之和。

2.3 组织流水施工的方式

按照专业流水节拍的特征将流水施工分为等节拍专业流水施工、成倍节拍专业流水施工和无节奏专业流水施工。

2.3.1 固定(全等)节拍流水法

1. 条件

各施工过程在各段上的节拍全部相等(为一固定值),现以例题说明。

【例 2-3】 某工程有三个施工过程,分为四段施工,节拍均为 1 天。要求乙施工后,各段均需间隔一天方允许丙施工(图 2-5)。

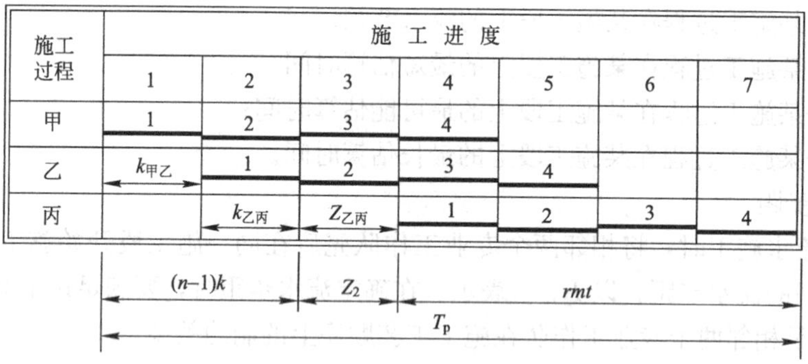

图 2-5 某工程施工过程

2. 组织方法

(1) 划分施工过程,组织施工队组

注意:劳动量小的不单列,合并到相邻的施工过程中去;各施工队组人数合理(符合劳动组合,工作面足够等)。

(2) 分段

若有层间关系时:

无间歇要求时

$$m = n \quad (保证各队组均有自己的工作面)$$

有间歇要求时

$$m = n + Z_1/k + \sum Z_2/k - \sum C/k$$

计算结果有小数时只入不舍。

式中 Z_1——层间的间歇时间(技术、组织);

Z_2——相邻两施工过程间的间歇时间(技术、组织)。

(3) 确定流水节拍

计算主要施工过程(工程量大、劳动量大、供应紧张)的节拍 t_i,即

$$t_i = p_i/R_i$$

其他施工过程均取此 t_i,配备人员或机械($R_x = P_x/t_i$)。

(4) 确定流水步距

24

① 常取 $k=t$（等节拍等步距流水）。

② 当某些施工过程间有技术、组织间歇要求时，其实际步距为：$k+Z_2$（等节拍不等步距流水）。

③ 当某些施工过程间有搭接要求时，其实际步距为：$k-Z_2$（等节拍不等步距流水）。

（5）计算工期

工期 $T=(n-1)k+rmt+\sum Z_2-\sum C$，常取 $k=t$，则

$$T=(rm+n-1)k+\sum Z_2-\sum C$$

式中　$\sum Z_2$——各相邻施工过程间的间歇时间之和；

　　　$\sum C$——各相邻施工过程间的搭接时间之和；

　　　r——施工层数。

【例 2-4】　某基础工程的数据如表 2-2 所示。若每个施工过程的作业人数最多可供应 55 人，砌砖基后需间歇 2d 再回填。试组织全等节拍流水。

基础工程的相关数据　　　　表 2-2

施工过程	工程量	产量定额	劳动量
挖　槽	800m³	5m³/工日	160 工日
打灰土垫层	280m³	4m³/工日	70 工日
砌　砖　基	240m³	1.2m³/工日	200 工日
回　填　土	420m³	7m³/工日	60 工日

【解】　（1）确定段数 m

无层间关系，$m<$、$=$、$>n$ 均可。

本工程考虑其他因素，取 $m=4$，则每段劳动量见表 2-3。

（2）确定流水节拍 t

砌砖基劳动量最大，人员供应最紧，为主要施工过程。

$$t_砌=P_砌/R_砌=50/55=0.91$$

取 $t_砌=1(d)$，则

$$R_砌=P_砌/t_砌=50/1=50（人）$$

令其他施工过程的节拍均为 1，并配备人数：$R_x=P_x/1$，见表 2-3。

各施工过程安排　　　　表 2-3

施工过程	每段劳动量	施工人数	流水节拍
挖　槽	40 工日	40	1
打灰土垫层	18 工日	18	1
砌　砖　基	50 工日	50	1
回　填　土	15 工日	15	1

（3）确定流水步距 k，取 $k=t=1$

（4）计算工期 T

$$T=(rm+n-1)k+\sum Z_2-\sum C$$
$$=(1\times4+4-1)\times1+2-0=9(d)$$

(5) 画施工进度表(表 2-4)

施 工 进 度 表 表 2-4

施工过程	施工进度								
	1	2	3	4	5	6	7	8	9
挖　　槽	①	②	③	④					
打灰土垫层		①	②	③	④				
砌　砖　基			①	②	③	④			
回　填　土						①	②	③	④

2.3.2 成倍节拍流水法

1. 条件

同一个施工过程的节拍全都相等；各施工过程之间的节拍不等，但为某一常数的倍数。

【例 2-5】 某混合结构房屋，据技术要求，流水节拍为：砌墙 4d；构造柱及圈梁施工 6d；安板及板缝处理 2d。试组织流水作业。

2. 成倍节拍流水组织方法

(1) 使流水节拍满足上述条件。

(2) 计算流水步距 k：$k=$各施工过程节拍的最大公约数。

【例 2-5】中 $k=2d$。

(3) 计算各施工过程需配备的队组数 b_i：$b_i=t_i/k$。

【例 2-5】中，$b_砌=4/2=2$(个队组)

$b_混=6/2=3$(个队组)；$b_安=2/2=1$(个队组)

(4) 确定每层施工段数 m。

无间歇要求时：$m=\sum b_i$(保证各队组均有自己的工作面)

有间歇要求时：$m=\sum b_i+Z_1/k+\sum Z_2/k-\sum C/k$(小数只入不舍)

【例 2-5】中，无间歇要求，$m=\sum b_i=2+3+1=6$(段)

(5) 计算工期 T_p：

$$T_p=(rm+\sum b_i-1)k+\sum Z_2-\sum C$$

【例 2-5】中，$T_p=(2\times6+6-1)\times2+0-0=34$(d)

3. 绘制施工进度表(表 2-5)

【例 2-6】 某工程分两层叠制构件，有三个主要施工过程，节拍为：扎筋 3d；支模 3d；浇混凝土 6d。要求层间技术间歇不少于 2d；且支模后需经 3d 检查验收，方可浇混凝土。试组织成倍节拍流水。

【解】(1) 确定流水步距 k：节拍最大公约数为 3，则 $k=3d$。

(2) 计算施工队组数 b_i：

$$b_钢=3/3=1(个)，\quad b_木=3/3=1(个)，\quad b_混=6/3=2(个)$$

(3) 确定每层流水段数 m。

施 工 进 度 表

表 2-5

组织方法	施工过程		施 工 进 度																					特点分析
			2	4	6	8	10	12	14	16	18	20	22	24	26	28	30	32	34	36	38	40	42	44	
按等步距搭接组织	砌墙			一,1		一,2		一,3																		违反施工顺序不允许
	构造柱圈梁														一,1			一,2			一,3				
	板、板缝									一,1		一,2		一,3											
按成倍节拍流水法组织	砌墙	1队		一,1		一,2		一,3																		1. 合乎施工顺序; 2. 工作队连续、均衡地工作; 3. 工作面得到充分利用较好
		2队			一,1		一,4			一,2			一,5			一,6										
	构造柱圈梁	1队					一,1		一,4		一,2			一,5		一,3			一,6							
		2队								一,1		一,2		一,3											
		3队												一,1		一,2		一,3							
	板、板缝								一,1	一,2	一,3		一,4	一,5	一,6											

层间间歇 2d，施工过程间歇 3d，则

$$m=\sum b_i+Z_1/k+\sum Z_2/k=(1+1+2)+2/3+3/3\approx5.7；取 m=6（段）$$

（4）计算工期 T_p。

$$T_p=(rm+\sum b_i-1)k+\sum Z_2-\sum C$$

$$=(2\times6+4-1)\times3+3-0=48(d)$$

（5）画进度表（表2-6）。

施 工 进 度 表

表 2-6

施工过程	队阻	施工进度														
		3	6	9	12	15	18	21	24	27	30	33	36	39	42	45	48
扎筋	1	1.1	1.2	1.3	1.4	1.5	1.6	2.1	2.2	2.3	2.4	2.5	2.6				
支模	1		1.1	1.2	1.3	1.4	1.5	1.6	2.1	2.2	2.3	2.4	2.5	2.6			
浇混凝土	1		Z_2		1.1		1.3		1.5		2.1		2.3		2.5		
	2					1.2		1.4		1.6		2.2		2.4		2.6	

需要注意：从理论上讲，很多工程均能满足成倍节拍流水的条件，但实际工程若不能划分成足够的流水段或配备足够的资源，则不能使用该法。

2.3.3 分别流水法

1. 条件

同一施工过程的节拍相等或不等，不同施工过程之间的节拍不等，也无规律可循。

2. 组织原则与方法

（1）原则

运用流水作业的基本概念，使每一个施工过程的队组在施工段上依次作业，各施工过程的队组在不同段上平行作业，使主要施工过程和主要工种的队组尽可能连续施工。

（2）方法

① 组合成节奏流水

条件：同一施工过程在各段上节拍相等，不同施工过程之间在各段上的节拍不等。

② 各队组在每一段内连续

条件：同一施工过程在各段上的节拍不等，不同施工过程之间在各段上的节拍也不等。"潘特考夫斯基"法求流水步距：用"流水节拍累加数列错位相减取其最大差"。

【例2-7】 某工程分为四段，有甲、乙、丙三个施工过程。其在各段上的流水节拍分别为：

甲——3 2 2 4

乙——1 3 2 2

丙——3 2 3 2

【解】 （1）求流水步距

甲施工过程累加数列	3	5	7	11	
乙施工过程累加数列		1	4	6	8
差　值	3	4	3	5	−8

乙施工过程累加数列	1	4	6	8	
丙施工过程累加数列		3	5	8	10
差　值	1	1	1	0	−10

取最大差值为流水步距，则

$$K_{甲-乙}=5d, \quad K_{乙-丙}=1d$$

（2）计算流水工期

$$T=\sum K+\sum t_n+\sum Z+\sum G-\sum C=(5+1)+10+0-0=16d$$

（3）画进度表（表2-7）

施工进度表　　　　　　　表 2-7

施工过程	施工进度															
	1	2	3	4	5	6	7	8	9	10	11	12	13	14	15	16

2.4 横道图计划技术知识

2.4.1 横道图的基本原理

横道图又叫甘特图（Gantt chart），也称为条状图（Bar chart），它是在 1917 年由亨利·甘特发明的，并以甘特先生的名字命名，是以图示的方式通过活动列表和时间刻度形象地表示出任何特定项目的活动顺序与持续时间。其内在思想简单，基本是一条线条图，横轴表示时间，纵轴表示活动（项目），线条表示在整个期间上计划和实际的活动完成情况。横道图直观地表明任务计划在什么时候进行，及实际进展与计划要求的对比。由于其形象简单，在简单、短期的项目中，横道图都得到了非常广泛的运用。

亨利·甘特是泰勒创立和推广科学管理制度的亲密的合作者，也是科学管理运动的先驱者之一。甘特非常重视工业中人的因素，因此他也是人际关系理论的先驱者之一。其对科学管理理论的重要贡献：提出了任务和奖金制度；强调对工人进行教育的重要性，重视人的因素在科学管理中的作用——其在科学管理运动先驱中最早注意到人的因素；制定了甘特图——生产计划进度图（是当时管理思想的一次革命）。

横道图包含以下三个含义：①以图形或表格的形式显示活动；②是一种通用的显示进度的方法；③构造时应包括实际日历天和持续时间，并且不要将周末和节假日算在进度之内。

横道图具有简单、醒目和便于编制等特点，在企业管理工作中被广泛应用。横道图按反映的内容不同，可分为计划图表、负荷图表、机器闲置图表、人员闲置图表和进度表等五种形式。

横道图的优点：图形化概要，通用技术，易于理解；中小型项目一般不超过 30 项活动；有专业软件支持，无须担心复杂计算和分析。

横道图的局限：横道图事实上仅仅部分地反映了项目管理的三重约束（时间、成本和范围），因为它主要关注进程管理（时间）。

2.4.2 横道图的基本形式

在横道图中，横轴方向表示时间，纵轴方向表示工作（施工过程、工序）的名称、操作人员和编号等。图表内以线条、数字、文字代号等来表示计划（实际）所需时间、计划（实际）产量、计划（实际）开工或完工时间等。

横道图表示流水施工进度计划，主要有两种表达方式：

1. 水平指示图表

在流水施工水平指示的表达方式中，横坐标表示流水施工的持续时间；纵坐标表示开展流水施工的施工过程、专业工作队的名称、编号和数目；呈梯形分布的水平线段表示流水施工的开展情况。

2. 垂直指示图表

在流水施工垂直指示图表的表达方式中，横坐标表示流水施工的持续时间；纵坐标表示开展流水施工所划分的施工段编号；n 条斜线段表示各专业工作队或施工过程开展流水施工的情况。

2.4.3 横道图表示进度计划的方法

在项目管理中，横道图主要是用水平长条线表示项目中各项任务和活动所需要的时间，以便有效地控制项目进度。它是用于展示项目进度或者定义完成任务所需要的具体工作的最普遍的方法。

横道图是一个二维平面图，横维表示进度或活动时间，纵维表示工作内容，如图2-6所示。

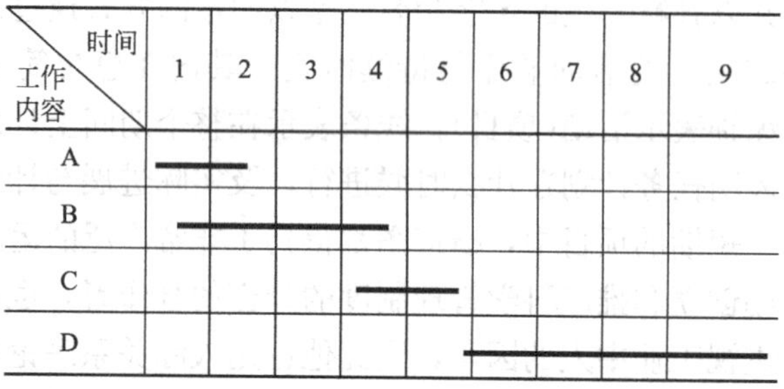

图 2-6　项目进度横道图

图2-6中的横道线显示了每项工作的开始时间和结束时间，横道线的长度表示了该项工作的持续时间。横道图的时间维决定着项目计划粗略的程度，根据项目计划的需要，可以以小时、天、周、月、年等作为度量项目进度的时间单位。

横道图的最大优势是比较容易理解和改变。一眼就能看出活动什么时间应该开始，什么时间应该结束。横道图是表述项目进展（或者项目不足之处）的最简单方式，而且容易扩展来确定其提前或者滞后的具体因素。在项目控制过程中，它也可以清楚地显示活动的进度是否落后于计划，如果落后于计划那么是何时落后于计划的等。

但是，横道图只是对整个项目或者把项目作为系统来看的一个粗略描述。它存在以下缺陷：第一，虽然它可以被用来方便地表述项目活动的进度，但是却不能表示出这些活动之间的相互关系，因此也不能表示活动的网络关系；第二，它不能表示活动如果较早开始或者较晚开始而带来的结果；第三，它没有表明项目活动执行过程中的不确定性，因此没有敏感性分析。这些弱点严重制约了横道图的进一步应用。所以，传统的横道图一般只适用于比较简单的小型项目。

在项目管理的实践中，将网络图与横道图相结合，使得横道图得到了不断的改进和完善。除了传统横道图以外，还有带有时差的横道图和具有逻辑关系的横道图。

1. 带有时差的横道图

网络计划中，在不影响工期的前提下，某些工作的开始和完成时间并不是惟一的，往往有一定的机动时间，即时差。这种时差在传统的横道图中并未表达，而在改进后的横道图中可以表达出来，如图 2-7 所示。

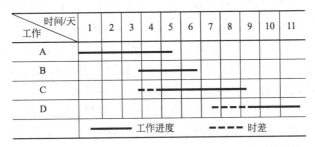

图 2-7　带有时差的横道图

2. 具有逻辑关系的横道图

将项目计划和项目进度安排两种职能组合在一起，在传统的横道图中表达出来从而形成具有逻辑关系的横道图，如图 2-8 所示。

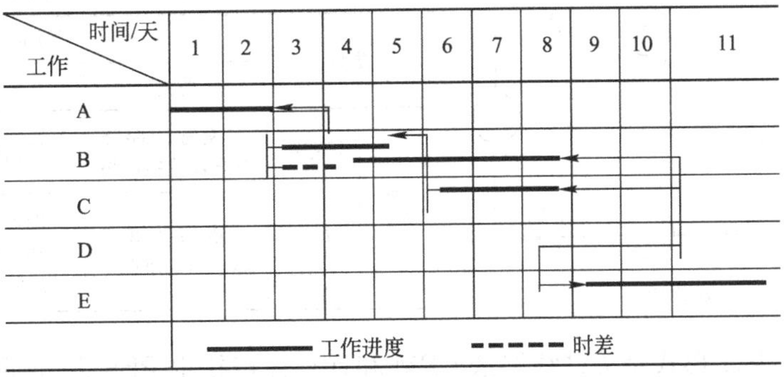

图 2-8　具有逻辑关系的横道图

上述两种类型的横道图，实际上是将网络计划原理与横道图两种表达形式进行有机结合的产物，其同时具备了横道图的直观性，又兼备了网络图各工作的关联性。

2.4.4　横道图的应用

横道图的主要应用之一是通过代表工作包的条形图在时间坐标轴上的点位和跨度来直观地反映工作包各有关的时间参数；通过条形图的不同图形特征(如实线、波浪线等)来反映工作包的不同状态(如反映时差、计划或实施中的进度)；通过使用箭线来反映工作之间的逻辑关系。

横道图的主要应用之二是进行进度控制。其原理是将实际进度状况以条形图的形式在同一个项目的进度计划横道图中表示出来，以此来直观地对比实际进度与计划进度之间的偏差，作为调整进度计划的依据。

横道图的主要应用之三是用于资源优化、编制资源及费用计划。

2.5 网络图计划技术知识

2.5.1 网络计划技术的基本原理

随着现代化生产的不断发展，项目的规模越来越大，影响因素越来越多，项目的组织管理工作也越来越复杂。用甘特图这一传统的进度管理方法，已不能明确地表明各项工作之间相互依存、相互作用的关系，管理人员很难迅速判断某一工作的推迟和变化，无法确定项目中最重要的、起支配作用的关键工作及关键线路。为了适应对复杂系统进行管理的需要，20世纪50年代末，在美国相继研究并使用了两种进度计划管理方法，即关键线路法CPM(critical path method)和计划评审技术PERT(program evaluation and review technique)，将这两种方法用于进度管理，并利用网络计划对项目的工作进度进行安排和控制，便形成了新的进度计划管理方法——网络计划技术方法。

网络计划是在网络图上加注工作的时间参数等而编制成的进度计划，所以，网络计划主要由两大部分所组成，即网络图和网络参数：网络图是由箭线和节点组成的用来表示工作流程的有向、有序的网状图形，如图2-9所示。

网络参数是根据项目中各项工作的延续时间和网络图所计算的工作、节点、线路等要素的各种时间参数。网络计划技术的种类与模式很多，但以每项工作的延续时间和逻辑关系来划分，可归纳为四种类型，如表2-8所示。

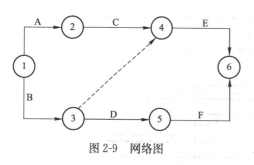

图2-9 网络图

网络计划技术的类型　　表2-8

类型		延续时间	
		肯定	不肯定
逻辑关系	肯定型	关键线路法(CPM)搭接网络	计划评审技术(PERT)
	非肯定型	决策关键线路法(DCPM)	图形评审技术(GERT) 随机评审技术(QGERT) 风险评审技术(VERT)

网络计划的基本形式是关键线路法CPM和计划评审技术PERT，这两种方法并无本质的区别，但从使用目的来说略有不同。用PERT法编制项目进度计划时，以"箭线"或"事项"代表工作，按工作顺序，依次联结完成网络结构图，在估计工作的持续时间的基础上即可计算整个项目工期，并确定关键线路。这种方法重点是研究项目所包含的各项工作的持续时间。用CPM法编制项目进度计划时，其图形与PERT法基本相同，除了具有与PERT法相同作用之外，CPM法还可以调整项目的费用和工期，以研究整个项目的费用与工期的相互关系，争取以最低的费用、最佳的工期完成项目。PERT无法准确确定工作持续时间，只能以概率论为基础加以估计，在此基础上，计算网络的时间参数。而CPM法能以经验数据为基础较准确地确定各工作的持续时间。对于一般项目来说，根据经验和知识，能够对项目的各项工作所需时间进行合理、准确地确定。所以，项目管理中

最常用的是 CPM 法。

除基本形式外，网络计划技术在项目管理的实践中适应不同的管理需要生成了不同侧重点的管理技术，如决策关键线路 DCPM 在网络计划中引入了决策点的概念，使得在项目的执行过程中可根据实际情况进行多种计划方案的选择。图形评审技术 GERT 引入了工作执行完工概率和概率分支的概念，一项工作的完成结果可能有多种情况。风险评审技术 VERT 可用于对项目的质量、时间、费用三坐标进行综合仿真和决策。

网络计划技术既是一种科学的计划方法，又是一种有效的科学管理方法。这种方法不仅能完整地揭示一个项目所包含的全部工作以及它们之间的关系，而且还能根据数学原理，应用最优化技术，揭示整个项目的关键工作并合理地安排计划中的各项工作，对于项目进展过程中可能出现的工期延误等问题能够防患于未然，并进行合理的处置，从而使项目管理人员能依照计划执行的情况，对未来进行科学的预测，使得计划始终处于项目管理人员的监督和控制之中，达到以最佳的工期、最少的资源、最好的流程、最低的费用完成所控制的项目。

网络计划技术在我国已得到了广泛的推广和应用，并将在项目管理中发挥更大的作用。我国有关部门对网络计划技术的应用给予了高度重视，为了使网络技术的应用规范化、标准化，国家技术监督局于 1992 年颁布了中华人民共和国国家标准《网络计划技术常用术语》、《网络计划技术网络图画法的一般规定》、《网络计划技术在项目计划管理中应用的一般程序》。建设部也于 1992 年颁布了中华人民共和国行业标准《工程网络计划技术规程》，该标准于 1999 年进行了重新修订，并颁布实施。

2.5.2 网络图的绘制

绘制网络图是应用网络计划技术的基础。网络计划技术按网络的结构不同，可以分为双代号网络和单代号网络，网络图也就有了相应的种类：双代号网络图和单代号网络图。

双代号网络图用箭线表示活动，节点表示事件。由于可以使用前后两个事件的编号来表示这项活动的名称，故称双代号网络图。双代号网络又可以分为双代号时间坐标网络和非时间坐标网络。

单代号网络图用节点表示活动，箭线表示事件，其中箭线仅仅表示各个活动之间的先后顺序，所以称为单代号网络图。单代号网络又可分为普通单代号网络和搭接网络。

在使用单代号网络图的过程中，当有多个活动不存在前导活动的时候，通常就是把它们表示成从一个叫做"开始"的节点引出。类似地，当多个活动没有后续活动时，通常把它们表示成从一个叫做"终止"的节点上。

项目管理者使用双号网络图表示，还是使用单代号网络图，这在很大程度上取决于个人的偏好。这两种网络表示方法都可以用于商业性的计算机软件包中。一般来说双代号网络图比较难以绘制，但可以清楚地识别各项事件(里程碑)。单代号网络图不需要使用虚工作，而且画起来也比较容易。

另外，网络图还可以按照时间的标注情况分类，包括逻辑网络图、计划网络图和日历网络图三种。逻辑网络图中并不注明时间，仅仅表示逻辑。计划网络图中同时注明时间和逻辑关系。在日历计划网络图中需要带有日历坐标。

网络图的编制过程其实就是网络模型的建立过程，它是利用网络图编制网络计划，以实现对项目时间及资源合理利用的第一步。网络图的编制可以分为以下三个步骤：

1. 第一步：项目分解。

要绘制网络图，首要的问题是将进行项目分解，明确项目工作的名称、范围和内容等。

2. 第二步：工作关系分析。

项目管理人员在深入了解项目、对项目资源和空间有充分考虑的基础上，通过比较、优化等方法进行工作关系分析，以确定工作之间合理、科学的逻辑关系，明确工作的紧前和紧后的关系，并形成项目工作列表。

3. 第三步：编制网络图。

(1) 双代号网络计划的编制

1) 网络图的组成

双代号网络图由工作、节点、线路三个基本要素组成。

① 工作(也称过程、活动、工序)

工作就是计划任务按需要粗细程度划分而成的一个消耗时间或也消耗资源的子项目或子任务。它是网络图的组成要素之一，用一根箭线和两个圆圈来表示。工作的名称写在箭线的上面，完成工作所需的时间写在箭线的下面，箭尾表示工作的开始，箭头表示工作的结束。圆圈中的两个号码代表这项工作的名称，由于是两个号表示一项工作，故称为双代号表示法，由双代号表示法构成的网络图称为双代号网络。

工作通常可以分为三种：需要消耗时间和资源(如混合结构中的砌筑砖外墙)；只消耗时间而不消耗资源(如混凝土的养护)；既不消耗时间，也不消耗资源。前两种是实际存在的工作，后一种是人为的虚设工作，只表示相邻前后工作之间的逻辑关系，通常称其为"虚工作"，以虚箭线或在实箭线下标以"0"表示。

工作根据一项计划(或工程)的规模不同，其划分的粗细程度、大小范围也不同。如对于一个规模较大的建设项目来讲，一项工作可能代表一个单位工程或一个构筑物；如对于一个单位工程，一项工作可能只代表一个分部或分项工作。

工作箭线的长度和方向，在无时间坐标的网络图中，原则上讲可以任意画，但必须满足网络逻辑关系，在有时间坐标的网络图中，其箭线长度必须根据完成该项工作所需持续时间的大小按比例绘图。

② 节点(也称结点、事件)

在网络图中箭线的出发和交汇处画上圆圈，用以标志该圆圈前面一项或若干项工作的结束和允许后面一项或若干项工作的开始的时间点称为节点。

在网络图中，节点不同于工作，它只标志着工作的结束和开始的瞬间，具有承上启下的衔接作用，而不需要消耗时间或资源。节点的另一个作用如前所述，在网络图中，一项工作用其前后两个节点的编号表示。

箭线出发的节点称为开始节点，箭线进入的节点称为结束节点或后面节点。在一个网络图中，除整个网络计划的起点节点和终点节点外，其余任何一个节点都有双重的含义，既是前面工作的结束节点，又是后面工作的开始节点。

在一个网络图中，可以有许多工作通向一个节点，也可以有许多工作由同一个节点出发。我们把通向某节点的工作称为该节点的紧前工作(或前面工作)；把从某节点出发的工作称为该节点的紧后工作(或后面工作)。

表示整个计划开始的节点称为网络图的"起点节点"，整个计划最终完成的节点称为网络图的终点节点，其余称中间节点。

在一个网络图中，每一个节点都有自己的编号，以便计算网络图的时间参数和检查网络图是否正确。从理论上讲，对于一个网络图，只要不重复，各个节点可任意编号，但人们习惯上从起点节点到终点节点，编号由小到大，并且对于每项工作，箭尾的编号一定要小于箭头的编号。

节点编号的方法可从以下两个方面来考虑：根据节点编号的方向不同可分为两种——沿着水平方向进行编号和沿着垂直方向进行编号；根据编号的数字是否连续又分为两种——按自然数的顺序连续编号和非连续编号法。采用非连续编号，主要是为了适应计划调整，考虑增添工作的需要，编号留有余地。

③ 线路

网络图中从起点节点开始，沿箭线方向连续通过一系列箭线与节点，最后到达终点节点的通路称为线路。每一条线路都有自己确定的完成时间，它等于该线路上各项工作持续时间的总和，也是完成这条线路上所有工作的计划工期。工期最长的线路称为关键线路（或主要矛盾线）。位于关键线路上的工作称为关键工作。关键工作完成的快慢直接影响整个计划工期的实现，关键线路用粗箭线或双箭线连接。关键线路在网络图中不止一条，可能同时存在几条关键线路，即这几条线路上的持续时间相同。位于关键线路上的工作称为关键工作，它没有机动时间（即无时差）。

关键线路并不是一成不变的，在一定条件下，关键线路和非关键线路可以互相转化。当采用了一定的技术组织措施，缩短了关键线路上各工作的持续时间，就有可能使关键线路发生转移，使原来的关键线路变成非关键线路，而原来的非关键线路却变成关键线路。

短于但接近于关键线路持续时间的线路称为次关键线路，其余的线路均称为非关键线路。

位于非关键线路的工作除关键工作外，其余称为非关键工作，它有机动时间（即时差）。非关键工作也不是一成不变的，它可以转化为关键工作；利用非关键工作的机动时间可以科学的、合理的调配资源和对网络计划进行优化。

2）网络图绘制的基本原则

网络计划技术在建筑施工中主要用来编制建筑施工企业或工程项目生产计划和工程施工进度计划。因此，网络图必须正确地表达整个工程的施工工艺流程和各工作开展的先后顺序以及它们之间相互制约、相互依赖的约束关系。因此，在绘制网络图时必须遵循一定的基本规则和要求。

① 绘制网络图的基本原则

——必须正确地表达各项工作之间的相互制约和相互依赖的关系在网络图中，根据施工顺序和施工组织的要求，正确地反映各项工作之间的相互制约和相互依赖关系，这些关系是多种多样的。

——在网络图中，除了整个网络计划的起点节点外，不允许出现没有紧前工作的"尾部节点"，即没有箭线进入的尾部节点。如果遇到这种情况，应根据实际的施工工艺流程增加一个虚箭线。

——在单目标网络图中，除了整个网络图的终点节点外，不允许出现没有紧后工作的

"尽头节点"，即没有箭线引出的节点。如果遇到这种情况，加入虚箭线调整。

——在网络图中不允许出现循环回路。在网络图中，从一个事件出发沿着某一条线路移动，又可回到原出发节点，即在图中出现了闭合的循环路线，称为循环回路。

——在网络图中不允许出现重复编号的箭线。一个箭线和其相关的节点只能代表一项工作，不允许代表多项工作。

——在网络图中不允许出现没有开始节点的工作。

以上是绘制网络图应遵循的基本规则。这些规则是保证网络图能够正确地反映各项工作之间相互制约关系的前提，应该熟练掌握。

② 绘制网络图应注意的问题

网络图的布局要条理清楚，重点突出，虽然网络图主要用以反映各项工作之间的逻辑关系，但是为了便于使用，还应安排整齐，条理清楚，突出重点。尽量把关键工作和关键线路布置在中心位置，尽可能把密切相连的工作安排在一起；尽量减少斜箭线而采用水平箭杆。尽可能避免交叉箭线出现。

当网络图中不可避免地出现交叉时，不能直接相交画出。目前采用两种方法来解决。一种称为"过桥法"，另一种称为"指向法"。一般来说，对施工顺序和施工组织上必须衔接的工作，绘图时不易产生错误，但是对于不发生逻辑关系的工作就容易产生错误。遇到这种情况时，采用虚箭线加以处理。用虚箭线在线路上隔断无逻辑关系的各项工作，这方法称为"断路法"。

绘制网络图时必须符合三个条件：第一，符合施工顺序。第二，符合流水施工的要求。第三，符合网络逻辑关系。

建筑施工进度网络图的排列方法为了使网络计划更形象而清楚地反映出建筑工程施工的特点，绘图时可根据不同的工程情况、不同的施工组织方法和使用要求，灵活排列，以简化层次，使各工作在工艺上及组织上的逻辑关系准确而清楚，以便于技术人员掌握，便于对计划进行计算和调整。

如果为了突出表示工作面的连续或者工作队的连续，可以把在同一施工段上的不同工种工作排列在同一水平线上，这种排列方法称为"按施工段排列法"。如果为了突出表示工种的连续作业，可以把同一工种工程排列在同一水平线上，这一排列方法为"按工种排列法"。如果在流水作业中，若干个不同工种工作，沿着建筑物的楼层展开时，可以把同一楼层的各项工作排在同一水平线上。

必须指出，上述几种排列方法往往在一个单位工程是施工进度网络计划中同时出现。

此外还有按单位工程排列的网络计划、按栋号排列的网络计划、按施工部位排列的网络计划等。原理同前面的几种排列法一样，将一个单位工程中的各分部工程，一个栋号内的各单位工程或一个部位的各项工作排列在同一水平线上。在此不一一赘述。

工作中可以按使用要求灵活地选用以上几种网络计划的排列方法。

当网络图中的工作数目很多时，可以把它分成几个小块来绘制。分界点一般选择在箭线和节点较少的位置，或按照施工部位分块。例如某民用住宅的基础工程和砌筑工程，可以分为相应的两块。分界点要用重复的编号，即前一块的最后一个节点编号与后一块的开始节点编号相同。对于较复杂的工程，把整个施工过程分为几个分部工程，把整个网络计划分若干个小块来编制，便于使用。

另外，绘制网络图时，力求减少不必要的箭线和节点。

③ 有时间坐标与无时间坐标的网络图

网络图根据有无时间坐标刻度，又分为有时间坐标与无时间坐标两种形式。前面出现的网络图都是无时间坐标网络图，图中箭线的长度是任意的。

有时间坐标网络图：在网络图上附有时间刻度（工作天数、日历天数及公休日）的网络图，叫做有时间坐标网络图。有时间坐标网络图，其特点是每个箭线长度与完成该项工作的持续时间成比例进行绘制。工作箭线往往沿水平方向画出，每个箭线的长度就是规定的持续时间。当箭线位置倾斜时，它的工作持续时间按其水平轴上的投影长度确定。有时间坐标网络图的优点是一目了然（时间明确、直观），并容易发现工作是提前完成还是落后于进度。有时间坐标网络图的缺点是随着时间的改变，就要重新绘制网络图。

（2）单代号网络计划的编制

在双代号网络图中，为了正确地表达网络计划中各项工作（活动）间的逻辑关系，而引入了虚工作这一概念，通过绘制和计算可以看到增加了虚工作也是很麻烦的事，不仅增大了工作量，也使图形增大，使得计算更费时间。因此，人们在使用双代号网络图来表现计划的同时，也设想了第二种计划网络图——单代号网络图，从而解决了双代号网络图的上述缺点。

1）绘图符号

单代号网络计划的表达形式很多、符号也是各种各样，但总的说来，就是用一个圆圈或方框代表一项工作（或活动、工序），至于圆圈或方框内的内容（项目）可以根据实际需要来填写和列出。一般将工作的名称、编号填写在圆圈或方框的上半部分；完成工作所需的时间写在圆圈或方框的下半部分（也有的写在箭线下面），而连接两个节点圆圈或方框间的箭线用来表示两项工作（活动）间的直接前导（紧前）和后继（紧后）关系。例如，a 工作是 b 工作的紧前工作（或称直接前导），或者说 b 工作是 a 工作的紧后工作（直接后继工作）。这种只用一个节点（圆圈或方框）代表一项（活动）工作的表示方式称为单代号表示法。

2）绘图规则

同双代号网络图的绘制一样，绘制单代号网络图也必须遵循一定的逻辑规则。当违背了这些规则时，就可能出现逻辑关系混乱、无法判别各工作之间的直接后继关系；无法进行网络图的时间参数计算。这些基本规则主要是：

——在网络图的开始和结束增加虚拟的起点节点和终点节点。这是为了保证单代号网络计划有一个起点和一个终点，这也是单代号网络图所特有的。

——网络图中不允许出现循环回路。

——网络图中不允许出现有重复编号的工作，一个编号只能代表一项工作。

——在网络图中除起点节点和终点节点外，不允许出现其他没有内向箭线的工作节点和没有外向箭线的工作节点。

——为了计算方便，网络图的编号应是后继节点编号大于前导节点编号。

以上都是以单目标单代号网络图的情况来说明其基本规则。

3）单代号、双代号网络图的对比分析

通过上面对单代号网络图的表示符号、绘图规则的学习，可以看出单代号网络图就是把一项计划（或工程）所需要进行的许多工作（工序活动、施工过程），根据先后顺序和相互依赖、相互制约的关系，用单代号表示法从左至右绘制而成的，并根据先后顺序予以编号的网状图形。也可以认为，单代号网络图是由一种特别表达方式的双代号法（亦称通用网络图）演绎而来。

首先，我们从两者的逻辑关系表达式进行对比，两种网络表示法在不同情况下，其表现的繁简程度是不同的。有些情况下，应用单代号表示法较为简单，有些情况下，使用双代号表示法则更为清楚。所以，可以认为单、双代号网络图是两种互为补充、各具特色的表现方法。下面是它们各自的优缺点：

——单代号网络图绘制方便，不必增加虚工作。在此点上，弥补了双代号网络图的不足，所以，近年来在国外，特别是欧洲新发展起来的几种形式的网络计划，如决策网络计划（DCPM）、图示评审技术（GERT）、前导网络（PN）等，都是采用单代号表示法表示的。

——根据使用者反映，单代号网络图具有便于说明、容易被非专业人员所理解和易于修改的优点。这对于推广应用统筹法编制工程进度计划，进行全面科学管理是有益的。

——在应用电子计算机进行网络计算和优化的过程中，人们认为双代号网络图更为简便，这主要是由于双代号网络图中用两个节点代表一项工作，这样可以自然地直接反映出其紧前或紧后工作的关系。而单代号网络图就必须按工作逐个列出其直接前导和后继工作，也即采用所谓自然排序的方法来检查其紧前、紧后工作关系，这就在计算机中需占用更多的存贮单元。但是，通过已有的计算程序计算，两者的运算时间和费用的差额是很小的。

既然单代号网络图具有上述优点，为什么人们还要继续使用双代号网络图呢？这主要是一个"习惯问题"。人们首先接受和采用的是双代号网络图，其推广时间较长，这是其原因之一。另一个重要原因是用双代号网络图表示工程进度比用单代号网络图更为形象，特别是应用在带时间坐标网络图中。

4）单代号网络图的绘制

单代号网络图的绘制步骤与双代号网络图的绘制步骤基本相同，主要包括两部分：

第一，列出工作一览表及各工作的直接前导、后继工作名称，根据工程计划中各工作在工艺上，组织上的逻辑关系来确定其直接前导、后继工作名称。

第二，根据上述关系绘制网络图。这里包括：首先绘制草图，然后对一些不必要的交叉进行整理，给出简化网络图。在绘制之前，要首先给出一个虚设的起点节点，网络图绘制最后要有一个虚设的终点节点。当然，在十分熟练的情况下，可以一次绘成。

2.5.3 网络计划优化

1. 资源优化的基本原理

所谓优化就是求最优解的过程。网络计划的资源优化是有约束条件的最优化过程。网络计划中各个工作的开始时间就是决策变量。每一种计划实质上是一个决策。对计划的优化就是在众多的决策中选择这样一个决策，它使目标函数值最佳。

目标函数随着情况的不同，资源本身性质的不同，所追求的目标是不相同的。比如对于一些非库存的材料，像施工用的混凝土，我们希望每天的消耗量大致均衡。这样才可能提高搅拌设备及运输设备的利用率。再比如对需要量很大的资源，我们希望资源的高峰最小。对于人力除有时希望均衡外，也有可能希望人力的需要曲线。这样图形是，工作在开始阶段因为工作面还没完全打开，需要的人较少，随着工作的进行逐渐增加理想资源曲线示意图人力，当工作快结束时又逐渐减少人力。如果增加的人力来源是请民工的话，我们就不会在施工过程中，把人请来，送走，过一阶段再请来。这样可节约有关费用和充分利用临时建筑。总之目标函数的形式是多种多样的。

在优化中决策变量的取值还需满足一定的约束条件，如优先关系、搭接关系、总工期、资源的高峰等。当然随着面临问题不同，约束条件也不同。对于资源优化的问题目前还没有十分完善的理论，在算法方面一般是以通常的网络图（CPM）参数计算的结果出发，理想资源曲线示意图逐步修改工序的开工时间，达到改善目标函数值的目的。

2. 工期-资源优化

在此以双代号网络为例。工期-资源优化就是在工期固定的情况下，使资源的需要量大体均衡。资源曲线如何进行评价呢？也就是如何用数学语言来表达我们的希望？众所周知，评价均衡性的指标常用方差和标准差指标，方差（标准差）越大，说明计划的均衡性越差。按照工作最早开始及最早结束时间，计算逐日消费量，并给出相应的资源消费曲线。由终止结点开始，逆箭头方向顺序逐个调整非关键工作的开始和结束时间。

3. 工期-成本优化

一项工程或计划都是由许多必要的工作或工序组成的。这些工作或工序都有着各自的施工方法、施工机械材料及持续时间等；根据这些因素和实际条件，一项工程可组合成若干方。而成本就是确定最优组合方式的一个重要技术经济指标。但是，在一定范围内，成本是随着工期的变化而变化的，在工期与成本之间就应存在最优解的平衡点。工期-成本优化就是应用前述的网络计划方法，在一定约束条件下，综合考虑成本与工期两者的相互关系，以期达到成本低、工期短这样的平衡点的定量方法之一。

工程成本包括直接费用和间接费用两部分。在一定范围内，直接费用随着时间的延长而减少，而间接费用则随着时间延长而增加。

一般在施工时为了加快作业速度，必须突击作业，也即采取加班加点和多班制作业，增加许多非熟练工人，并且增加了高价的材料及劳动力，采用高价的施工方法及机械设备等。这样，尽管工期加快了但其直接费用也增加了。另外，也同样存在着，不管怎样延长工期也不能使得直接费用再减少，此时的费用称为最低费用亦称正常费用。相应的工期称为正常工期。

根据各项工作的性质不同，其工作持续时间和费用之间的关系通常有以下两种情况：

（1）连续型变化关系。有些工作的直接费用随着工作持续时间的改变而改变。介于正常持续时间和最短时间（极限）之间的任意持续时间的费用可根据其费用斜率，用数学式子推算出来。这种时间和费用之间的关系是连续变化的，称为连续型变化关系。

（2）非连续型变化关系。有些工作的直接费用与持续时间之间的关系是根据不同施工方案分别估算的，所以，介乎于正常持续时间与最短持续时向之间的关系不能用线性关系表示，不能通过数学式子计算，只能存在几种情况供选择。

我们可以根据优化循环的结果和间接费用率绘制直接费、间接费曲线，并由直接费和间接费曲线叠加确定工程成本曲线，求出其最佳工期最优成本。

间接费曲线根据已给的费用变化率（曲线斜率）和在极限工期时的值即可确定。将直接费曲线和间接费曲线对应点相加，即可得出工程成本曲线上的对应点。将这些点连接起来就得到工程成本曲线。从工程成本曲线上可以确定最佳工期。

第3章 单位工程施工组织设计方法及注意事项

3.1 单位工程施工组织设计的内容和编制步骤

3.1.1 单位工程施工组织设计的内容

施工组织设计的内容，就是根据不同工程的特点和要求，根据现有的和可能创造的施工条件，从实际出发，决定各种生产要素(材料、机械、资金、劳动力和施工方法等)的结合方式。

在不同设计阶段编制的施工组织设计文件，内容和深度不尽相同，其作用也不一样。一般来说施工组织条件设计是概略的施工条件分析，提出创造施工条件和建筑生产能力配备的规划；施工组织总设计是对施工进行总体部署的战略性施工纲领；单位工程施工组织设计则是详尽的实施性的施工计划，用以具体指导现场施工活动。

单位工程施工组织设计的内容，根据工程的性质、规模、结构特点、施工复杂程度、施工条件的不同而有所不同，但必须有针对性，能切实指导现场施工。单位工程施工组织设计的内容一般应包括以下内容：

(1) 工程概况。主要介绍拟建工程的工程特点、建设地点特征和施工条件。

(2) 施工方案。主要包括施工程序和施工顺序的确定、施工起点流向的确定，主要分部分项工程施工方案与施工机械的选择、技术组织措施的制定等。

(3) 施工进度计划。主要包括各分部分项工程的工程量、需投入人数、每天工作班数、各施工过程的顺序、工作持续时间、工作间相互逻辑关系及进度等。

(4) 施工准备工作计划。主要包括技术资料准备、施工现场准备、物资准备、劳动力准备和季节施工准备等。

(5) 劳动力、材料、机械等各项资源需要量计划。主要包括劳动力、构件、半成品、材料、机械的需要量及进出场时间的安排。

(6) 施工平面布置图。主要包括垂直运输机械的布置，各种材料堆场、仓库及加工场地的布置，运输道路的布置，临时设施的布置及供水、供电管线的布置等。

(7) 主要技术组织措施。包括在技术、组织方面对保证质量、安全、节约和季节性施工所采用的方法。

(8) 各项技术经济指标。主要包括工期指标、劳动生产率指标、质量指标、降低成本指标、安全指标、机械化程度指标、单方资源消耗量指标等反映施工组织设计是否合理的各项指标。

3.1.2 单位工程施工组织设计的编制步骤

编制单位工程的施工组织设计一般按以下步骤进行：

(1) 熟悉审查图纸，进行调查研究工作。

(2) 分段分层计算工程量。

(3) 选择施工方法。

（4）编制施工进度计划。

（5）编制劳动力、材料、构件、加工品、机械的需用量计划。

（6）确定生产、生活的临时设施。

（7）确定临时供水、供电、供热的管线。

（8）确定道路，编制运输计划。

（9）编制施工准备工作计划。

（10）布置施工平面图。

（11）计算技术经济指标。

编制实施性施工组织设计的一般程序如图 3-1 所示。

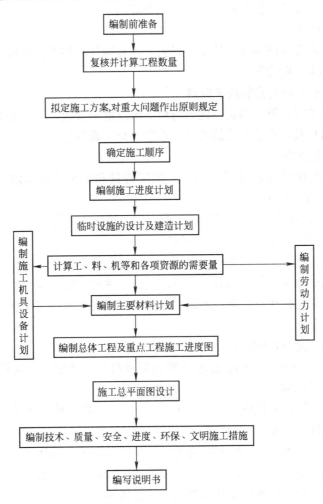

图 3-1　编制单位工程施工组织设计的一般程序

3.1.3　编制前基础资料的调查、收集和整理

1. 编制单位工程施工组织设计的依据

编制单位工程施工组织设计的依据主要有如下几方面：

（1）工程承包合同

其包括工程范围及内容、工程工期及质量保修期、工程质量等级、工程造价及价款的支付方式、竣工验收方法及违约责任等。

（2）全套施工图及设计方法对施工的要求

其包括单位工程全套图纸、所涉及的标准图集和规范、图纸会审纪要等有关设计资料，还需要了解设备安装对土建工程的要求以及设计单位对施工的特殊要求。

（3）施工组织总设计

若本工程是整个建设项目中的一个分项目，编制本工程施工组织设计时需要考虑施工组织总设计中的总体施工部署和对本工程施工的有关规定和要求。

（4）建设单位可以提供的条件和水电供应情况

其包括建设单位可能提供的临时设施种类、数量及时限，水、电供应量，水压、电压是否符合施工要求，是否在停水停电时提供后备等。

（5）资源配备情况

其包括施工中所需要的劳动力情况，材料、预制构件和加工件的供应情况，施工机械和设备的配备及其生产能力等。

（6）建设地区的工程勘察和技术资料

其包括施工场地的地形、地貌，地上与地下构筑物和管线，工程水文地质情况，气象资料，施工场地面积及周边已有建筑情况、水电、交通条件等。

（7）预算和报价文件

预算和报价文件中应有各分部分项工程的工程量和有关的劳动定额，必要时应有分层、分段或分部位的工程量。

（8）有关的国家验收规范和质量评定标准、安全操作规程等

2. 编制施工组织设计所需要的原始资料

编制施工组织设计所需要的原始资料，与建设工程的类型和性质（工业建筑、住宅等）有关，通常包括建设地区各种自然条件和技术经济条件的资料。这些资料可向业主、设计单位或专业勘查等单位收集与调查，不足之处可以通过实地勘测与调查取得。

（1）自然条件资料

关于建设地区自然条件的资料，主要内容如下：

① 地形资料，目的在于了解建设地区的地形和特征，主要有：建设区域的地形图和建设工地及相邻地区的地形图。

建设区域的地形图，其比例尺一般不小于 1：2000，等高线高差为 0.5～1m。图上应当标明：临近居民区、工业企业、自来水厂等的位置；临近车站、码头、铁路、公路、上下水道、电力电讯网、河流湖泊位置；临近采石场、采砂场及其他建筑材料基地等。本土的主要用途在于确定施工现场、建筑生产、与生活区域的位置，场外线路管网的布置，以及各种临时设施的相对位置和大量建筑材料的堆置场等。

建筑工地及相邻地区的地形图，其比例尺一般为 1：2000 或 1：1000，等高线高差为 0.5～1m。图上应标明主要水准点和坐标距 100m 或 200m 的方格网，以便测定各个房屋和构筑物的轴线、标高和计算土方工程量。此外，还应当标出现有的一切房屋、地上地下的管线、线路和构筑物、绿化地带、河流周界限及水面标高、最高洪水位警戒线等。本图是设计施工平面图、布置各项建筑业务和设施等的依据。

② 工程地质资料，目的在于确定建设地区的地质构造、人为的地表破坏现象（如土

坑、古墓等)和土壤特征、承载能力等。主要内容有：建设地区钻孔布置图；工程地质剖面图，表明土层特征及其厚度；土壤的物理力学性能，如天然含水率、内摩擦角、黏聚力、孔隙比、渗透系数等；土壤压缩试验和关于承载能力的结论等文件等。根据这些资料，可以拟定特殊地基(如黄土、古墓、流砂等)和基坑工程的施工方法和技术措施，复核设计中规定的地基基础与实际地质情况是否相符等。

③ 水文地质资料，包括地下水和地面水两部分。

地下水部分资料，目的在于确定建设地区的地下水在全年不同时期内水位的变化、流动方向、流动速度和水的化学成分等。主要内容有：地下水位及变化范围；地下水的流向、流速和流量；地下水的水质分析资料等。根据这些资料，可以决定基坑工程、排水工程、打桩工程、降低地下水位等工程的施工方法。

地面水部分资料，目的在于确定建设地区附近的河流、湖泊的水系、水质、流量和水位等。主要内容有：年平均流量、逐月的最大和最小流量或湖泊、水池的贮水量；流速和水位变化情况(特别是最低水位，它是决定给水方法的主要依据)；冻结的始终日期及最大、最小和平均的冻结深度；航运及浮运情况等。当建设工程的临时给水是依靠地面水作为水源时，上述条件可作为考虑设置升水、蓄水、净水和送水设备时的资料。此外还可以作为考虑利用水路运输可能性的依据。

④ 气象资料，目的在于确定建设地区的气候条件。主要内容有：一是气温资料，包括最低温度及其持续天数、绝对最高温度和最高月平均温度。前者用以计算冬季施工技术措施的各项参数；后者供确定防暑措施的参考。二是降雨资料，包括每月平均降雨量、降雪量和最大降雨量、降雪量。根据这些资料可以制定冬雨季施工措施，预先拟定临时排水设施，以免在暴雨后淹没施工地区。三是风的资料，包括常年风向、风速、风力和每个方向刮风次数等。风的资料通常被制成风向玫瑰图。图上每一方位上的线段的长度与风速、刮风次数或者风速和刮风次数一起的数值成比例(通常用百分数表示)。风的资料用以确定临时性建筑物和仓库的布置、生活区与生产性房屋相互间的位置。

(2) 技术经济条件资料

收集建设地区技术经济条件的资料，目的在于查明建设地区地方工业、交通运输、动力资源和生活福利设施等地区经济因素的可能利用程度。主要内容如下：

① 从地方市政机关了解的资料。

地方建筑工业企业情况。应当查明：当地有无采料场，建筑材料、配件和构件的生产企业，并应了解其分布情况、所在地及所属关系；主要产品的名称、规格、数量、质量和能否符合建筑工程的要求，生产能力有无剩余和扩充的可能性；同时还应当了解企业产品运往建筑工地的方法、交货价格和运输费用。

地方资源情况。当本地可能有供生产建筑材料和零件等利用的矿物资源、地方材料和工业副产品时，尚需进行详细的调查和勘察。通过勘察应当查明：当地有无供生产粘结材料和保温材料所需的石灰岩、石膏石、泥炭、黏土等，它们的分布、埋藏、特征和运输条件等的情况；有无供建立采石、采砂场等所需的块石、圆石、卵石、山砂等，同时尚需进行矿物物理和化学分析以鉴定其特征；并要研究进行开采、运输和使用的可能性以及经济合理性。

地方工业副产品也是建筑材料重要来源之一。例如，冶金工厂生产时排出的矿渣和发电站生产时排出的粉煤灰，在建筑工程中都具有极大的用途，必须充分利用。

当地交通运输条件。应当了解建设地区有无铁路专用线可供利用，可否利用邻近编组站来调度建设物资。当大量材料进行铁路运输时，应当了解机车和车皮的来源以及修理业务；对于公路运输应当了解道路路面等级、通行能力、汽车载重量等；如果有河道可用来运输时，应当了解取得船只的可能性和数量、码头的卸货能力、装卸工作机械化程度和航期等。同时，还需深入研究采用各种运输方式时的运费，并进行经济比较。

建筑基地情况。附近有无建筑机械及模板、支撑等租赁站，有无中心修配站及仓车，其所在地及容量，可供建筑工程利用的程度。

劳动力的生活设施情况。当地可以招的工人、服务人员的数量。建筑单位在建设地区已有的、在施工期间可作为工人宿舍、厨房食堂、浴室等建筑物的数量，应详细查明地点、结构特征、面积、交通和设备条件。

供水、供电条件。应当了解有无地方发电站和变压站，查明能否从地区电力网上取得电力、可供建筑工程利用的程度、接线地点及使用的条件。了解水源、与当地水源连接的可能性、连接的地点、现有上下水道的管径、埋置深度、管底标高、水头压力等。

② 从建筑企业主管部门了解的资料。

建设地区建筑安装施工企业的数量、等级、技术和管理水平、施工能力、社会信誉等。

主管部门对建设地区工程招标投标、质量监督、工地文明卫生、建筑市场管理的有关规定和政策。

建设工程开工、竣工、质量监督等所应申报和办理的各种手续及其程序。

③ 现场实地勘测的资料。

上述各项资料，必要时应当进行实地勘测、研究和核实。

施工现场实际情况，需要砍伐树木、拆除旧有房屋的情况、场地平整的工程量。

当地居民生活条件、生活水平、生活习惯、生活用品供应情况。

建筑垃圾处置的地点等。

技术经济勘测内容的多少，应当根据建筑地区具体情况作必要的删减和补充，包括的内容必须切合实际需要，过繁过简都有碍于编制施工组织设计工作的顺利进行。

3.2 工程概况的编制

单位工程施工组织设计中的工程概况介绍，是对整个工程项目情况的总说明。要对建设项目的工程规模、结构形式、施工条件和特点做一个简明的、重点突出的文字介绍，一般还要附上布置图和主要工程的构造图等，同时列出主要工程数量表。通常包括以下内容：

1. 工程建设概况

主要介绍拟建工程的建设单位、工程名称、性质、用途、作用、资金来源及工程投资额、开竣工日期、设计单位、施工单位、施工图纸情况、施工合同、主管部门的有关文件或要求、组织施工的指导思想等。

2. 工程施工概况

（1）建筑设计特点

一般介绍拟建工程的建筑面积、平面形状和平面组合情况、层数、层高、总高、总宽、总长及室内外装修情况。

（2）结构设计特点

一般说明基础类型、埋置深度、主体结构类型、预制构件类型及安装位置等。

（3）建设地点地形特征

一般说明拟建工程的位置、地形地貌、工程地质情况、水文地质情况、土壤分层情况、冻结期间与冻结厚度、地下水位及变动情况、水质、常年气温及冬雨期起止时间、主导风向和风力。

（4）施工环境条件

一般说明水电道路及场地的"三通一平"情况，现场临时设施及周边环境、预制构件供应情况、施工企业机械设备劳动力落实情况、劳动组织形式及内部承包方式等。

（5）工程施工特点

概括指出单位工程的施工特点和施工中的关键问题。不同结构类型、不同环境和条件下的工程施工，有着不同的施工特点，因此需要针对不同的特点进行必要的分析，并指出工程施工的重点和难点，以便在选择施工方案、组织物资供应和技术力量配备等方面采取相应措施。

本部分的设计主要是依据工程招标文件、设计施工图纸、工程地质勘察报告等资料，结合现场调查资料对工程项目建设的基本概况、设计特点、施工条件等作一个基本描述。设计重点是从工程施工角度简述该工程施工的主要特点与技术难点，作为编制分部分项工程施工方法时重点注意的事项并对相应技术难点提出切实可行的解决方案。

3.3 施工方案的编制

施工方案设计是单位工程施工组织设计的核心问题，一般包括以下内容：确定施工程序，确定施工流向，确定施工顺序和施工安排、施工段的划分，主要分部分项工程的施工方法和施工机械的选择等。

3.3.1 确定施工程序

施工程序指单位工程中各分部工程或施工阶段在时间上展开的先后次序及制约关系。

工程施工受到自然条件和物质条件的限制，它在不同的施工阶段，根据不同的工作内容按照其固有的逻辑联系循序渐进地开展，不允许颠倒或跨越。施工中通常应遵循的程序如下：

1. 先地下、后地上

"先地下、后地上"，指的是在地上工程开始之前，尽量把管线、线路等地下设施和土方、基础工程做好或基本完成，以免对地上部分施工有干扰，给地上施工带来不便，造成浪费，影响质量。

2. 先主体、后围护

"先主体、后围护"，主要是指框架结构施工时应先进行框架主体结构施工，然后进行围护结构施工。一般来说，多层建筑，主体结构与围护结构以少搭接为宜，而高层建筑则应尽量搭接施工，以便有效节约时间。

3. 先结构、后装饰

"先结构、后装饰"，是指一般情况下，施工时先进行主体结构施工，然后进行装饰工程施工。但是，随着新建筑体系的不断涌现和建筑工业化水平的提高，某些装饰与结构构件均在工厂完成。有时为了压缩工期，也可以部分地搭接施工。

4. 先土建、后设备

"先土建、后设备"是指一般的土建与水暖电卫等工程的总体施工程序。施工时某些工序可能要穿插在土建的某一工序之前进行，如在浇筑楼板混凝土时要考虑水电穿楼板的预埋管，这是施工顺序问题，并不影响总体施工工序。工业厂房的施工很复杂，除了要完成一般的土建工程外，还要同时完成工艺设备和工业管道等安装工程。为了使工厂早日投产，不仅要加快土建工程施工速度，为设备安装提供工作面，还应该根据设备性质、安装方法、厂房用途等因素，合理安排土建工程与工艺设备安装工程之间的施工程序。其一般有三种施工程序。

(1) 封闭式施工，是指土建主体结构完成之后(或装饰工程完成之后)，即可进行设备安装。它适用于一般机械工业厂房(如精密仪器厂房)。

封闭式施工的优点：由于工作面大，有利于预制构件现场就地预制、拼装和安装就位的布置，适合选择各种类型的起重机械和便于布置开行路线，从而加快主体结构的施工速度；设备基础后施工，可在室内施工，不受气候影响，可以减少设备基础施工时的防雨、防寒设施费用；可利用厂房内的桥式吊车为设备基础施工服务。

封闭式施工的缺点：出现某些重复性工作，如部分柱基回填土的重复挖填和运输道路的重新铺设等；设备基础施工受到限制，条件较差，甚至造成基坑不宜采用机械挖土；当厂房土质不佳，而设备基础与柱基础又连成一片时，在设备基础基坑挖土过程中，易造成地基不稳定，施工中须增加措施费用；不能提前为设备安装提供工作面，工期较长。

(2) 敞开式施工，是指先施工设备基础、安装工艺设备，然后建造厂房。它适用于冶金、电站等工业的某些重型工业厂房(如冶金工业厂房中的高炉间)。这些厂房的设备基础较大较深，基坑的挖土范围连成一片，或深于厂房柱基础，故才采用设备基础先施工的敞开式施工顺序。

(3) 设备安装与土建施工同时进行。土建施工可以为设备安装创造必要的条件，同时又可采取防止设备被砂浆、垃圾等污染的保护措施，从而加快了工程的进度。例如，在建造水泥厂时，经济效益最好的施工程序便是两者同时进行。

不论是工业建筑还是民用建筑，土建与水、暖、电、卫设备的关系都需要摆正，要从保质量、讲成本的角度处理好两者关系。在确定施工顺序时，由于影响施工的因素很多，故施工程序并不是一成不变的，特别是随着建筑工业化的不断发展，有些施工程序也将发生变化。

3.3.2 确定施工流向

施工流向是指施工活动在空间的展开和进程。确定施工起点流向，就是确定单位工程在平面上或竖向上施工开始的部位和进展的方向。对于单层建筑物，如厂房，可按其车间、工段或跨间，分区分段地确定出在平面上的施工流向。对于多层建筑物，除了确定每层平面上的流向外，还应确定分层施工的流向。对于道路工程可确定出施工的起点后，沿道路前进方向，将道路分为若干区段进行。

（1）确定单位工程施工起点流向时，一般应考虑如下因素。

① 满足建设单位对生产和使用的需要。一般应考虑建设单位对生产或使用要求急的工段或部位先施工。

② 对于生产性建筑要考虑工艺流程及投产的先后顺序。

如某多跨单层装配式工业厂房，其生产工艺如图 3-2 所示，从施工角度来看先完成哪一部分都一样，但按施工工艺顺序来施工，易于分期施工、投产，提前发挥投资效益。

③ 工程的繁简程度和施工过程间的相互关系。

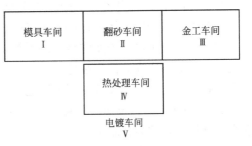

图 3-2 多跨单层装配式工业厂房生产工艺

通常技术复杂、耗时长的区段或部位应先施工，如高层现浇钢筋混凝土结构，应先从主楼开始施工，裙楼后施工，以减少不均匀沉降带来的影响。

④ 房屋高低层和高低跨。

当有高低层或高低跨并列时，考虑到沉降的因素，应从高低层或高低跨并列处开始。例如，在高低跨并列单层工业厂房结构安装中，应先从高低跨并列处开始吊装；在高低层并列的多层建筑中，层数多的区段常先施工；屋面防水层施工应按先低后高方向施工；基础施工应按先深后浅的顺序施工。

⑤ 工程现场条件和施工方案。

施工场地大小、道路布置和施工方案所采用的施工方法、机械的选择也是确定施工流程的主要因素。例如，土方工程施工中，边开挖边外运多余土方，则施工起点应确定在远离道路的部位，由远及近地展开施工。又例如装配式多层房屋根据起重机械的选择及施工方案的选定，可以采用逐层水平向上的施工流向，如图 3-3(a) 所示。如果沉降允许，也可以采用竖直向上的施工流向，如图 3-3(b) 所示。

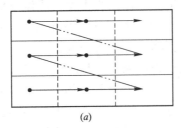 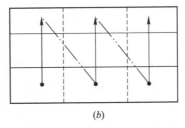

图 3-3 装配式多层房屋施工流向

(a) 水平向上；(b) 竖直向上

⑥ 考虑分部工程或施工阶段的特点及其相互关系。

例如，主体结构工程从平面上看，从哪一边先开始都可以，但竖向一般应自下而上施工。

（2）以多层建筑物的装饰工程为例说明施工流向的选择：根据装饰工程的特点，施工起点流向一般有以下几种情况：

① 室内装饰工程自上而下的施工起点流向。通常是指主体结构工程封顶、屋面防水层完成后，从顶层开始逐层向下进行。采用此方法进行装饰工程施工容易保证装饰工程质量不受沉降和下雨的影响，而且自上而下的流水施工，工序之间交叉少，便于施工和成品保护，垃圾清理也方便。不过，由于装饰工程不能与主体工程搭接施工，工期较长。因此当工期不紧时，应选择此种施工起点流向。

② 室内装饰工程自下而上的施工起点流向。通常是指主体结构工程施工到三层以上时，装饰工程从一层开始，逐层向上进行。采用此方法进行主体与装饰交叉施工，可以缩短工期，不过施工过程中要注意成品保护，质量和安全也不易保证。因此当工期紧时可采用此种施工起点流向，但应在施工中采取一定的技术组织措施来保证质量和安全。例如，上下两相邻楼层中，首先应抹好上层地面，再做下层天棚抹灰。

③ 自中而下再自上而中的施工起点流向。它综合了上述两种流向的优点，通常适合于中、高层建筑的装饰施工。

④ 室外装饰工程通常是自上而下的施工起点流向，以便保证质量。

3.3.3 确定施工顺序

施工顺序是指分项工程或工序之间施工的先后顺序。它的确定既是为了按照客观规律组织施工，也是为了解决工种之间在时间上的搭接和空间上的利用问题。合理地确定施工顺序，可以充分利用空间、节约时间，达到缩短工期的目的。

根据工程的施工特点，要在总体上确定施工的顺序，分清主次，统筹安排各类工程项目施工，保证重点，兼顾其他，以确保工期，并实现施工的连续性和均衡性。按照各单位工程和分部工程的重要程度不同，应优先安排那些工程量大、结构复杂、施工难度大和工期长的主体工程项目，以及供施工使用的大型临时设施。工程量小、施工难度不大的一些辅助工程，则可考虑与主体工程相配合，作为平衡施工的项目穿插在主体工程的施工过程中进行。

确定施工顺序时，一般应考虑以下因素：

① 遵循施工程序。施工程序确定了施工阶段或分部工程之间的先后顺序，施工顺序应在不违背施工程序的前提下确定。

② 符合施工工艺。施工顺序要反映出施工工艺上存在的客观关系和相互间的制约关系。如现浇钢筋混凝土柱的施工顺序为：绑扎钢筋→支模板→浇混凝土→养护→拆模。如果先支柱的模板再来绑扎柱钢筋，显然扎筋时没有足够的操作空间。

③ 与施工方法一致。如某带地下车库的建筑物如果按照常规施工方法，其施工顺序为：开挖土方→测量定位→地下室底板施工→地下室墙体及顶板施工→上部结构施工；若采用逆作法施工，则施工顺序为：测量定位→地下连续墙施工→±0.000 标高结构层施工→地下车库和地上一层同时施工→完成地下室施工→完成上部结构施工。

④ 考虑工期和施工组织的要求。如室内外装饰工程的施工顺序。

⑤ 考虑施工质量和安全要求。如外墙装饰安排在屋面卷材防水施工后进行，以保证安全；楼梯抹面最好自上而下进行，以保证质量。

⑥ 考虑当地气候影响。如冬季室内装饰工程施工，应先安门窗后做其他装饰。

下面将多层混合结构居住房屋、多高层现浇钢筋混凝土框架结构、装配式钢筋混凝土单层厂房的施工顺序分别予以介绍。

1. 多层混合结构居住房屋的施工顺序

多层混合结构居住房屋的施工，通常可划分为基础工程、主体结构工程、屋面及装饰工程三个阶段，如图 3-4 所示。

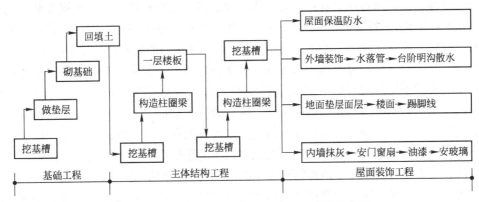

图 3-4　多层混合结构居住房屋的施工顺序示意图

（1）基础工程的施工顺序

基础工程阶段是指室内地坪（±0.000）以下的所有工程的施工阶段。其施工顺序一般为：挖基槽→做垫层→砌基础→铺设防潮层→回填土。若有地下障碍物、坟穴、防空洞、软弱地基等情况，则应首先处理；若有桩基础，应先进行桩基础施工；若有地下室，则在砌筑完基础或其一部分后，砌地下室墙，在做完防潮层后，浇筑地下室顶板，最后回填土。

施工时，挖基槽与做垫层之间搭接应紧凑，间隔时间不宜过长，以防积水浸泡或曝晒地基，影响地基承载能力。在垫层施工完后，一定要留有技术间歇时间，使其具有一定强度后，再进行下一道工序的施工。各种管沟的挖土和管道铺设等工程，应尽可能与基础施工配合，平行搭接施工。

回填土的施工宜尽早进行，尽量在上部结构开始以前完成。这样既可以避免基槽遭雨水或施工用水浸泡，又可以为后续施工提供良好的施工条件。回填土应分层夯填，回填时要注意控制水、电、暖、煤气管沟的标高。

（2）主体结构工程的施工顺序

在主体结构工程阶段，如果是现浇楼板，施工顺序通常为：立构造柱钢筋→砌筑墙体（含安装门窗框和过梁）→安构造柱模板→浇筑柱混凝土→圈梁、楼板模板→圈梁、楼板钢筋→梁板混凝土。现浇钢筋混凝土楼梯施工应与楼层施工紧密配合，以免影响后续工作。如果是预制楼板，施工顺序通常为：立构造柱钢筋→砌筑墙体（含安装门窗框和预制过梁）→安构造柱模板→浇筑柱混凝土→圈梁钢筋、模板→浇筑混凝土→安预制楼板。其中砌筑墙体和安楼板是主导工程。现浇卫生间楼板、各层预制楼梯段的安装必须与墙体砌筑和楼板安装密切配合，一般应在砌墙、安楼板的同时或相继完成。

（3）屋面和装饰工程的施工顺序

这个阶段的施工内容多，劳动消耗量较大，需要时间长，合理地穿插施工可以缩短工期。

屋面工程主要是卷材防水屋面和刚性防水屋面。卷材防水屋面一般按找平层→隔汽层→保温层→找平层→防水层→保护层的顺序施工。对于刚性防水屋面，现浇钢筋混凝土防水层应在主体完成或部分完成后，尽快开始分段施工，从而为室内装饰工程创造条件。

室内装饰工程的内容主要有：天棚、楼地面、墙面和楼梯抹灰；门窗扇安装，门窗油漆，安玻璃，墙裙，做踢脚线等。其中抹灰是主导工程。室外装饰工程的内容主要有：外墙抹灰，勒脚、散水、明沟、台阶、水落管等。室内外装饰的顺序有先内后外、先外后内、内外同时进行三种，可视施工条件和气候条件选择。一般来说室外装饰工程要避开冬雨期；要加快脚手架的周转时一般先进行室外装饰工程的施工；室内地面为水磨石地面时，为防止施工中水渗漏对外墙面的影响，应先做室内地面。

室内装饰工程中，同一层室内抹灰的施工顺序有两种：一是地面→顶棚→墙面；二是顶棚→墙面→地面。前一种施工顺序的优点是便于清理地面，地面质量容易保证，便于收集落地灰、节省材料；缺点是地面需要养护时间和采取保护措施，影响工期。后一种施工顺序的优点是：墙面抹灰与地面抹灰之间不需养护时间，工期可以缩短；缺点是落地灰不易收集，在做地面前必须将落地灰清理干净后再做面层，否则会影响装饰面层与结构层之间的粘接，引起地面起壳现象。

底层地面多在各层天棚、墙面和楼地面完成后进行；楼梯间和楼梯抹面，由于其在施工期间较易损坏，通常在其他抹灰工程完成后，自上而下统一施工。门窗扇安装一般在抹灰之前或之后进行，视气候和施工条件而定。例如，室内装饰工程在冬季施工，门窗扇和玻璃应在抹灰前安装完毕。为了防止油漆弄脏玻璃，通常采用先油漆门窗框、扇，后安装玻璃的施工顺序。

室外装饰工程总是采用自上而下的施工方案，一般完成一层的外墙装饰和水落管施工后即可拆除该层的脚手架，最后进行台阶散水的施工。

（4）水、暖、电、卫等工程的施工顺序

水、暖、电、卫工程不像土建工程那样分成几个明显的施工阶段，它一般是与土建工程中有关分部分项工程紧密配合、穿插进行的。在基础工程施工时，应在完成上下水管沟和暖气管沟的垫层和地沟墙施工后回填土；在主体结构施工时，应在砌砖墙或现浇钢筋混凝土楼板时，预留上下水和暖气管孔、电线线槽、预埋木砖或其他预埋件；在装饰工程施工前，安装相应的各种管道和电气照明用的附墙暗管、接线盒等；水、暖、电、卫、其他设备安装均穿插在地面或墙面的抹灰前后进行；若电线为明线，则应在室内粉刷完成后进行。

室外上下水管道等工程的施工，可以安排在土建工程之前或其中进行。

2. 多高层现浇钢筋混凝土框架结构的施工顺序

现浇钢筋混凝土结构多用于民用房屋和工业厂房，也多见于高层结构。由于采用的结构体系不同，其施工方法和施工顺序也不尽相同。一般可以划分为基础工程、主体结构工程、围护工程、屋面和装饰工程等四个施工阶段，如图3-5所示。

（1）基础及地下室工程的施工顺序

高层建筑的基础均为深基础，由于基础的类型和位置等不同，其施工方法和顺序也不同。当有地下室工程且采用桩基础时，通常采用由下而上的顺序时，一般顺序为：桩基础施工→基坑支护→土方开挖→垫层→投点放线→地下室底板（支模、扎筋、浇筑混凝土）→

50

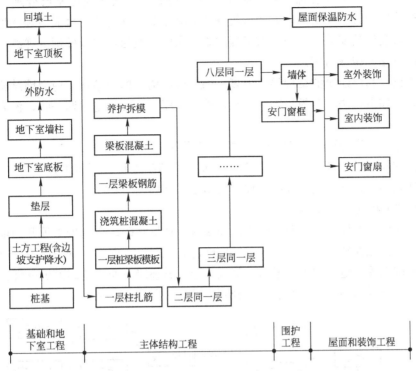

图 3-5 现浇钢筋混凝土结构施工顺序示意图

施工缝处理→地下室墙柱（扎筋、支模、浇筑混凝土）→地下室防水→地下室顶板（支模、扎筋、浇筑混凝土）→养护→拆外模→回填土。施工中要注意地下防水工程、大体积混凝土以及深基础支护结构的施工。

如果无地下室，房屋建在比较好的土质上，基础工程的一般顺序为：土方开挖→垫层→基础施工（扎筋、支模、混凝土、养护、拆模）→回填土。

（2）主体工程的施工顺序

主体结构工程即全现浇钢筋混凝土框架的施工顺序为：柱筋绑扎→安柱、梁、板模板→浇筑柱混凝土→梁、板钢筋绑扎→浇筑梁、板混凝土。由于柱、梁、板的扎筋、支模、混凝土等施工过程的工程量大，耗用的劳动力和材料多，而且对施工质量和工期也起着决定性的作用。所以在施工中通常在竖向上分层，在平面上分成若干个施工段，组织平面上和竖向上的流水施工。

（3）围护工程的施工顺序

围护结构的施工包括砌筑用脚手架搭拆，墙体拉结筋，内、外墙砌筑等分项工程的施工。不同分项工程之间可以组织平行、搭接、立体交叉施工。

（4）屋面和装饰工程的施工顺序

屋面工程的施工顺序与混合结构居住房屋的屋面工程基本相同。屋面施工与墙体施工应该密切配合，主体工程结束后即进行屋面防水层的施工，对砌体工程的质量会有好处。

装饰工程的施工分为室内装饰和室外装饰。室内装饰包括天棚、墙面、楼地面、楼梯等抹灰，门窗安装等；室外装饰包括外墙抹灰装饰、勒脚、散水、台阶、明沟等施工。需要注意的是，装饰工程的分项工程及施工顺序随装饰设计不同而不同。例如，如果是轻质墙体、铝合金门窗的室内装饰工程的施工顺序一般为：轻质隔墙面基层处理→贴灰饼冲筋→立门框、安铝合金门窗框→墙面抹灰→墙面喷涂饰面→吊顶→地面清理→地面装饰→安门窗扇→灯具洁具安装；室外装饰工程的施工顺序一般为：结构处理→弹线→贴灰饼→刮底→放线→贴面砖→清理。

应当指出，高层建筑的结构类型较多，如简体结构、框架结构、剪力墙结构等，施工方法也较多，如滑模法、升板法等。因此，施工顺序一定要与之协调一致，没有固定模式可循。

3. 装配式钢筋混凝土单层工业厂房的施工顺序

装配式钢筋混凝土单层工业厂房的施工可分为基础工程、预制工程、结构安装工程、围护工程和装饰工程五个主要分部工程，其施工顺序如图3-6所示。

（1）基础工程的施工顺序

单层工业厂房的柱基础一般是现浇钢筋混凝土杯形基础。在基础工程开始前，同民用房屋一样，应首先处理地下的洞穴等，然后确定施工起点流向，划分施工段，以便组织流水施工。基础工程的施工顺序一般为：基坑挖土→做垫层→安装基础模板→绑扎钢筋→浇混凝土→养护→拆基础模板→回填土等分项工程，如图3-6所示。

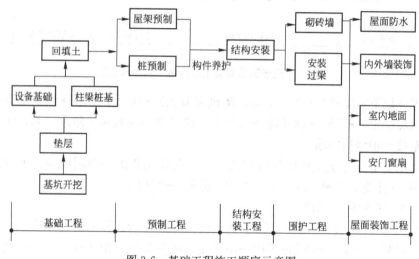

图3-6 基础工程施工顺序示意图

当中型或重型工业厂房建设在土质较差的地区时，通常采用桩基础。为了缩短工期，常将打桩工程安排在施工准备阶段进行。在保证质量的条件下，尽早拆模和回填土方，以免曝晒和水浸地基，并提供就地预制场地。

对于厂房的设备基础，由于与其厂房柱基础施工顺序的不同，常常会影响到主体的安装方法和设备安装投入的时间，故需根据具体情况决定其施工顺序是采用"封闭式"施工还是"开敞式"施工。一般说来，当厂房柱基础的埋置深度大于设备基础埋置深度时，一般采用"封闭式"施工顺序，即厂房柱基础先施工，设备基础后施工。当厂房施工处于冬雨期时，或设备基础不大，在厂房结构安装后对厂房结构的稳定性没有影响的，或采用沉井等特殊施工方法施工的较大较深的设备基础，均可采用"封闭式"施工顺序。当设备基础埋置深度大于厂房柱基础的埋置深度时，一般采用"开敞式"施工顺序，即厂房柱基础与设备基础同时施工。

当设备基础与柱基础埋置深度相同或接近时，可以任意选择一种施工顺序。当厂房的设备基础较大较深，基坑的挖土范围连成一片，或深于厂房柱基础，以及地基的土质不佳时，才采用设备基础先施工的顺序。

(2) 预制工程的施工顺序

单层工业厂房构件的预制，通常采用加工厂预制和现场预制相结合的方法进行。在具体确定预制方案时，应结合构件技术要求、工期规定、当地加工能力、现场施工和运输条件等因素进行技术经济分析后确定。一般重量较大或运输不便的大型构件，可在拟建车间现场就地预制，如柱、托架梁、屋架和吊车梁等。数量较多的中小型构件可在加工厂预制，如大型屋面板等标准构件和木制品等宜在专门的生产厂家预制。加工厂生产的预制构件应随着厂房结构安装的进度陆续运往现场满足施工需要。

钢筋混凝土构件预制工程的施工顺序为：场地准备→预制构件的支模→绑扎钢筋→预留孔道→浇混凝土→养护→预应力钢筋的张拉→拆模→锚固→孔道灌浆等分项工程。预制构件开始制作的日期、平面位置的布置、起点流向和顺序，在很大程度上取决于工作面准备工作完成的情况和后续工程的要求，如结构安装的顺序、起重机械的选择等。

通常，只要基础回填土、场地平整完成一部分之后，并且结构安装方案已定，构件平面布置图已绘出，就可以进行制作。制作的起点流向应与基础工程的施工起点流向相一致。

当采用分件安装方法时，预制构件的预制有三种方案：当场地狭窄而工期允许时，不同构件的预制可分别进行，首先预制柱和吊车梁，待柱和吊车梁安装完再预制屋架；当场地宽敞时，可在柱、梁制作完就进行屋架预制；当场地狭窄且工期要求紧迫时，可首先将柱和梁等构件在拟建车间内进行预制，同时在拟建厂房外部预制屋架。

当采用综合吊装法吊装时，由于是分节间完成各种构件的安装，所以构件需一次制作。这时应视场地具体情况确定构件是全部在拟建车间内部就地预制，还是有一部分在拟建车间外预制。

(3) 结构安装工程的施工顺序

结构安装工程是单层工业厂房施工中的主导工程。其施工内容为：柱、吊车梁、连系梁、托架梁、屋架、天窗架、大型屋面板等构件的吊装、校正和固定。

构件开始吊装日期取决于吊装前准备工作完成的情况。例如，构件混凝土强度是否已达到规定的吊装强度；轴线定位、弹线工作是否完成；起重机械是否准备完毕等。准备工作完成后，就可以开始吊装。

吊装的顺序取决于吊装方法是分件吊装法还是综合吊装法。当采用分件吊装法时，一般起重机要开行三次才安装完全部构件。其吊装顺序一般是：第一次开行吊装柱，并对柱进行校正与固定；待混凝土强度达到设计强度 70% 后，第二次开行吊装吊车梁、托架梁与连系梁；第三次开行吊装屋盖系统的构件。当采用综合吊装法时，其吊装顺序一般是：先吊装 4～6 根柱，并迅速校正和固定，再吊装各类梁及屋盖系统的全部构件，如此依次进行，逐个节间吊装，直至整个厂房吊装完毕。

抗风柱的安装顺序一般有两种：一是在吊装柱的同时先安装该跨一端的抗风柱，另一端则在屋盖安装以后进行；二是全部抗风柱的安装均待屋盖安装完毕后进行。

（4）围护工程的施工顺序

围护工程施工阶段包括搭脚手架和内外墙砌筑、安装门窗框等。在厂房结构安装工程结束后，或安装完一部分区段后即可开始内、外墙砌筑工程的分段分层流水施工。不同的分项工程之间可组织立体交叉平行流水施工。墙体工程、屋面工程和地面工程应紧密配合。如墙体施工完后，应考虑屋面工程和地面工程施工。

脚手架应配合砌筑搭设，在室外装饰之后，做散水坡之前拆除。内隔墙的砌筑应根据内隔墙的基础形式而定，有的需要在地面工程完成之后进行，有的则可在地面工程之前与外墙同时进行。

（5）屋面装饰工程的施工顺序

屋面防水工程的施工顺序，基本与混合结构居住房屋的屋面防水施工顺序相同。

一般单层厂房的装饰工程比较简单，通常不占总工期，而与其他施工过程穿插进行。地面工程应在设备基础、墙体砌筑工程完成了一部分和埋入地下的管道电缆或管道沟完成后随即进行，或视具体情况穿插进行；钢门窗安装一般与砌筑工程穿插进行，也可以在砌筑工程完成后开始安装，视具体条件而定；门窗油漆可以在内墙刷白以后进行，也可以和设备安装同时进行；刷白应在墙面干燥和大型屋面板灌缝之后进行，并在开始油漆时结束。

3.3.4 划分流水段

建筑物按流水理论组织施工，能取得很好的效益。为便于组织流水施工，就必须将大的建筑物划分成几个流水段，使各流水段间按照一定程序组织流水施工。

划分流水段要考虑下述问题：

（1）尽可能保证结构的整体性，按伸缩缝或后浇带进行划分。厂房可按跨或生产区划分；住宅可按单元、楼层划分，亦可按栋分段。

（2）使各流水段的工程量大致相等，便于组织节奏流水，使施工均衡地、有节奏地进行，取得较好的效益。

（3）流水段的大小应满足工人工作面的要求和施工机械发挥工作效率的可能。目前推广小流水段施工法。

（4）流水段数应与施工过程（工序）数量相适应，如流水段数少于施工过程数则无法组织流水施工。

3.3.5 施工方法和施工机械选择

施工方法和施工机械的选择是紧密联系的，在技术上它是解决各主要施工过程的施工手段和工艺问题，如基础工程的土方开挖应采用什么机械完成；要不要采取降低地下水的措施；浇筑大型基础混凝土的水平运输问题；主体结构构件的安装应采用怎样的起重机才能满足吊装范围和起重高度的要求；墙体工程和装修工程的垂直运输问题等。这些问题的解决，在很大程度上受到工程结构形式和建筑特征的制约，通常说"结构选型"和"施工选案"是紧密相关的，一般都可应用"施工技术"和"建筑机械"课程所学习的知识来解决。

施工方法和施工机械选择是施工方案中的关键问题，它直接影响施工进度和施工质量。

1. 确定施工方法

选择施工方法时应着重考虑影响整个单位工程施工的分部分项工程的施工方法，如在单位工程中工程量大或者占重要地位的分部分项工程，施工技术复杂或采用新技术、新工艺对工程质量起关键作用的分部分项工程，不熟悉的特殊结构工程或由专业施工单位施工的特殊专业工程的施工方法。而对于按照常规做法和工人熟悉的分项工程，只要提出应注意的特殊问题即可，不必详细拟定施工方法。

一般土建工程施工方法包括下列内容：

（1）土石方工程

土石方工程包括：计算土石方工程的工程量，确定土方调配方案；确定土石方开挖或爆破方法，选择土石方施工机械的型号、数量；确定土壁放坡开挖的坡度系数或土壁支撑形式；选择排除地面、地下水的方法；确定排水沟、集水井或井点布置方案所需的设备。

（2）基础工程

基础工程包括：浅基础的垫层；混凝土基础和钢筋混凝土基础施工的技术要求；地下室施工的方法和技术要求；桩基础的施工方法及机械的选择。

（3）砌筑工程

砌筑工程包括：墙体的组砌方法和质量要求；弹线及皮数杆的控制要求；确定脚手架搭设方法及安全网的挂设方法；选择垂直和水平运输机械；大规格砌块的排列图。

（4）钢筋混凝土工程

钢筋混凝土工程包括：确定混凝土工程施工方案为滑模法、升板法还是其他方法；确定模板类型及支模方法、拆模时间和要求。对于复杂工程还需进行模板设计和绘制模板放样图；选择钢筋的加工（调直、切断、除锈、成型、冷拉、冷拔、冷轧扭）和连接（绑扎、焊接、机械连接）方法；选择混凝土的制备方案，如采用商品混凝土，还是现场拌制混凝土；确定搅拌、运输、浇筑顺序和方法，以及泵送混凝土和普通垂直运输混凝土的机械选择；选择混凝土搅拌、振捣设备的类型和规格，确定施工缝的留设位置；确定预应力混凝土的施工方法、控制应力和张拉设备。

（5）结构安装工程

结构安装工程包括：根据起重量 Q、起重高度 H、起重半径 R 等确定起重机械类型、型号和数量；确定结构安装方法（如分件吊装法还是综合吊装法）；安排吊装顺序；起重机位置和开行路线，构件的制作、拼装场地；确定构件运输、装卸、堆放方法及所需机具设备的规格、数量和运输道路。

（6）现场的垂直和水平运输

现场的垂直和水平运输包括：确定垂直运输量，确定垂直运输方式及机械的种类、型号、数量、停机位置，确定水平运输的方式、设备型号和数量；确定地面和楼面水平运输的行驶路线；综合考虑垂直运输机械的工作半径。

（7）屋面工程

屋面工程包括：确定屋面材料的运输方式；屋面工程各个分项工程施工的操作要求和质量要求；材料现场存放方式。

（8）装饰工程

装饰工程包括：各种装饰工程的操作方法及质量要求；确定所需机具设备；确定施工

工艺流程；确定材料运输方式及储存要求。

（9）特殊项目

特殊项目包括采用新技术、新结构、新工艺、新材料的工程；高耸、大跨、深基础、软弱基础、水下结构等项目，应单独编制详细的说明，包括工程平剖面图、工程量、工艺流程、劳动组织、技术要求、质量安全保证措施、材料构件机械需用量计划。

2. 选择施工机械时应注意的问题

施工机械化是现代化大生产的重要标志，为有利于加快建设速度、提高工程质量、保证施工安全，选择合适的机械是非常重要的。施工机械的选择应主要考虑以下几个方面：

（1）根据工程特点选择适宜的主导工程施工机械。例如，在选择装配式单层工业厂房结构安装用的起重机械类型时，若工程量大而集中，可以采用生产率高的塔式起重机；若工程量较小或虽大但较分散时，则采用无轨自行式起重机；在选择起重机型号时，应使起重机性能满足起重量、安装高度、起重半径和臂长的要求。

（2）各种辅助机械应与直接配套的主导机械的生产能力协调一致。为了充分发挥主导机械的效率，在选择与主导机械直接配套的各种辅助机械和运输工具时，应考虑其互相协调一致。例如，土方工程中挖土机和自卸汽车的配套选择，应考虑使挖土机的效率充分发挥出来。

（3）在同一建筑工地上的建筑机械的种类和型号应尽可能少。为了便于管理和减少机械转移的工时消耗，在一个建筑工地，尽量避免拥有大量同类而不同型号的机械。因此，对于工程量大的工程应采用专用机械；对于工程面分散的情况，应尽量采用多用途的机械。

（4）尽量选用施工单位现有的机械，减少施工的资金投入额，提高现有机械的利用率，降低工程成本。若现有机械满足不了工程需要，则可以考虑购置或租赁。

（5）确定各个分部工程垂直运输方案时应进行综合分析，统一考虑。例如，高层建筑施工时，可从下述几种组合中选一种，进行所有分部工程的垂直运输：塔式起重机和施工电梯；塔式起重机、混凝土泵和施工电梯；塔式起重机、井架和施工电梯；井架和施工电梯；井架、快速提升机和施工电梯等。

3.3.6 施工方案的技术经济评价

应结合工程项目实际情况，对若干施工方案的优缺点分析比较，如技术上是否可行、施工复杂程度、安全可靠性如何、施工成本如何、劳动力和机械设备能否满足需要、是否能充分发挥现有机械的作用、保证质量的措施是否完善可靠、对冬雨季施工带来多大困难等。每一个工程都可以采用不同的施工方法和施工机械来进行，在拟定施工方案时，施工方案的技术经济评价是选择最优施工方案的重要途径。它是从几个可行的方案中，经过对比分析，再进行取舍，选出一个工期短、成本低、质量好、材料省、劳动力安排合理的最优方案。

常用的方法有定性分析法和定量分析法两种。

1. 定性分析法

定性分析评价是结合工程施工实际经验，对多个方案的优缺点进行分析和对比，通常主要从以下几个指标来进行评价：

（1）工人在施工操作上的难易程度和安全可靠性。

（2）选择的施工机械设备是否可以用已有设备或易于用其他方法取得。

（3）为后续工作能否创造有利施工条件。

（4）采用该方案施工组织是否合理。

（5）能否有利于现场文明施工等。

2. 定量分析法

定量分析评价是通过对各个方案的工期指标、实物量指标和价值指标等一系列单个技术经济指标进行计算对比，从中选择技术经济指标最优方案的方法。

通常有多指标分析法和综合指标分析法两种方法。

（1）多指标分析法。它是用价值指标、实物指标和工期指标等一系列单个的技术经济指标，对各个方案进行分析对比，从中选优的方法。定量分析通常有如下几个指标。

工期指标：施工工期是指工程从开工之日到竣工之日所需的时间。当要求工程尽快完成以便尽早投入生产或使用时，选择施工方就要在确保工程质量、安全和成本较低的条件下，优先考虑工期较短的方案。

劳动量消耗指标：单位产品的劳动消耗量是指完成单位产品所需消耗的劳动工日数，它反映施工机械化程度和劳动生产率水平。通常，施工方案中劳动量消耗越小，建筑产品的施工机械化程度和劳动生产率水平越高。

主要材料消耗指标：它反映各个施工方案的主要材料节约情况。这里的材料是指施工中所用的主要材料，如钢筋、水泥、木材等。

成本指标：它是反映施工方案成本高低的指标。降低成本指标可以综合反映不同施工方案的经济效果，一般可以用降低成本率 γ_c 来表示，即

$$\gamma_c = \frac{C_0 - C}{C_0}$$

式中　C_0——预算成本(元)；

　　　C——施工组织设计计划成本(元)。

投资额指标：拟定的施工方案需要增加新的投资时，如购买新的施工机械或设备，则需要增加投资额指标进行比较，投资额低者为好。

在实际应用时，可能会出现指标不一致的情况，这时，就需要根据工程具体情况确定，如工期紧迫，就优先考虑工期短的方案。

（2）综合指标分析法。综合指标分析方法是以多指标为基础，将各指标的值按照一定的计算方法进行综合后得到一个综合指标进行评价。比较时要选用适当的目标，注意可比性。

通常的分析方法是：首先根据多指标中各个指标在评价中重要性的相对程度，分别定出权值 W_i；再用同一指标依据其在各方案中的优劣程度定出其相应的分值 C_{ij}。设有 m 个方案和 n 种指标，则第 j 方案的综合指标值 A_j 为

$$A_j = \sum_{i=1}^{n} C_{ij} W_i$$

式中　$j=1, 2, \cdots, m$；

　　　$i=1, 2, \cdots, n$。

综合指标值最大者为最优方案。

本部分设计要点（以框架结构为例）：

详细分析施工概况中提出的资料，大致确定施工程序、施工顺序、施工方案、主要施工过程等。例如，从建筑的平面示意图如果可以看出工程规模不大，划分施工段后分层施工即可。工程结构形式如果为框架结构，可以划分为基础工程、主体结构工程、围护工程、屋面和装饰工程等四个施工阶段。根据基础形式可以决定土方开挖是采用机械还是人工；根据地质资料中标明的土质决定土方开挖时是放坡还是采用基坑支护措施；根据地下水位的高低决定基础施工降排水方式；根据气象资料可以确定冬雨期施工措施，在工期允许的情况下，适当调整工期避开不利的施工季节，如尽量避免在雨季进行基础工程的施工等。总之，充分考虑各方面因素对施工的影响，才可能编制出切实可行的施工组织设计。

确定施工程序和施工流向后，根据现浇钢筋混凝土框架房屋的特点，合理确定施工顺序。基础工程中独立柱基的施工是主导施工过程；主体结构中框架梁板柱的施工是主导施工过程；围护结构的施工可以在主体结构封顶后进行，但为节约工期起见，也可以在主体施工进行到一定阶段后穿插施工；屋面工程可以尽早进行，装饰工程中室外装饰可以在墙体砌筑完成后自上而下施工，室内装饰工程可以从下而上施工。

对一些主要的工种工程，在选择施工方法和施工机械时，应着重考虑下述一些方面：

土方工程：要看是场地平整工程还是基坑开挖工程。对于前者主要是施工机械选择、平整标高确定、土方调配；对于后者首先确定是放坡开挖还是采用支护结构，如为放坡开挖主要是挖土机械选择、降低地下水位和明排水、边坡稳定、运土方法等。如采用支护结构，主要是支护结构设计、降低地下水位、挖土和运土方案、周围环境的保护和监测等。

混凝土结构工程：对于混凝土结构工程施工方案，着重解决钢筋加工方法、钢筋运输和现场绑扎方法、粗钢筋的电焊连接、底板上皮钢筋的支撑、各种预埋件的固定和埋设；模板类型选择和支模方法、特种模板的加工和组装、快拆体系的应用和拆模时间；混凝土制备（如为商品混凝土则选择供应商并提出要求）、混凝土运输（如为混凝土泵和泵车，则确定其位置和布管方式；如用塔式起重机和吊斗则划分浇筑区、计算吊运能力等）、混凝土浇筑顺序、施工缝留设位置、保证整体性的措施、振捣和养护方法等。如为大体积混凝土则需采取措施避免产生温度裂缝，并采取测温措施。

结构吊装工程：对于结构吊装工程施工方案，着重解决吊装机械选择、吊装顺序、机械开行路线、构件吊装工艺、连接方法、构件的拼装和堆放等。如为特种结构吊装，需用特殊吊装设备和工艺，尚需考虑吊装设备的加工和检验、有关的计算（稳定、抗风、强度、加固等）、校正和固定等。

3.4 施工进度计划的编制

编制施工进度计划是在选定的施工方案基础上，确定单位工程的各个施工过程的施工顺序、施工持续时间、相互配合的衔接关系。控制单位工程进度，保证在规定工期内完成质量要求的工程任务，能尽可能缩短工期，降低成本，取得较高的经济效益。

3.4.1 工程量和劳动量的计算

1. 工程量的计算

工程量计算是一项十分繁琐的工作，应根据施工图纸、有关计算规则及相应的施工方法进行，而且往往是重复劳动。如设计概算、施工图预算、施工预算等文件中均需计算工程量，故在单位工程施工进度计划中不必再重复计算，只需直接套用施工预算的工程量，或根据施工预算中的工程量总数，按各施工层和施工段在施工图中所占的比例加以划分即可，因为进度计划中的工程量仅是用来计算各种资源需用量，不作为计算工资或工程结算的依据，故不必精确计算。计算工程量应注意以下几个问题：

(1) 各分部分项工程的工程量计算单位应与采用的施工定额中相应项目的单位相一致，以便计算劳动量及材料需要量时可直接套用定额，不再进行换算。

(2) 工程量计算应结合选定的施工方法和安全技术要求，使计算所得工程量与施工实际情况相符合。例如，挖土时是否放坡，是否加工作面，坡度大小与工作面尺寸是多少，是否使用支撑加固，开挖方式是单独开挖、条形开挖或整片开挖，这些都直接影响到基础土方工程量的计算。

(3) 结合施工组织要求，分区、分段、分层计算工程量，以便组织流水作业。若每层、每段上的工程量相等或相差不大时，可根据工程量总数分别除以层数、段数，得到每层、每段上的工程量。

(4) 如已编制预算文件，应合理利用预算文件中的工程量，以免重复计算。施工进度计划中的施工项目大多可直接采用预算文件中的工程量，可按施工过程的划分情况将预算文件中有关项目的工程量汇总。例如，"砌筑砖墙"一项的工程量，可首先分析它包括哪些内容，然后按其所包含的内容从预算的工程量中抄出并汇总求得。施工进度计划中的有些施工项目与预算文件中的项目完全不同或局部有出入时(如计量单位、计算规则、采用定额不同)，则应根据施工中的实际情况加以修改、调整或重新计算。

2. 劳动量的计算

根据施工过程的工程量、施工方法和地方颁发的施工定额，并参照施工单位的实际情况，确定计划采用的定额(时间定额和产量定额)，以此计算劳动量，即

$$p = \frac{Q}{S}$$

或

$$p = H \times S$$

式中　p——某施工过程所需劳动量(或机械台班数)；

　　　Q——该施工过程的工程量；

　　　S——计划采用的产量定额(或机械产量定额)；

　　　H——计划采用的时间定额(或机械时间定额)。

使用定额，有时会遇到施工进度计划中所列施工过程的工作内容与定额中所列项目不一致的情况，这时应予以补充。通常有下列两种情况：

施工进度计划中的施工过程所含内容为若干分项工程的综合，此时，可将定额作适当扩大，求出平均产量定额，使其适应施工进度计划中所列的施工过程。平均产量定额可按下式计算：

$$\overline{S} = \frac{\sum_1^n Q_i}{\dfrac{Q_1}{S_1} + \dfrac{Q_2}{S_2} + \cdots + \dfrac{Q_n}{S_n}}$$

式中 Q_1，Q_2，$\cdots$，Q_n——同一施工过程中各分项工程的工程量；

S_1，S_2，$\cdots$，S_n——同一施工过程中各分项工程的产量定额（或机械产量定额）；

$\overline{S}$——施工过程的平均产量定额（或平均机械产量定额）。

有些新技术或特殊的施工方法，其定额尚未列入定额手册中，此时，可将类似项目的定额进行换算，或根据试验资料确定，或采用三时估计法。三时估计法求平均产量定额可按下式计算：

$$\overline{S} = \frac{1}{6}(a + 4m + b)$$

式中 a——最乐观估计的产量定额；

b——最保守估计的产量定额；

m——最可能估计的产量定额。

3.4.2 施工人数和施工天数的安排

1. 施工人数

施工进度计划中所需要投入的工人人数，按照每个工人每天所完成的工程量多少来确定，第一，用计算出来的工程量套用劳动定额进行分析所需要投入的施工人数，第二，根据劳动定额计算出来的施工人数再结合施工中本企业的实际情况进行相应的调整，最后将各个工种汇总，即得出全部所需要的施工人数。

这个施工人数不能仅仅套施工劳动定额来进行计算，特别要根据本单位的实际施工能力和具体工程的实际情况进行相应的调整，否则做出来的计划将会脱离实际的，将失去指导意义。

在确定施工人数时还必须考虑各工种劳动力数量以及进场时间是否满足施工总进度计划的要求。如果不能满足要求，必须加以调整。

2. 施工天数

计算各施工过程的持续时间的方法一般有两种：

（1）根据配备在某施工过程上的施工工人数量及机械数量来确定作业时间。

根据施工过程计划投入的工人数量及机械台数，可按下式计算该施工过程的持续时间

$$T = \frac{p}{nb}$$

式中 T——完成某施工过程的持续时间（工日）；

p——该施工过程所需的劳动量（工日）或机械台班数（台班）；

n——每工作班安排在该施工过程上的机械台数或劳动的人数；

b——每天工作班数。

（2）根据工期要求倒排进度，即由 T，p，b 求 n。

此时将式 $T = \dfrac{p}{nb}$ 变换为

$$n = \frac{p}{Tb}$$

即可求得 n 值。

确定施工持续时间，应考虑施工人员和机械所需的工作面。人员和机械的增加可以缩短工期，但它有一个限度，超过了这个限度，工作面不充分，生产效率必然会下降。

3.4.3 施工进度计划的绘制

编制施工进度计划时，必须考虑各分部分项工程的合理施工顺序，尽可能组织流水施工，力求主要工种的施工班组连续施工，其编制方法为：

(1) 首先，对主要施工阶段(分部工程)组织流水施工。先安排其中主导施工过程的施工进度，使其尽可能连续施工，其他穿插施工过程尽可能与主导施工过程配合、穿插、搭接。例如，砖混结构房屋中的主体结构工程，其主导施工过程为砖墙砌筑和现浇钢筋混凝土楼板；现浇钢筋混凝土框架结构房屋中的主体结构工程，其主导施工过程为钢筋混凝土框架的支模、扎筋和浇混凝土。

(2) 配合主要施工阶段，安排其他施工阶段(分部工程)的施工进度。

(3) 按照工艺的合理性和施工过程相互配合、穿插、搭接的原则，将各施工阶段(分部工程)的流水作业图表搭接起来，即得到了单位工程施工进度计划的初始方案。

单位工程施工进度计划通常以图表形式来表示，有水平表、垂直图表和网络图三种。

3.4.4 计划的调整

检查与调整的目的在于使施工进度计划的初始方案满足规定的目标，一般从以下几方面进行检查与调整：

(1) 各施工过程的施工工序是否正确？流水施工的组织方法应用得是否正确？技术间歇是否合理？

(2) 工期方面，初始方案的总工期是否满足合同工期？

(3) 劳动力方面，主要工种工人是否连续施工？劳动力消耗是否均衡？劳动力消耗的均衡性是针对整个单位工程或各个工种而言，应力求每天出勤的工人人数不发生过大变动。

(4) 物资方面，主要机械、设备、材料等的利用是否均衡？施工机械是否充分利用？

主要机械通常是指混凝土搅拌机、灰浆搅拌机、起重机和挖土机等。机械的利用情况是通过机械的利用程度来反映的。

初始方案经过检查，对不符合要求的部分需进行调整。调整方法一般有：增加或缩短某些施工过程的施工持续时间；在符合工艺关系的条件下，将某些施工过程的施工时间向前或向后移动。必要时，还可以改变施工方法。

应当指出，上述编制施工进度计划的步骤不是孤立的，而是互相依赖、互相联系的，有的可以同时进行。还应看到，由于建筑施工是一个复杂的生产过程，受周围客观条件影响的因素很多，在施工过程中，由于劳动力和机械、材料等物资的供应及自然条件等因素的影响，使其经常不符合原计划的要求，因而在工程进展中应随时掌握施工动态，经常检查，不断调整计划。

3.5 资源需用量计划的编制

根据施工进度计划编制的各种资源需用量计划，是做好各种资源的供应、调度、平衡、落实的依据，一般包括劳动力、施工机具、主要材料、预制构件等需用量计划。

3.5.1 劳动力需要量计划的编制

这种计划是根据施工预算、劳动定额和进度计划编制的，主要反映工程施工所需各种技工、普工人数，它是控制劳动力平衡、调配的主要依据。其编制的方法是将各施工过程所需的主要工种的劳动力，按其施工进度计划的安排进行叠加汇总而成。其格式如表 3-1 所示。

劳动力需要量计划表 　　　　表 3-1

序号	专业工种		最高人	需要人数及时间						备注
	名称	级别		年　月			年　月			
				上旬	中旬	下旬	上旬	中旬	下旬	
1										
2										
3										
…										

3.5.2 施工机具设备需用量计划的编制

施工机械需要量计划主要是确定施工机具的类型、规格、数量及使用时间，并组织其进场，为施工的顺利进行提供有利保证。编制的方法是将施工进度计划表中的每一个施工过程所用的机械类型、数量，按施工日期进行汇总。其格式如表 3-2 所示。

施工机具设备需用量计划表 　　　　表 3-2

序号	机械名称	型号	规格	电功率 (kV·A)	需要量		机械来源	使用起止	备注
					单位	数量			
1									
2									
3									
…									

3.5.3 预制构件、半成品需用量计划的编制

构件、半成品构件的需要量计划主要用于落实加工订货单位，并按所需规格、数量和时间组织加工、运输及确定仓库或堆场。它是根据施工图和施工进度计划编制的。其表格形式如表 3-3 所示。

预制加工品需要量计划表 　　　　表 3-3

序号	预制加工品名称	图号、型号	规格、尺寸	需要量		使用部位	加工单位	要求供应起止时间	备注
				单位	数量				
1									
2									
3									
…									

3.5.4 主要材料需用量计划的编制

主要材料需要量计划是用作施工备料、供料、确定仓库和堆场面积及做好运输组织工作的依据。其编制方法是根据施工进度计划表、施工预算中的工料分析表及材料消耗定额、储备定额进行编制。其表格形式如表 3-4 所示。

主要材料需用量计划表　　　　　　　　　　　　　表 3-4

序号	材料名称	规格	需要量		需要时间	备注
			单位	数量		
1						
2						
3						
...						

3.6 施工平面布置图的设计

单位工程施工平面图是对拟建工程的施工现场所作的平面规划和布置，是施工组织设计的重要内容，是现场文明施工的基本保证。

3.6.1 设计内容

单位工程施工平面图通常用 1：200～1：500 的比例绘制，施工平面图上一般应设计并标明以下内容：

(1) 已建的地下和地上的一切构筑物、建筑物及其他设施的位置、尺寸或拟建建筑物的位置及尺寸。

(2) 固定式垂直起重设备的位置及移动式起重设备的开行路线。

(3) 各种施工设备的位置，存放各种材料(包括水暖电材料)、构件、半成品构件等的仓库、堆场及临时作业场地的位置。

(4) 场内施工道路与场外交通的连接。

(5) 为施工服务的临时设施，如生产和生活临时用房的布置。

(6) 临时给排水管线、供电线路的布置。

① 确定用水量

A. 施工用水量 q_1：以施工高峰期用水量最大的一天计算。

$$q_1 = K_0 \sum (Q_1 \times N_1) \times K_1 / (n \times 8 \times 3600) \quad (L/s)$$

式中　K_0——未预计的施工用水系数(1.05～1.15)；

Q_1——工种最大工程量(进度表查出)；

N_1——工种工程用水定额(参考教材或施工手册)；

K_1——施工用水不均衡系数(1.5)；

n——每天工作班制。

B. 施工机械用水量 q_2：

$$q_2 = K_0 \times \sum (Q_2 \times N_2) \times K_2 / (8 \times 3600) \quad (L/s)$$

63

式中　Q_2——同种机械的台数；

N_2——施工机械台班用水定额（教材或施工手册）；

K_2——施工机械用水不均衡系数(2.0)。

C. 施工现场生活用水量 q_3：

$$q_3 = P_1 \times N_3 \times K_3 / (n \times 8 \times 3600) \quad (L/s)$$

式中　P_1——施工现场高峰昼夜人数（人）；

N_3——施工现场生活用水定额(20～60L/人·班，视工种、气候而定)；

K_3——施工现场生活用水不均衡系数(1.3～1.5)。

D. 生活区生活用水量 q_4：

$$q_4 = P_2 \times N_4 \times K_4 / (24 \times 3600) \quad (L/s)$$

式中　P_2——生活区居民人数（人）；

N_4——生活区用水定额（参考教材或施工手册）；

K_4——生活区用水不均衡系数(2～2.5)。

E. 消防用水量 q_5：（见教材或施工手册）。

F. 总用水量 Q 的计算：

a. 当 $(q_1+q_2+q_3+q_4) \leqslant q_5$ 时，

$$Q = q_5 + (q_1+q_2+q_3+q_4)/2$$

b. 当 $(q_1+q_2+q_3+q_4) < q_5$ 时，

$$Q = q_1+q_2+q_3+q_4$$

c. 当工地面积小于 5 公顷，且 $(q_1+q_2+q_3+q_4) < q_5$ 时，

$$Q = q_5$$

总用水量应取 $1.1Q$，以补偿不可避免的水管漏水损失。

② 确定供水系统

A. 确定取水设施——进水装置、进水管、水泵。

B. 确定储水构筑物——水池、水塔、水箱。

C. 确定供水管径：

$$D = d = \sqrt{4000Q / \pi V}$$

式中　D——给水管的内径(mm)；

V——管网中水的流速(1.2～1.5m/s)。

D. 选择管材：

干管——钢管或铸铁管；

支管——钢管。

③ 工地供电组织

A. 用电量计算，总用电量为

$$P = 1.05 \sim 1.1 [K_1(\sum P_1 / \cos\phi) + K_2 \sum P_2 + K_3 \sum P_3 + K_4 \sum P_4] \quad (kVA)$$

式中　P_1——电动机额定功率(kW)；

P_2——电焊机额定容量(kVA)；

P_3——室内照明容量(kW);

P_4——室外照明容量(kW);

$\cos\phi$——电动机平均功率因数(0.65～0.75);

K_1——电动机同时使用系数(3～10台:0.7,11～30台:0.6,30台以上:0.5);

K_2——电焊机同时使用系数(3～10台:0.6);

K_3、K_4——室内、室外照明需要系数(0.8、1.0)。

室内、外照明也可按动力用电量的10%估算。

B. 确定变压器,变压器的输出功率应为:

$$P \geqslant K(\sum P_{max}/\cos\phi) \quad (kVA)$$

式中　K——功率损失系数(1.05～1.1);

$\sum P_{max}$——变压器服务范围内最大用电量的总和(kW);

$\cos\phi$——功率因数(0.75)。

变压器可参考施工手册或教材的性能表选用。所选变压器的额定容量应大于或等于1.1P。

C. 场内干线的选择(三相五线制),按电流强度选择导线,即

$$I = KP/(1.732V_{\cos}\phi) \quad (A)$$

式中　I、V——线路上的电流强度(A)、电压(V);

K、P——需要系数、负载功率(取值同前用电量计算公式);

$\cos\phi$——功率因数(临时电路取0.7～0.75)。

(7) 一切安全及防火设施的位置,以及必要的图例、比例和风向标记。

上述内容可根据建筑总平面图、施工图、现场地形图、现有水源和电源、场地大小、可利用的已有房屋和设施等情况、调查得来的资料、施工组织总设计,施工方案、施工进度计划等,经过科学的计算甚至优化,并遵照国家有关规定设计。

3.6.2　布置的原则和要求

(1) 布置紧凑,占地要省,不占或少占农田。

(2) 短运输,少搬运。二次搬运要减到最少。

(3) 临时工程要在满足需要的前提下,少用资金。途径是利用已有的,多用装配的,精心计算和设计。

(4) 利于生产、生活、安全、消防、环保、市容、卫生、劳动保护等,符合国家有关规定和法规。

3.6.3　施工平面布置图示例

某拟建建筑物为主体五层局部六层的综合办公楼,最高处22.45m,平面为"L"形,总建筑面积6121m²。承重结构除门厅部分为现浇钢筋混凝土框架外,其余皆用砖混结构,实体砖墙承重,预制钢筋混凝土空心板,大梁及楼梯均为现浇。每个楼层设置圈梁一道,外墙每隔10m左右设置钢筋混凝土抗震柱。

拟建建筑物建筑场地南侧及北侧均有已建成建筑物,西侧为菜地,东侧为道路,道路沿街有树木不得损伤,人行道一侧上面有高压线通过。

某施工单位在本工程施工中采用的施工平面布置如图3-7所示。

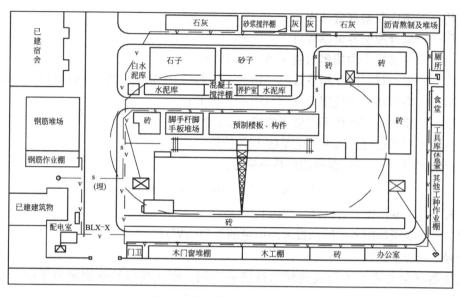

图 3-7 某单位工程施工平面图

3.7 技术组织保证措施的拟定

技术组织措施是指在技术和组织方面对保证工程质量、保证施工进度、降低工程成本和文明安全施工制定的一套管理方法，主要包括技术、工程质量、安全及文明生产、降低成本等措施。

3.7.1 质量保证措施的拟定

保证工程质量措施，一般考虑下面几个方面：

（1）对采用新工艺、新材料、新技术、新结构的施工时，为保证工程质量，制定有针对性的技术质量保证措施。

（2）保证定位、放线、标高测量等正确无误的措施。

（3）保证地基承载力及各种基础和地下结构施工质量的措施。

（4）主体结构工程中关键部位的施工质量措施。

（5）复杂工程、特殊工程施工的技术措施。

（6）常见的、易发生质量通病的改进方法及防范措施。

（7）各种材料或构件进场使用前的质量检查措施。

（8）冬雨期施工的质量保证措施。

3.7.2 安全保证措施的拟定

保证施工安全的措施，主要有以下几个方面：

（1）建筑施工中安全教育的具体方法，新工人上岗前必须进行安全教育及岗位培训。

（2）针对拟建工程的特点、地质和地形特点、施工环境、施工条件等，提出预防可能产生突发性的自然灾害的技术组织措施和具体的实施办法。

（3）高空作业安全防护和保护措施、人工及机械设备的安全生产措施。

（4）安全用电、防火、防爆、防毒等措施。

（5）保护现场施工及交通车辆安全的管理措施。

（6）使用新工艺、新技术、新材料时的安全措施。

3.7.3 进度保证措施的拟定

影响工期的因素很多，应该多从外部环境和内部环境分析，制定有效的措施。在外部环境中，交通运输、设计深化、加工订货等都是影响工期的主要方面，如土方开挖过程中，对于车辆行走路线的设计。卸土场地的调查都是影响土方开挖的关键，应该周密考虑。内部环境中包括物资进出场、塔吊、外用电梯等机械使用方案，流水段划分等，应该通过交底会、工程例会做好准备工作，减少不必要环节的影响。

（1）按工程量，施工人员合理安排进度计划，按进度计划的时间严格控制施工进度，去除不利因素，合理穿插配合。

（2）加强施工班组的质量意识及劳动定额意识教育，即定时、定量、定质，做到交底清晰准确、针对性强，并加强过程管理，以期做到不返工，一次成优。

（3）加强例会制度，解决矛盾，协调关系，保证按计划实施。

（4）对民工较多的工程，还必须考虑农忙季节的工期保障措施。

3.7.4 降低成本措施的拟定

降低成本措施主要是根据工程的具体情况，按分部分项工程提出拟定的节约内容及方法，计算有关的技术经济指标，分别列出节约工料数量及金额。其内容包括：

（1）合理地使用人力，降低施工费用。

（2）合理进行土石方平衡，节约土方运输费及人工费。

（3）综合利用吊装机械，做到一机多用，提高机械利用率，节约成本。

（4）增收节支，减少管理费的支出。

（5）利用新工艺、新技术、新材料，降低成本。

（6）精心组织且科学地进行物资管理，精心组织物资的采购、运输及现场管理，最大限度地降低原材料、成品及半成品构件的成本。

3.7.5 冬雨期施工措施的拟定

1. 雨期施工措施

（1）保持与气象部门联系，作好气象跟踪，以周为单位进行施工计划安排，及时根据气象的变化，对计划做出调整，及时采取措施和对策。

（2）在全施工区范围内布置、修筑排水管网，及时汇集、抽排积水，减少场内积水量，同时备足抽排水设备。

（3）在场外修筑截洪沟，使场外积水尽量不流入施工场内。

（4）现场准备足够的雨具，在保证现场操作人员不淋雨、少淋雨的情况下，继续进行相关工作。

（5）加强道路养护，下雨时出现淤泥后，调运煤渣铺筑，保证路面能正常行车，使机械正常作业，养路工穿雨具施工。

（6）现场备足大量的花格塑料布，在抹面后遇下雨时，利用花格塑料布覆盖遮雨，以防雨打水冲将抹面砂浆冲掉，破坏砂浆质量。

（7）对用于施工的其他材料也利用花格塑料布进行覆盖。

（8）如遇大风、暴雨，要加强供电设施的加固防护。对在暴风雨来临时，不急用的施工电器设备，将其电源全部切断。

2. 防洪措施

根据工程所在地的水文特性，以及地勘报告阐述的内容，施工时必须采取有针对性措施搞好防洪工作，做到防洪和施工两不误。

（1）在洪水来之前加速工程的施工，使主要工程量在未进入雨季就施工结束，尽量减少雨期给工程带来的损失。

（2）在施工时要经常与当地气象部门保持联系，取得较为准确的天气预报，做到早预防、早采取措施。

3. 冬期施工措施

（1）结合冬期施工原则及工程特点编写施工方案。

（2）合理布置现场，做到：现场有组织排水，排水通道畅通；严格按照《施工现场临时用电安全技术规范》敷设电气线路和配置电气设备；按照消防要求设置灭火器，加强水泥、材料等防潮、防冻措施。

（3）现场清理干净，物料堆放整齐、统一。悬挂物、标志牌固定牢靠，施工道路畅通。

（4）定期检查各类设施，发现问题及时解决，并做好记录。

（5）注意天气预报，了解天气动态。

（6）做好成品保护工作，防止因天气情况造成的损失。

3.7.6 文明施工措施的拟定

（1）施工现场的围墙与标牌，出入口与交通安全的标志。

（2）临时工程的规划与搭建，临时房屋的安排与卫生。

（3）施工机械的安设及维护。

（4）安全、消防、噪声的防范和建筑垃圾的运输及处理。

3.7.7 环境保护、职业卫生等措施的拟定

（1）贯彻国家、省市的有关法规，建立环保责任制。

（2）开工前进行排污申报登记。

（3）现场防尘措施，垃圾及厕所的管理。

（4）排污措施。

（5）噪声防治。

（6）现场场容管理。

3.8 技术经济指标的计算

3.8.1 主要技术经济指标

技术经济指标用以衡量组织施工的水平，它是对施工组织设计文件中的技术经济效益进行的全面评价。

1. 项目施工工期

它包括：建设项目总工期；独立交工系统工期；独立承包项目和单项工程工期。

2. 项目施工质量

它包括：分部工程质量标准；单位工程质量标准；单项工程和建设项目质量水平。

3. 项目施工成本

它包括：建设项目总造价总成本和利润；每个独立交工系统总造价、总成本和利润；独立承包项目造价成本和利润；每个单项工程、单位工程造价、成本和利润，及其产值（总造价）利润率和成本降低率。

4. 项目施工消耗

它包括：建设项目总用工量；独立交工系统用工量；每个单项工程用工量；以及它们各自平均人数、高峰人数和劳动力不均衡系数，劳动生产率；主要材料消耗量和节约量；主要大型机械使用数量、台班量和利用率。

5. 项目施工安全

它包括：施工人员伤亡率、重伤率、轻伤率和经济损失。

6. 项目施工其他指标

它包括：施工设施建造费比例、综合机械化程度、工厂化程度和装配化程度，以及流水施工系数和施工现场利用系数。

3.8.2 指标的计算方法

1. 工期指标

$$提前时间＝上级要求或合同要求工期－计划工期$$

$$节约时间＝定额工期－计划工期$$

2. 劳动量消耗的均衡性指标

$$K＝\frac{最高峰施工时期工人人数}{施工期间每天平均工人人数}$$

3. 主要施工机械的利用程度

$$主要施工机械利用率＝\frac{报告期内施工机械工作台班数}{报告期间施工机械制度台班数}×100\%$$

3.9 施工组织设计资料

3.9.1 建筑安装工程工期指标

《全国统一建筑安装工程工期定额》（2000 年版）是编制招标文件的依据，是签订建筑安装工程施工合同、确定合理工期及施工索赔的基础，也是施工企业编制施工组织设计、确定投标工期、安排施工进度的参考。

根据该工期定额在此列出民用建筑单位工程的一些工期指标，如表 3-5～表 3-7 所示。

±0.000 以下结构工程工期指标   表 3-5

层　　数	建筑面积(m²)	工期天数(d)	
		1、2 类土	3、4 类土
1	500 以内	50	55
1	1000 以内	60	65
1	1000 以外	75	80

层　数	建筑面积(m²)	工期天数(d)	
		1、2类土	3、4类土
2	1000 以内	85	90
2	2000 以内	95	100
2	3000 以内	110	115
2	3000 以外	130	135
3	3000 以内	140	150
3	3000 以外	160	170
3	7000 以内	180	190
3	10000 以内	205	215
3	15000 以内	230	240
3	15000 以外	260	270
4	5000 以内	190	205
4	7000 以内	210	225
4	10000 以内	230	245
4	15000 以内	255	270
4	20000 以内	280	295
4	20000 以外	310	325

±0.000 以上结构工程工期指标　　　　表 3-6

层　数	建筑面积(m²)	结构类型	工期天数(d)		
			1类	2类	3类
1	500 以内	砖混结构	40	45	50
1	1000 以内	砖混结构	45	50	55
1	1000 以外	砖混结构	55	60	70
2	500 以内	砖混结构	55	60	70
2	1000 以内	砖混结构	60	65	75
2	2000 以内	砖混结构	65	70	80
2	2000 以外	砖混结构	75	80	90
3	1000 以内	砖混结构	70	75	85
3	2000 以内	砖混结构	75	80	90
3	3000 以内	砖混结构	80	85	95
3	3000 以外	砖混结构	90	95	105
4	2000 以内	砖混结构	90	95	105
4	3000 以内	砖混结构	95	100	115
4	5000 以内	砖混结构	100	105	120
4	5000 以外	砖混结构	110	115	130

层　　数	建筑面积(m²)	结构类型	工期天数(d)		
			1类	2类	3类
5	3000 以内	砖混结构	110	115	130
5	5000 以内	砖混结构	115	120	135
5	5000 以外	砖混结构	125	130	145
6	3000 以内	砖混结构	125	130	145
6	5000 以内	砖混结构	130	135	150
6	7000 以内	砖混结构	140	145	160
6	7000 以外	砖混结构	155	160	180
7	3000 以内	砖混结构	140	145	160
7	5000 以内	砖混结构	145	150	165
7	7000 以内	砖混结构	155	160	180
7	7000 以外	砖混结构	170	175	195
6 以下	3000 以内	现浇框架结构	160	165	180
6 以下	5000 以内	现浇框架结构	170	175	195
6 以下	7000 以内	现浇框架结构	180	185	205
6 以下	7000 以外	现浇框架结构	195	200	220
8 以下	5000 以内	现浇框架结构	210	220	245
8 以下	7000 以内	现浇框架结构	220	230	255
8 以下	10000 以内	现浇框架结构	235	245	270
8 以下	15000 以内	现浇框架结构	250	260	285
8 以下	15000 以外	现浇框架结构	270	280	310
10 以下	7000 以内	现浇框架结构	240	250	270
10 以下	10000 以内	现浇框架结构	255	265	295
10 以下	15000 以内	现浇框架结构	270	280	310
10 以下	20000 以内	现浇框架结构	285	295	325
10 以下	20000 以外	现浇框架结构	300	315	345
12 以下	10000 以内	现浇框架结构	275	285	315
12 以下	15000 以内	现浇框架结构	290	300	330
12 以下	20000 以内	现浇框架结构	300	315	345
12 以下	25000 以内	现浇框架结构	320	335	370
12 以下	25000 以外	现浇框架结构	345	360	395
14 以下	10000 以内	现浇框架结构	295	310	345
14 以下	15000 以内	现浇框架结构	310	325	360
14 以下	20000 以内	现浇框架结构	325	340	375
14 以下	25000 以内	现浇框架结构	345	360	395
14 以下	25000 以外	现浇框架结构	370	385	425

层　　数	建筑面积(m²)	结构类型	工期天数(d)		
			1类	2类	3类
16 以下	10000 以内	现浇框架结构	320	335	370
16 以下	15000 以内	现浇框架结构	335	350	385
16 以下	20000 以内	现浇框架结构	350	365	405
16 以下	25000 以内	现浇框架结构	370	385	425
16 以下	25000 以外	现浇框架结构	390	410	455
18 以下	15000 以内	现浇框架结构	365	380	420
18 以下	20000 以内	现浇框架结构	380	395	435
18 以下	25000 以内	现浇框架结构	395	415	460
18 以下	30000 以内	现浇框架结构	415	435	480
18 以下	30000 以外	现浇框架结构	440	460	505
20 以下	15000 以内	现浇框架结构	390	410	455
20 以下	20000 以内	现浇框架结构	405	425	470
20 以下	25000 以内	现浇框架结构	425	445	490
20 以下	30000 以内	现浇框架结构	445	465	515
20 以下	30000 以外	现浇框架结构	470	490	540
22 以下	15000 以内	现浇框架结构	420	440	485
22 以下	20000 以内	现浇框架结构	435	455	500
22 以下	25000 以内	现浇框架结构	455	475	525
22 以下	30000 以内	现浇框架结构	475	495	545
22 以下	30000 以外	现浇框架结构	495	525	575
24 以下	20000 以内	现浇框架结构	465	485	535
24 以下	25000 以内	现浇框架结构	480	505	555
24 以下	30000 以内	现浇框架结构	500	525	580
24 以下	35000 以内	现浇框架结构	525	550	605
24 以下	35000 以外	现浇框架结构	550	580	640

装修工程工期指标　　　　　　　　　　　　　　　表 3-7

装修标准	建筑面积(m²)	工期指标(d)		
		1类	2类	3类
一般装修	500 以内	55	60	65
一般装修	1000 以内	65	70	75
一般装修	3000 以内	80	85	95
一般装修	5000 以内	95	100	110
一般装修	10000 以内	120	125	135
一般装修	15000 以内	150	155	170

装修标准	建筑面积(m²)	工期指标(d)		
		1类	2类	3类
一般装修	20000 以内	180	185	205
一般装修	30000 以内	230	240	265
一般装修	35000 以内	265	275	305
一般装修	35000 以外	310	325	355
中级装修	500 以内	65	70	80
中级装修	1000 以内	75	80	90
中级装修	3000 以内	95	100	110
中级装修	5000 以内	115	120	130
中级装修	10000 以内	145	150	165
中级装修	15000 以内	180	185	205
中级装修	20000 以内	215	225	205
中级装修	30000 以内	285	295	325
中级装修	35000 以内	325	340	375
中级装修	35000 以外	380	400	440
高级装修	500 以内	80	85	95
高级装修	1000 以内	90	95	105
高级装修	3000 以内	115	120	130
高级装修	5000 以内	140	145	160
高级装修	10000 以内	175	180	200
高级装修	15000 以内	215	225	250
高级装修	20000 以内	260	270	300
高级装修	30000 以内	340	355	390
高级装修	35000 以内	390	410	450
高级装修	35000 以外	460	480	530

3.9.2 施工机械需用量计算指标

在确定施工方案时，已考虑了各主要工程项目应选择何种施工机具。为做好机具设备的供应工作，应根据总进度计划的要求，编制施工机具需要量计划，以配合施工，保证施工能按进度计划正常进行。施工机具需要量计划除为组织机具供应外，还可作为施工用电、选择变压器容量等的计算和确定停放场地面积的依据。

在施工组织设计中，需要计算施工机械的使用台数，而决定机械使用台数的基本数据是机械的台班产量。有些固定或连续性运转机械，多在产品标牌上标有台班产量的数据，而大多数机械只标有生产率，这时，就要依据生产率按下式计算台班产量：

机械探班产量＝机械生产率×8(小时)×时间利用系数

1. 土方机械台班产量

(1) 单斗挖掘机(表 3-8)

单斗挖掘机台班产量

表 3-8

型　号	蟹斗式	履带式 W-301	轮胎式 W₃-30	履带式 W₁-50	履带式 W₁-60	履带式 W₂-100	履带式 W₁-100
斗容量(m³)	0.2	0.3	0.3	0.5		1	1
反铲时最大挖深(m)		2.6(基坑),4(沟)	4	5.56	5.2	5.0	6.5
理论生产率(m³/h)		72	63	120	120	240	180
常用台班产量(m³)	80~120	150~250	200~300	250~350	300~400	400~600	350~550

（2）拖式铲运机（表 3-9）

拖式铲运机台班产量

表 3-9

型　号	C₂-25	C₆-2.5	C₅-6	C₆-8	C₄-7
斗容量(m³)	2.25	2.5	6	6	7
铲土宽(m)	1.86	1.9	2.6	2.6	2.7
铲土深(cm)	15	15	15	30	30
铺土厚(cm)	20	20	38	38	40
理论生产率(m³/h)		22~28	22~28	22~28	22~28
常用台班产量(m³)	80~120	100~150	250~350	300~400	250~350

（3）推土机（表 3-10）

推土机台班产量

表 3-10

型　号	T₁-54	T₂-60	东方红-75	T₁-100	移山 80	T₂-100	T₂-120
功率(马力)	54	75	75	90	90	90	120
铲刀宽(m)	2.28	2.28	2.28	3.03	3.10	3.80	3.76
铲刀高(cm)	78	78	78	110	110	86	100
切土深(cm)	15	29	26.8	18	18	65	30
理论生产率(运距 50m)(m³/h)	28		60~65	45	40~80	75~80	80
常用台班产量(运距 15~25m)(m)	150~250	200~300	250~400	300~500	300~500	300~500	400~600

（4）夯土机（表 3-11）

夯土机台班产量

表 3-11

型　号	蛙式夯 HW-20	蛙式夯 HW-60	内燃夯 HN-80	内燃夯 HN-60
夯板面积(m²)	0.045	0.078	0.042	0.083
夯击次数	140~150	140~150	60	
前进速度(m/min)	8~10	8~13		
理论生产率(m³/班)	100	200		64

2. 钢筋混凝土机械台班产量

（1）混凝土搅拌机（表 3-12）

混凝土搅拌机台班产量　　　　　　　　　　　　　　　表 3-12

型　号	J₁-250	J₁-400	J₄-375	J₄-1500	HL₁-20	HL₁-90
主要性能	装料容量 0.25m³	装料容量 0.4m³	装料容量 0.375m³	装料容量 1.5m³	0.75m³ 双锥式 搅拌机组	1.6m³ 双锥式 搅拌机3台
理论生产率(m³/h)	3～5	6～12	12.5	30	20	72～90
常用台班产量(m³)	15～25	25～50				

（2）混凝土运输机械（表 3-13）

混凝土运输机械台班产量　　　　　　　　　　　　　表 3-13

型　号	混凝土喷射机 HP₁-4	混凝土喷射机 HP₁-5	混凝土输送泵 ZH05	混凝土输送泵 HB8 型
最大骨料径(mm)	25	25	50	40
最大水平运距(m)	200	240	250	200
最大垂直运距(m)	40		40	30
理论生产率(m³/h)	4	4～5	6～8	8

（3）钢筋加工机械（表 3-14）

钢筋加工机械台班产量　　　　　　　　　　　　　表 3-14

型　号	钢筋调直机 4-14	冷拔机	卷扬式冷拉 3t JJM-3	卷扬机式冷拉 5t JJM-5	钢筋切断机 GJ5-40	钢筋弯曲机 WJ40-1
主要性能	加工范围 $\phi 4～14$	加工范围 $\phi 5～9$	加工范围 $\phi 6～12$	加工范围 $\phi 14～32$	加工范围 $\phi 6～40$	加工范围 $\phi 6～40$
常用台班产量(t)	1.5～2.5	4～7	3～5	2～4	12～20	4～8

（4）钢筋焊接机械（表 3-15）

钢筋焊接机械台班产量　　　　　　　　　　　　　表 3-15

型　号	点焊机 DN-75	对焊机 UN₁-75	对焊机 UN₁-100	电弧焊机
主要性能	焊件厚 8～10mm	最大焊件截面 600mm²	最大焊件截面 1000mm²	加工范围 $\phi 6～40$
理论生产率	3000 点/h	75 次/h	20～30 次/h	
常用台班产量	600～800 网片	60～80 根	30～40 根	10～20m

3. 起重机械台班产量（表 3-16）

起重机械台班产量　　　　　　　　　　　　　　　表 3-16

型　号	履带式起重机	轮胎式起重机	汽车式起重机	塔式起重机	卷扬机
工作内容	构件综合吊装，按每吨起重能力计	构件综合吊装，按每吨起重能力计	构件综合吊装，按每吨起重能力计	构件综合吊装	构件提升，按提升次数计（四、五层楼）
常用台班产量	5～10t	7～14t	8～18t	80～120 吊次	60～100 次

3.9.3　工地平面布置的安全要求

施工现场应符合安全、卫生和防火的要求，并做到安全生产文明施工。主要要求有：

（1）与外界隔离的设施。施工现场周围应设置围栏、砖墙、密目式安全网等围护设施，与外界隔离，以保障安全生产。

（2）悬挂标牌。每个施工现场的入口处，都要悬挂：

① 工程概况及施工单位名称牌。

② 施工现场平面布置图。

③ 施工概况表。

④ 安全规定。

（3）运输道路要畅通。施工现场要有道路指示标志，人行道、车行道应坚实平坦，保持畅通。应尽量采用单行线和减少不必要的交叉点，载重汽车的弯道半径，一般应该不小于 15m，特殊情况不小于 10m。在场地狭小、行人来往和运输频繁的地方，应该设有明显的警告标志或设置临时交通指挥。现场的道路不得任意挖掘和截断。如因工程需要，必须开挖时，也要与有关部门协调一致，并将通过道路的沟渠，搭设能确保安全的桥板，以保道路的畅通。

（4）材料堆放整齐。施工现场中的各类建筑材料、预制构件、机械设备等等，都应该按照施工平面图已设计好的位置，分类堆放，不能超过规定的高度，更不能靠近围护栅栏或建筑物的墙壁位置。对工程拆下来的模板、脚手架的杆件，要随时清理堆放整齐，木板上的钉子要及时打弯和拔除。

（5）要有排水设施。施工现场要有排水沟，排水沟要不妨碍施工区域内的交通，不污染周围的环境，并经常清理疏通。

（6）有卫生设施。每个施工现场都必须为职工准备足够的清洁饮用水，吃饭和休息的场所，以及洗浴场所和男、女厕所。工地内的沟、坑应该填平，或者设围栏、盖板。

第4章 建筑工程施工组织设计实例

××大学科技成果推广展示中心施工组织设计。

4.1 编制说明

4.1.1 编制依据
(1) ××勘察设计院设计的"××大学科技成果推广展示中心"图纸。
(2) ××大学科技成果推广展示中心工程图纸会审纪要。
(3) 我司的质量手册与企业的《程序文件》。
(4) 国家法律法规、建设部及××市的有关规定。
(5)《工程建设标准强制性条文》(房屋建筑部分)2002版。
(6) 国家现行工程建设施工及验收规范与标准。

4.1.2 编制内容
(1) 项目工程目标及目标分解。
(2) 总体施工部署。
(3) 施工准备与施工计划。
(4) 分部分项工程施工方案。
(5) 工期、质量、安全、成本、环保、文明施工方面的保证与控制措施。
(6)"四新"技术应用与合理化建议。
(7) 季节性施工措施与回访保修服务等。

4.1.3 相关规范与法规
(1)《建筑工程施工质量验收统一标准》(GB 50300—2001)。
(2)《砌体工程现场检测技术标准》(GB/T 50315—2000)。
(3)《建筑施工安全检查标准》(JGJ 59—99)。
(4)《屋面工程质量验收规范》(GB 50207—2002)。
(5)《钢筋焊接及验收规程》《JGJ 18—2003》。
(6)《建筑工程饰面砖粘结强度检验标准》(GB 110—97)。
(7)《建筑工程冬期施工规程》(GB 104—97)。
(8)《混凝土结构工程施工质量验收规范》(GB 50204—2002)。
(9)《建筑防腐蚀工程施工及验收规范》(GB 50212—2002)。
(10)《建筑给水硬聚氯乙烯管道设计与施工验收规程》(CECS 41:92)。
(11)《建筑地基基础工程施工质量验收规范》(GB 50202—2002)。
(12)《砌体工程施工质量验收规范》(GB 50203—2002)。
(13)《建筑地面工程施工质量验收规范》(GB 50209—2002)。
(14)《建筑装饰装修工程质量验收规范》(GB 50210—2001)。

(15)《建筑给水排水及采暖工程施工质量验收规范》(GB 50242—2002)。

(16)《建筑电气工程施工质量验收规范》(GB 50303—2002)。

(17)《建设工程质量管理条例》等。

4.2 工程概况

××大学科技中心内设展厅学术报告厅及办公室等用房,是一座多功能的建筑工程。工程位于××地。本工程是一个主体三层,局部四层的建筑,建筑高度16.10m,建筑面积5070.3m²。工程±0.000标高相对于绝对标高的1515.65m,室内外高差为200mm,基本轴线距离为7800mm,本工程基础采用挖孔灌注桩基础,基础持力层为卵石层,主体结构为框架结构,抗震设防烈度为8度,本工程外墙面为高级乳胶漆和铝板墙面,室内墙面为乳胶漆和釉面砖,顶棚为乳胶漆、矿棉吸声板顶棚、铝合金方板顶棚和PVC板顶棚,地面为铺地砖楼地面和水泥砂浆楼地面,楼梯为花岗石面层。

4.3 施工总体部署

4.3.1 工程施工目标

(1)质量目标——合格。

(2)工期目标——162日历天内完成工程招标范围内的全部施工任务(开工时间2006年3月6日,竣工时间2006年8月15日)。

(3)安全目标——按JGJ 59—99标准,安全检查得分80分以上,创安全达标工地。文明施工目标创省级文明工地。

(4)成本目标——利用企业资源进行优化配置,以企业经济效益最大化为最终目标。本项目工程实现成本盈利。

(5)环境保护目标——施工噪声、污水排放、废弃物处置、现场空气粉尘含量等全部控制在国家有关规范标准的范围内,合理布置施工现场,保护好施工现场周边环境。

4.3.2 项目工程组织机构

(1)项目经理是项目工程各项管理工作的核心,他对项目工程的工期、质量、安全、成本、文明施工等负全责。对项目工程行使组织、计划、监督、控制、协调、核算等职能,以高效率的管理,实现既定的项目目标。

(2)本工程项目部设项目经理1人,技术负责人1人,项目部内部设生产组、技术组、检查组和商务组,由项目经理推荐并报公司批准。技术负责人主管生产组和技术组的工作。生产组下设机械管理员1人、土建施工员2人、安装施工员1人,其工作职能是合理高效地组织施工;设置技术攻关组,技术负责人兼任组长,其工作职能是对各项技术措施的制定与监督实施工作。检查组由质量员、安全员、文明施工管理员、环保治安管理员组成,其主要工作职能是进行动态管理、各项检查制度的落实以及事故或通病的防治。商务组由成本合同管理员、材料管理员、核算员组成,其主要职能是做到项目部的计划与统计、工料分析、限额领料、成本措施实施与合同管理工作。

(3)管理体系(图4-1)

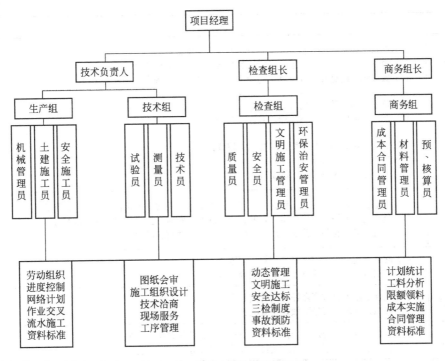

图 4-1　项目经理部组织结构图

（4）项目部机构人员配备组成。项目管理机构人员配备一览表（略）。

（5）项目部各成员岗位责任（表 4-1）。

××大学科技成果推广展示中心工程项目部各成员岗位职责表　　表 4-1

职务	主　要　职　责
项目经理	（1）负责项目部全部管理工作，执行国家法规、法令，认真履行施工合同 （2）负责单位工程质量、工期、安全及成本 （3）负责与分承包方的协调配合，以确保总体计划的实施 （4）承担工程竣工后的回访保修服务工作
技术负责人	（1）依据规范、规程、施工图设计，精心组织施工 （2）全面负责该工程的技术和质量，处理施工过程中的技术质量问题 （3）积极组织图纸会审，参与施工组织设计的编制及分项工程施工技术方案的编制工作 （4）负责各种内业资料的完善工作，做好技术资料的整理和归档
施工员	（1）熟悉图纸，掌握规范，组织作业班组进行分部分项工程的施工 （2）组织班组进行自检、交接检，做好入场人员安全教育及班前安全活动 （3）做好隐蔽验收、混凝土施工日志、施工日志等技术资料，与监理单位一起进行隐蔽工程验收
质检员	（1）协助项目经理抓好质量管理工作，以验评标准为依据，严格执法，彻底杜绝不合格品发生 （2）负责分部分项工程的质量评定，并在任务单中签订质量等级 （3）工程质量未达到标准，有权停止施工，开出停工令，并对当事者严肃处理 （4）坚持跟班检查，制定预防措施，特殊工程施工认真做好记录
安全员	（1）协助项目经理抓好安全管理工作，按 JGJ 59—99 标准严格执行 （2）组织进场人员的安全教育工作，参与安全施工技术方案的编制工作 （3）实行安全一票否决权，有权开出停工令及安全整改通知单，发现隐患及时排除 （4）做好安全值班日志，进行工伤事故的统计、分析和报告，不断完善和加强项目安全管理

职务	主 要 职 责
预核算员	(1) 严格按规定准确计算工程量，负责办理有关签证 (2) 根据形象进度做出月报，进行工料分析，给施工提供准确用料计划 (3) 做好年终结算和工程决算，与业主核对整个施工过程中发生的有关费用
机械员	(1) 负责进场各种机械的管理 (2) 及时处理发生的机械故障，确保正常施工
试验员	(1) 负责进场的各种材料取样、复试、留置试块 (2) 提供各种试验报告 (3) 配合施工员做好混凝土施工日志
材料员	(1) 严把各种材料进场关，钢材、水泥等影响工程结构的材料无合格证有权拒绝收料 (2) 负责选择合格的材料分供方，并收集整理有关资质、技术能力、营业执照等 (3) 负责对进场材料的验证、贮存、保管、发放，回收和退货工作
水暖施工员	(1) 配合土建工程进度做好各种管线埋置 (2) 在项目部统一安排下做好安装配合工作
电气施工员	(1) 配合土建工程进度做好电气管线预埋 (2) 在项目部统一安排下做好安装配合工作
责任会计	(1) 负责项目财务管理，严格控制各类支出，做好各类收、支账 (2) 提供相关财务报表，协助项目经理进行财务分析，控制造价

4.3.3 施工大纲

(1) 施工现场。按 JGJ 59—99 标准，规划布置施工现场。由于工程可利用的施工现场较为狭小，现场不设生活区，只设生产区。生产区主要包括各种施工机械的平面布置、现场道路规划，门卫、办公室、会议室、工具房、材料库房等临时设施的平面布置。各种材料和设备的堆放位置，水、电管网及施工道路布置等，详见施工现场总平面布置图(图略)。

(2) 基础施工降水。本工程采用井点集中降水，井点布置排水管网和沉淀池，具体详见降水方案图(图略)。

(3) 基础工程。本工程基础为人工挖孔灌注桩基础。

(4) 模板体系。框架柱、梁采用木框竹胶合板模板，顶板采用无框竹胶合板清水模板，钢管支架支撑体系，保证顶板现浇混凝土表面达到清水效果。模板由专人设计配置，然后加工。

(5) 钢筋工程框架柱、框架梁≥Φ20纵向筋采用等强直螺纹连接技术。钢筋在施工现场加工。钢筋在操作面绑扎，塔吊运输。

(6) 混凝土采用商品混凝土，混凝土的输送采用拖式泵为主和塔吊为副两种方式。

(7) 垂直运输机械由于建筑物占地面积大，而且形体长，东西方向最长达 119m，且结构井字梁混凝土量大，为满足工程施工及工期要求，选用 2 台 QTZ5013 塔吊布设在建筑物南侧。由于该工程采用商品混凝土，为保证混凝土的连续性及混凝土的浇筑质量，现场布置一台输出功率较大的 BH60 型拖式泵，可满足现场要求。

(8) 脚手架工程主体结构安全防护架和装饰工程操作架二架合一，进行一次搭设，搭设双排钢管落地式脚手架。除满足土建施工外还要考虑外墙面装饰的施工要求，又能保证屋面工程和内外装饰工程的平行施工。

(9) 施工流水段的划分。本工程由变形缝及后浇带分成三个区共 6 个流水段施工。

流水段划分的两个原则：一是不破坏结构，不造成结构隐患；二是均衡流水，便于设备的周转及劳动力的合理利用，不造成材料积压或供应不上，不造成人员窝工。

根据工程特点及流水段划分的原则，具体施工流水段划分详见后附流水段划分图(略)。

4.3.4 施工程序

本工程按照先地下后地上，先结构后围护，先主体后装修，先土建后专业的总施工顺序原则进行部署。

基础施工程序见图 4-2。

主体工程施工程序见图 4-3。

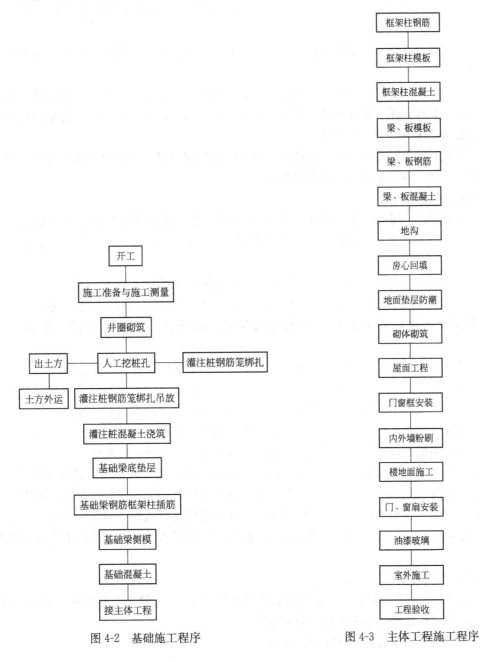

图 4-2 基础施工程序   图 4-3 主体工程施工程序

4.4 施工准备

4.4.1 技术准备

（1）按规定时间编制出施工组织设计，企业内部按规定审批程序审批后，报建设单位、监理单位审批后付诸实施。

（2）落实技术质量交底制度和技术质量岗位责任制，签订责任书，实行三级技术质量交底制，总工程师给项目部技术负责人交底，项目部技术负责人给施工员、质量员交底，施工员给作业班组交底，对参与本工程施工的管理人员针对本工程进行一次系统性的培训。

（3）项目技术负责人主持编制各分项工程及其特殊部位的施工作业指导书。实行样板引路制度。

（4）项目部技术负责人组织木工专业施工员，进行模板翻样与设计，工程主体上的留洞、埋件绘制翻样详图，标明规格、尺寸、标高、数量等，提出加工计划，提前进场验收保证符合设计要求和保证工程进度。

（5）制定工程测量施测方案，测量基点和基线的控制布点，力图做到布局合理、观测方便，保证质量，并制定测量标志保护措施。

4.4.2 施工平面图布置

（1）现场围墙：现场砖砌围墙高度为 2.5m，外墙面水泥砂浆粉刷后，涂刷蓝色外墙涂料，白色广告美术字。工程所在地东北角留置施工大门，大门上做门头，并悬挂企业标志。

（2）现场道路与排水：本工程可利用的施工现场较为狭小，现场道路 300mm 厚原土翻夯，200mm 厚三合土（白灰：焦渣：土＝1：1：2）夯实，并栽黏土砖道牙。现场道路兼有排水功能，将雨水有组织的排入渗井。办公区、室外地坪铺红机砖硬化处理。

（3）现场不设生活区，现场设办公室、会议室、工具房、材料库房等设施。

（4）生产区：主体阶段现场布置 2 台 QTZ5013 塔吊，1 台混凝土拖式泵完成混凝土水平和垂直运输。现场不设材料加工堆放区。详见施工现场总平面布置图（图略）。

（5）用电计划及实施方案。施工用电全部用电缆沿建筑物四周埋地敷设，主体工程施工时进入工作面的电源随外架及时升高，保证电源和建筑物保持相同高度。

（6）给排水计划及实施方案。给水和排水，给水主管管径按设计计算选用 $\Phi100$ 焊管地下敷设，埋深自然地坪下 1.05m。其他用水管网布置依据施工需求合理布置。施工时楼上作业面的水源用高扬程水泵将水送到作业面，作业面设临时水箱，现场污水排放，生产和生活污水源头设临时沉淀池，二级沉淀后再次利用。现场布置具体详见施工平面布置图（图略）。

4.4.3 施工用电计划

（1）电源由现场在东南角引入，现场施工用电电压 380V，照明用电电压 220V，采用甲方供电，因此在建筑物东南角设置总配电箱。

（2）主要用电设备及需要系数（表 4-2）。

用电设备名称	数量	需要系数	
		K	数值
电动机	3～10 台	K_1	0.7
	11～30 台		0.6
	30 台以上		0.5
电焊机	3～10 台	K_2	0.6
	10 台以上		0.5
室内照明		K_3	0.8
室外照明		K_4	1.0

（3）总用电量计算步骤。

① 场用电包括动力用电与照明用电，其总用电量按下列公式计算：

$$P=1.5-1.10(K_1\sum P_1/\cos\Phi+K_2\sum P_2+K_3\sum P_3+K_4\sum P_4)$$

式中

$\qquad P$——供电设备总需要容量(kVA)；

$\qquad P_1$——电动机额定功率(kW)；

$\qquad P_2$——电焊机额定容量(kW)；

$\qquad P_3$——室内照明容量(kW)；

$\qquad P_4$——室外照明容量(kW)；

$\qquad \cos\Phi$——电动机的平均功率因数（在施工现场最高为 0.75～0.78，一般为 0.65～0.75）；

K_1、K_2、K_3、K_4——一般需要系数，参见表 4-2。

② 用电量计算。

$A.$ 根据该工程采用的机械及施工高峰时期的各种参数，选择如下：$K_1=0.7$、$K_2=0.6$、$\cos\Phi=0.75$。

施工现场所用全部动力设备总功率为：$\sum P=216.8$kVA，则该工程的动力用电量为

$$P_{动}=K_1\sum P_1/\cos\Phi=0.7\times216.8/0.75=202.3(kVA)$$

照明用电按动力用电的 10％估算，即

$$P_{照明}=202.3\times0.10=20.2(kVA)$$

施工用电总容量为

$$P=P_{动}+P_{照明}=222.5(kVA)$$

$B.$ 变压器选择。

根据总用电量选用变压器型号为：SZL_7-500/10。

$C.$ 配电导线的选择。

总配电导线选择：

$\because I_{线}=K\cdot\sum p/\sqrt{3}\cdot U_{线}\cdot\cos\Phi=1\times225.5\times1000/\sqrt{3}\times380\times0.75=450.75(A)$

$\therefore$ 总配电导线选用 120mm² 铝芯橡皮线。

Ⅰ 路：塔吊用电线路，取 $K=0.9$，$\cos\Phi=0.75$。

$\because I_{线}=K\cdot\sum p/\sqrt{3}\cdot U_{线}\cdot\cos\Phi=0.9\times150\times1000/\sqrt{3}\times380\times0.75=270(A)$

$\therefore$选用 70mm^2 铝芯橡皮线。

Ⅱ路：混凝土拖式泵用电线路，取 $K=0.9$，$\cos\varPhi=0.75$。

$\because I_线=K\cdot\sum p/\sqrt{3}\cdot U_线\cdot\cos\varPhi=0.9\times75\times1000/\sqrt{3}\times380\times0.75=135\text{(A)}$

$\therefore$选用 50mm^2 铝芯橡皮线。

Ⅲ路：照明，取 $K=0.7$，$\cos\varPhi=0.75$。

$\because I_线=K\cdot\sum p/\sqrt{3}\cdot U_线\cdot\cos\varPhi=0.7\times30\times1000/\sqrt{3}\times380\times0.75=25\text{(A)}$

$\therefore$选用 25mm^2 铝芯橡皮线。

4.4.4 施工用水计划

（1）施工用水：按用水高峰期即结构工程与装饰工程穿插作业时计算：

$$q_1=K_1\cdot\sum Q_1 N_1/T_1 t\times K_2/8\times3600$$

式中　q_1——施工用水量（L/s）；

　　　K_1——未预计的施工用水系数（取 $K_1=1.1$）；

　　　Q_1——最大用水及完成的工程量（取 $Q_1=250$）；

　　　N_1——施工用水定额（取 $N=50\text{m}^3$）；

　　　t——每天工作班数（班）（取 $t=2$）；

　　　K_2——用水不均衡系数（取 $K_2=1.5$）。

$$q_1=1.1\times50\times250\times1.5/(8\times3600)=0.72\text{(L/s)}$$

（2）施工机械用水：因现场无特殊机械，可不考虑。

（3）场生活用水：按高峰期 200 人计。

$$q_2=P_1\cdot N_3\cdot K_4/t\times8\times3600$$

式中　$P_1=200$ 人、$N_3=30\text{L/(人\cdot班)}$，$K_4=1.5$，$t=2$

$$q_2=200\times30\times1.5/2\times8\times3600=0.15\text{(L/s)}$$

（4）消防用水：

现场面积在 25ha 内，取 $q_3=10\text{L/s}$。

（5）总用水量：

因 $q_1+q_2<q_3=10\text{L/s}$，故总用水量 Q 取 $q_3=10\text{L/s}$

（6）供水管径计算：

$$d=\sqrt{4000Q/\pi V}$$

式中　d——配水管直径（mm）；

　　　V——管网中水流速度（m/s），取 $V=1.5\text{m/s}$。

$$d=\sqrt{4000Q/\pi V}=\sqrt{(4000\times10)/(3.14\times1.5)}=92\text{(mm)}$$

因此，选用 $\phi100\text{mm}$ 铸铁管供水，选用 $DN50$ 镀锌钢管配置各支管即可满足施工用水的需求。

4.4.5 劳动力计划

劳动力的组织与进场时间安排依据总的进场计划由劳资和生产部门在全司范围内优化配置劳动力，按计划的 1.5 倍组织劳动力，以保证劳动力随时到位。劳动力的需用量和进场时间安排详见劳动力进场计划表（表 4-3）。

劳动力计划平衡表　　　　表 4-3

工种、级别	按工程施工阶段投入劳动力情况					
	2006 年					
	3 月	4 月	5 月	6 月	7 月	8 月
木工(3 级以上)	10	30	30	20	5	
钢筋工(4 级以上)	20	20	20	15	5	
混凝土工(4 级以上)	15	20	20	10	5	
瓦工(4 级以上)		30	30	20	10	
粉刷工(4 级以上)		5	25	30	40	15
油漆工(4 级以上)			20	20	20	10
架子工(4 级以上)	5	15	15	15	15	5
电工(4 级以上)	8	8	8	8	8	5
水暖工(4 级以上)	10	10	10	10	10	6
普工	30	40	20	20	20	20
少数工种	10	10	10	10	10	10

机械机具准备依据本工程总体施工部署的要求，配备施工机械，现有的机械机具都在本公司基地，随工程进度的要求及时将机具安装到位，需用数量和进场时间安排见主要施工机械设备表(表 4-4)。

主要施工机械设备表　　　　表 4-4

序号	机械设备名称	型号规格	数量	国别产地	制造年份	额定功率	生产能力	备注		
								进场时间	完好率	目前所在地	目前机械状况
1	塔吊	QTZ5013	2	兰州	1998	75kW	1450kN·m	2006.2	良好	基地	运行
2	混凝土拖式输运泵	BH60	1	中国	1999	75kW	38.8m³/h	2006.2	良好	基地	运行
3	钢筋调直机	JJK1	1	中国	1998	7.5kW	2t/h	2006.2	良好	基地	待用
4	钢筋切断机	GQ40	2	中国	1999	5.5kW	200 头/h	2006.2	良好	基地	运行
5	钢筋弯曲机	GW40	2	中国	1999	2.8kW	100 头/h	2006.2	良好	基地	运行
6	钢筋套丝机		4	中国	2001	5.5kW	300 头/h	2006.3	良好	基地	待用
7	电焊机	BX3-300	4	兰州	2002	22kVA	20 头/h	2006.2	良好	基地	运行
8	砂浆搅拌机	SJ-200	2	兰州	2000	6.6kW	5m³/h	2006.4	良好	基地	运行
9	蛙式打夯机	HW20	4	兰州	1999	3.0kW	50m³/h	2006.2	良好	库房	待用
10	混凝土平板振捣器	PZ-50	2	中国	2002	4kW	100m³/h	2006.2	良好	基地	待用
11	插入式混凝土振捣器	HZ6X60	12	中国	2002	5kW	10m³/h	2006.2	良好	基地	待用
12	电锯	φ300	2	中国	2002	3kW		2006.2	良好	基地	待用
13	台钻	2516-A-116	2	中国	2001	0.55kW		2006.2	良好	基地	待用
14	电锤	PHD-25	2	中国	2001	1.05kW		2006.2	良好	基地	待用
15	物料提升机	SE160	2	江汉	2002	13kW	1.6T.32M/分钟	2006.4	良好	基地	待用
16	发电机	CZ-76	1	兰州	2000	150kW		2006.2	良好	库房	待用
17	空压机	V-0.6/7	1	青岛	2000	7.5kW	5000L/h	2006.2	良好	库房	待用

4.4.6 设备料计划

本工程所需的设备料较多，依据本工程的具体要求，公司将集中财力物力保证设备料按时进场。具体设备料计划详见主要施工设备料计划表（表4-5）。

主要设备料计划表 表4-5

设备料名称	单位	数量					
		2006年					
		3月	4月	5月	6月	7月	8月
钢管	t	1000	1000	400	400	100	100
扣件	千个	100	100	40	40	10	10
竹架板	块	1000	1500	1500	1500	500	300
密目网	m²	10000	10000	10000	10000	5000	500
竹胶板	m²	6000	2000	1000	1000		
方木	m³	100	100	50	50	30	

注：表中数量为当月累计用量。

4.4.7 构配件计划（表4-6）

主要构配件计划表 表4-6

材料名称	单位	数量	进场时间	备注
铝合金窗	m²	2120	2006.5.1	扇进场日期2006.6.10
木质夹板门	m²	260	2006.5.10	扇进场日期2006.6.10
木制防火门	m²	72	2006.6.10	扇进场日期2006.7.1
楼梯栏杆	m	1260	2006.6.5	

4.4.8 资金需用计划

资金准备和到位情况将直接影响工程是否能按计划完成的关键。为此，一方面希望建设单位在资金支持上给予保证，另一方面，我司根据工程进展情况，筹备一定数额的资金，将本工程作为重点工程，在资金使用上保证专款专用，在相对宽松的资金环境下如期顺利建成该工程并投入使用，使之产生效益。具体资金需用计划见表4-7。

资金需用计划 表4-7

序号	工程施工进展情况	时间	用款内容	投标人的估算	
				按时间计金额（%）	累计金额（%）
1	施工准备、定位放线	2006.3	预付款	15	15
2	井点降水	2006.3	工程款	15	30
3	井桩土方、混凝土、地梁	2006.3	工程款	15	45
4	主体工程	2006.4	工程款	20	65
5	砌体、地沟工程	2006.5	工程款	10	75
6	内粉、外粉、门窗框安装、涂料、楼地面、外装饰	2006.6	工程款	15	85
7	顶棚、油玻、室外工程、屋面工程	2006.7	工程款	5	90
8	修补清洗	2006.8	工程款	7	97
9	保修金3%		工程款	3	100

4.5 分部分项工程施工方案

4.5.1 施工定位、测量放线

沉降观测点依据工程实际，以及沉降观测点的最小距离，在建筑物的变形缝、后浇带两边、边轴线，共设沉降观测点 18 个，定位控制桩 16 个。

（1）轴线控制桩的设置及测设。在轴线外侧相应位置设置轴线控制桩，考虑外架等因素，控制桩距建筑物距离 5m。轴线控制桩的测设依据为：《工程测量规范》（GB 50026—93）及设计图纸中的总平面图以及甲方给定的坐标点等，测设工具采用苏州产 J2JD 经纬仪及 50m 钢卷尺和线坠。

（2）标高的测设及控制。标高的测设应依据规范、图纸及甲方提供的水准点进行，采用 DS_3 水平仪及线坠、50m 钢卷尺进行。

本工程应按图纸给定的绝对标高点，利用设计图纸及业主意见确定工程的 ±0.000 标高（相对标高）并进行引测。测设时按二级精度进行高程引测，利用往返测回与二次仪高法结合提高测设精度，每一测点前后读数误差不超过 1mm。标高引测后应及时复核，要求误差不大于 5mm，并应在工程周圈设置不少于 8 个临时水准点，设栏围护，明确警识。

确定出 ±0.000 后，尚应在现场周围视线所及比较固定的物体上测设出几个 ±0.000 标高点作为复核标高的依据，并用红油漆标识。结构施工时应分层测设出各层柱的 +0.500 线或其他标高依据线，并在主控轴线上用红油漆做出标识。

每层板浇筑前应在钢筋上测出临时轴线、标高参照点，临时参照点应先用主轴线、控制标高进行复核或用下层结构的轴线、标高点进行复核，误差值不大于 5mm，由项目技术负责人主持进行。每层柱混凝土浇完拆模后，应及时将控制轴线及标高 +0.500 线测设于柱混凝土面上，并由项目技术负责人主持及时进行复核。主体砌筑前应将每层的标高 +0.500 线测设范围扩大，以便有效控制门、窗洞口及预留预埋的标高。内粉结束后还应再弹出各层标高 +0.500 线，作为门窗安装、吊顶、楼地面工程施工的依据。

（3）沉降观测。如前所述，本工程共设 18 个沉降观测点，沉降观测点的设置高度均为相对标高 ±0.500 处，并应做好原始记录。

沉降观测点的设置按 GB 50026—93 规范按二级精度进行测设，测设方法同标高的测设。结构施工至 ±0.000 时即应测设。

沉降观测的时间确定：主体施工期间每施工完一层观测一次；主体完工后每月观测一次，工程交工后每季观测一次，直至沉降稳定为止，并将观测记录随同技术档案一并移交甲方。

（4）建筑物垂直度控制。该工程垂直度的控制采用控制主控轴线的办法进行。主控轴线层层用经纬仪测设，并由技术负责人负责进行复核。经纬仪采用苏州产 J2JD 型激光经纬仪（仪器必须通过年检）。其余轴线的控制通过主控轴线用钢卷尺排尺测定。控制每层垂直度不超过 5mm，总垂直度不大于 $H/1000$，且不大于 20mm（H 为建筑物总高度）。

4.5.2 降水

（1）本工程降水采用井点集中降水，降水点的平面位置沿建筑物四周离开建筑物轴线 3.000m，井与井之间的距离小于或等于 25.000m。本工程基础底标高 −6.400m，故降水井深度初步设计井底标高为－8.000m。

（2）降水设备采用扬程100m出水量500m³/h的污水泵，在建筑东南角和东北角处设500m³沉淀池两个，沉淀池为三级沉淀，经三级沉淀的地下水排入市政管网。

4.5.3 井桩成孔施工

（1）放线定桩位及高程→开挖第一节桩孔土方→砌砖口护壁→检查桩位（中心）轴线→安装辘轳→安装吊桶、照明、通风机→开挖第二桩孔土方（修边）→检查桩位中心、桩径、垂直度→循环作业→挖扩大头→成孔验收→吊放钢筋笼→放混凝土溜桶（导管）→浇筑桩身混凝土（随浇随振）→插桩顶钢筋。

（2）人工挖土准备工作。全面开挖之前挖6个试验桩孔，分析土质、水文等情况与土质勘察报告的内容是否相符，据此修改原方案。

（3）砖砌护圈。按照放线的桩位白灰线挖1000mm深，M5砂浆砌MU10机制普通黏土砖，1200mm高，240mm厚护圈，圈口高出地表面200mm，外侧素土夯实，顶面水泥砂浆找平压光，将轴线弹到顶面上。

（4）人工挖孔采用短柄尖锹镐从上往下层进行，挖土顺序先挖中间，后削周边，坚硬土用镐挖除，土方应边挖边运，垂直运输采用1.2m高的自制辘轳，胶皮吊桶，φ20棕绳，距孔边2000mm范围内不准堆土，挖出的土方及时运走，否则堆载会引起孔壁侧压力增加，容易产生塌孔现象。

（5）桩位、桩径、垂直度控制。桩位采用轴线交汇法定出桩位中心，以中心桩为半径划圈，砌筑护口井圈护壁，反复复核，确保与设计相符，误差控制在3mm以内，为防止井圈上墨线被损坏，沿轴线方向距井圈外500mm处设4个50mm×50mm、长400mm的木桩，木桩顶标高出井圈顶面50mm，木桩四周用细石混凝土保护。

桩径控制：用φ12圆钢自制中心确定工具，1200mm×1200mm矩形钢筋沿对角焊钢筋拉接，工具的方正和对角误差控制在3mm以内，每挖深1m对桩径校核一个，将工具的四个对角拉杆与轴线重合，此时工具的中点即为桩的中心，在中点处挂线锤，尺量检查。

（6）桩底扩径。桩身挖至－5.000m进入卵石层的深度大于500mm时，由质检员、技术员验收并按设计尺寸进行扩底，扩底按从上到下的顺序步削切、修理，不得从最低端挖洞，以防自然塌陷，弃土及时运出。

（7）井桩支护采用3mm厚钢板煨成圆桶或扁圆状，内侧上、下口、中部设置3道35×3.5加强肋，护筒高度600mm、900mm两种，分两半圆制作。上尺口加强肋上钻φ12圆孔，间距200mm安装时用M10螺栓连接。

4.5.4 井桩钢筋、混凝土工程

（1）钢筋笼的实际长度应根据现场的实际情况尺量确定后下料，实际长度应得到建设单位或监理单位的认可，钢筋笼应设加强环在成孔验收后方可下笼，下笼时用起吊设备缓慢放下，沿孔壁垂直设3道φ48钢管以防钢筋笼撞击孔壁造成塌方，钢筋笼下放到设计位置后及时固定，固定采用4根φ48钢管穿过箍筋固定，穿钢管处的箍筋应与主筋焊接加强。

（2）基础工程采用的钢筋应有合格证和复试单。

（3）井桩成孔后要及时灌注混凝土，混凝土的配合比应由试验室设计，施工时严格计量，坍落度控制在30mm以内，井桩混凝土浇筑时采用钢制导管灌注，导管直径φ200，灌

注时导管口距混凝土面不小于 2m，边灌边振，操作人员要有安全防护措施，配备必要的照明器具。

（4）井桩一般不留施工缝，一次灌成，出现塌方应及时处理后，方可继续施工，柱插筋位置、标高应准确无误。

4.5.5 基础土方的回填

结构施工至±0.000 以上后即可进行基础和房心的土方回填。

回填方法利用蛙式打夯机，采用分层回填、分层压实、分层取样的方法。夯实用蛙式打夯机，采用一夯压半夯法，夯实遍数不少于三遍，边角等处用手工夯夯实。素土分层厚度 200～250mm，夯实三遍，灰土虚铺 200 厚，夯实后不小于 150 厚。素土过 10mm 筛并应拣净其中的垃圾、硬块等，白灰过 5mm 筛。

土方回填压实系数按设计要求 0.93 控制。根据压实系数，通过试验确定回填土方的最佳含水率及最大干容重，并以此二指标作为土方回填施工中的控制依据，土样不好时要进行选土。土样应先拌好再虚铺、夯实；灰土应干拌三遍，洒水拌三遍，然后再铺压夯实。土方应分层取样、监理见证，取样数量按规范执行。

4.5.6 主体施工

1. 钢筋工程

该工程基础采用人工成孔灌注桩基础，主体框架结构，三层。井桩钢筋 $\phi14$，长 6.0m，箍筋 $\phi8$，螺旋配制。上口 1200mm 高加密 $\phi8@100$，其余 $\phi8@200$。板配筋 $\phi6$、$\phi8$、$\phi10$ 等。主体框架梁、柱主筋 $\phi25$、$\phi22$、$\phi20$、$\phi18$ 等，箍筋 $\phi10$、$\phi8$ 等。

（1）钢筋的加工及制作。现场不设钢筋加工场，本工程所需各种规格型号的钢筋均在我司基地加工成半成品后分类堆放，并挂牌标识。

（2）钢筋加工程序：调直——切断、成型——钢筋成型。

2. 井桩钢筋施工

该工程井桩桩径 900mm、1000mm。井桩钢筋 $\phi14$，长 6.0m，箍筋 $\phi8$，螺旋配制，上口 1200mm 范围加密 $\phi8@100$，其余 $\phi8@200$（加强筋处 $\phi8@150$），钢筋保护层 50mm。

3. 钢筋直螺纹连接

设计框架柱、梁主筋 $\phi\geqslant20$ 时及采用等强直螺纹连接，其性能应符合《钢筋机械连接通用技术规程》(JGJ 107—96)中 A 级接头的性能要求。

（1）钢筋下料。必须用无齿锯（带锯床），专用锯片铣割机，保证钢筋端头平整顺直。

（2）钢筋端部滚丝。钢筋滚丝分为剥肋和滚丝两个工序。机头前端的切削刀具应调整至相应的钢筋直径尺寸，并随时检查。注意滚丝轮的螺距应与钢筋直径的变化保持统一，根据不同直径的钢筋调整不同的滚轧螺纹直径和滚轧长度。

（3）钢筋端部丝头的检验。每次调换滚轮和钢筋直径变化后，前 10 个丝头必须逐个用检具检验，稳定后每个钢筋丝头进行目测检查，并每加工一个就要检具检查一次，并作检验记录。

检验合格的丝头立即将其一端丝头部分盖上保护帽，另一端拧上相同规格的套筒，存放整齐备用。

（4）钢筋连接前的准备。钢筋连接之前，先将钢筋丝头的塑料保护帽及连接套筒上的塑料密封盖取下并回收，检查钢筋的规格是否与连接套筒一致，检查钢筋丝头是否完好。

（5）标准型接头连接。把已拧好套筒的一端拧到被连接的钢筋上，然后用力矩扳手将连接的两根钢筋拧紧，两端的外露丝扣不能超过两扣，且不能有完整丝扣。钢筋连接完毕，立即用红油漆画上标记。

（6）接头检验。接头连接完后，由质检人员分批检验，并做好检验记录。在支模前，质检人员按规定的抽检数量进行目测检查，两端的外露丝扣长度相等，不允许超过两扣。

（7）现场质量检验。按照《钢筋机械连接通用技术规程》（JGJ 107—96）的规定，在现场正式加工前，要用现场的设备、量具、钢筋，按照《滚轧直螺纹筋连接生产操作规定》作工艺试验，即每种规格的钢筋作 3 根试件，待检合格后方可大批量加工。每 500 个接头为一批，每批抽检 3 个接头，要求钢筋连接质量 100％合格。

4. 主体钢筋的绑扎

（1）柱钢筋绑扎。按计算好的每根柱箍筋数量，先将箍筋套在下层伸出的搭接筋上，然后立柱子钢筋。在立柱钢筋上，按设计用粉笔划箍筋间距线，然后按其位置线，将已套好的箍筋往上移动，由上往下绑扎。箍筋与主筋要垂直，箍筋转角处与主筋交点均要绑扎。箍筋的弯钩叠合处应沿柱子竖筋交错布置，并绑扎牢固。

（2）梁钢筋绑扎。首先在梁侧模板上画出箍筋间距，摆放箍筋。随之穿主梁的下部纵向受力钢筋及弯起钢筋，并套好箍筋；放主次梁的架立筋，隔一定间距将架立筋与箍筋绑扎牢固，再绑主筋，主次梁同时配合进行。使箍筋间距符合设计要求。箍筋在叠合处的弯钩，在梁中应交错绑扎。

（3）现浇梁、板钢筋的绑扎现浇梁板钢筋应先绑扎梁筋，后绑板底筋，最后绑扎板负筋绑扎应先绑断面大的梁后绑断面小的梁。板筋应在梁筋绑扎后再施工，绑扎时应对称在模板上两端画线，然后依线摆放并绑扎钢筋，板筋应扣扣绑扎连接板筋伸入梁内的长度应满足设计及规范要求。

板负筋应在梁、板底筋检查验收后再绑扎，并应同时垫好板筋保护层，浇筑混凝土应搭设专用子道，严禁在负筋上踩踏。

5. 模板工程

该工程为三层框架结构，框架柱断面 500mm×800mm、500mm×850mm、500mm×500mm、D＝800mm 等，梁断面 300mm×800mm、300mm×600mm、300mm×500mm、250mm×600mm、250mm×500mm、250mm×550mm 等，板厚大多为 100mm 厚，根据工程特点，框架柱、梁及顶板均采用竹胶板模板，梁板模板支架采用扣件式满堂脚手架。

（1）框架柱模板施工工艺：清扫弹线→第一片柱模就位→第二片柱模就位临时固定→检查柱模对角线及位移并纠正→柱模加固及校正→自下而上安装柱箍并作斜撑→全面检查安装质量→群体柱模固定。

（2）框架梁模板施工工艺：在柱混凝土上弹出梁轴线及水平线并复核→搭设梁模支架→安装梁底楞→安装梁底模板→梁底起拱→绑扎钢筋→安装梁侧模→安装另一侧梁模→安装上、下锁口楞及腰楞→复核梁模尺寸位置→与相邻模板连接牢固。

（3）楼板施工工艺：搭设支架→安装横木楞→调整楼板下皮标高及起拱→铺设钢框钢模板→检查模板上皮标高、平整度。

（4）模板支设要点柱模尽量同排进行安装及加固；梁板模先做好排版，按排版图组拼模板并加固，梁底模、侧模均应拉通线控制其位置、标高。模板下的支撑间距应由计算确定。因该工程纵横梁跨度均为 8.0m，跨度很大，因此模板起拱按 3/1000 控制，模板支撑采用碗扣架，间距不超过 600mm。

(5) 拆除模板要点遵循先支后拆、后支先拆；先拆不承重的模板，后拆承重部分的模板；自上而下，支架先拆侧向支撑，后拆竖向支撑等原则。模板工程作业组织遵循支模与拆模统一由一个作业班组执行作业的原则。

(6) 本工程中对拆模时间的要求见表 4-8。

本工程中对拆模时间的要求表

表 4-8

序号	结构类型	结构跨度(m)	设计混凝土强度标准值的百分率(%)
1	板	≤2	50
		>2≤8	75
		>8	100
2	梁	≤8	75
		>8	100
3	悬臂构件		100

6. 混凝土工程

该工程混凝土浇筑采用预拌制商品混凝土，泵送工艺。

(1) 井桩混凝土。该工程共 56 个井桩，编号从 ZH1 到 ZH6；桩径 $\phi900\sim1100mm$，桩长 6.0～6.5m，桩身混凝土 C30，地下水稳定在 6.5m 以下。地基土对混凝土及钢筋具有中等腐蚀性。采用普通水泥，水灰比≤0.55，水泥用量≥370kg/m³，水泥中铝酸三钙含量小于 8%。井桩混凝土浇筑采用导管、溜槽进行，振捣用插入式振捣器，分层振捣，分层厚度不大于 500mm。

井桩成孔后要及时灌注混凝土，混凝土的配合比应由试验确定，井桩混凝土浇筑时采用钢制导管灌注，导管直径 $\phi200$，灌注时导管口距混凝土面不大于 2m，边灌边振。井桩混凝土应一次浇成，禁止留施工缝，出现塌方应在混凝土初凝前处理，并认真将土、砂等杂物清理干净，接槎处认真振捣上下层混凝土以免产生冷缝。井桩混凝土浇至顶标高后应认真复核桩顶标高，认真振实上口混凝土，并应认真搓毛搓平。井桩混凝土施工中应及时留置混凝土试块并做好混凝土的养护工作。井桩混凝土试块应一桩留置一组，混凝土量超过 50m³ 的井桩应留置两组试块。

(2) 主体混凝土。主体结构为框架结构，三层。一、二层混凝土强度等级 C35，三层 C30。

① 柱混凝土浇筑。柱混凝土浇筑前底部应先填 50～100mm 厚的同标号砂浆(砂浆现场拌制，由塔吊配合运输)。使用插入式振捣器振捣，分层厚度不大于 500mm，振动棒不得触动钢筋和预埋件。除上面振捣外，下面要有人随时敲打模板判断混凝土是否已浇实。柱混凝土浇筑时泵管应直接进入柱内(有困难时应采用串桶)，确保混凝土的自落高度不大于 2.0m。柱子混凝土应一次浇筑完毕，施工缝应留在主梁下 20～30mm 处。浇筑完后，应随时将上部钢筋整理到位。

② 梁、板混凝土浇筑。梁、板应同时浇筑，浇筑方法应由一端开始用"赶浆法"进

行。即先浇梁，根据梁高分层浇筑成阶梯形，当达到板底位置时再与板的混凝土一起浇筑，随着阶梯形不断延伸，梁板混凝土浇筑连续向前进行。梁、柱节点钢筋较密时，浇筑此处混凝土时宜用小粒径石子、同强度等级的混凝土浇筑，并用小直径振捣棒振捣。浇筑板混凝土的层铺厚度应大于板厚，用平板振捣器垂直浇筑方向来回振捣，后用铁插尺检查混凝土厚度，振捣完毕后，用长木抹子抹平。浇筑板混凝土时不允许用振捣棒铺摊混凝土。施工缝位置宜沿次梁方向浇筑楼板，施工缝应留置在房间跨度中间的 1/3 范围内。施工缝与模板面垂直，不得留斜槎。施工时用双面锯齿木栅封堵。在继续浇筑混凝土前，施工缝混凝土表面应凿毛，剔除浮动石子，并用水冲洗干净后，先浇一层同标号水泥砂浆，然后继续浇筑混凝土，应细致操作、振实，使新旧混凝土紧密结合。梁混凝土的浇筑应一次完成不留施工缝，具体见特殊部位的施工章节。

③ 混凝土的养护。混凝土浇筑完终凝后应及时洒水湿润养护，养护天数不少于 7d。混凝土养护应派专人进行，养护用饮用水。

④ 混凝土工程中的试验工作。混凝土工程中的试验工作至关重要，必须引起足够的重视，从组成混凝土的原材料至浇筑、养护的各个环节，试验工作均必须做细做好，否则必将影响混凝土工程的实体质量。混凝土的试块取样、制作、养护和试验要符合《混凝土强度检验评定标准》(GBJ 107—87)的规定。

7. 砌体工程

本工程框架填充墙外墙为 300mm 厚加气混凝土块，内墙为 200mm 厚加气混凝土块，卫生间为 200mm 厚 KP2 型空心砖。地面以上用 M5 的混合砂浆砌筑，地面以下用 M5 的水泥砂浆砌筑。楼层层高 4.80m、3.90m 等。

(1) 施工准备。根据工程施工进度计划，由工地技术负责人对施工员及操作工人进行书面技术交底，同时向公司试验室委托 M5 混合砂浆配合比。工地施工员按设计砌筑工程所需砌块的数量、规格、质量要求，以及砌块进场日期作出切实可行的材料计划。

在砌筑施工开始之前，应对所有砌筑所用材料，逐一进行检验。合格后方可进场。进场后应按品种、规格堆放整齐，堆置高度不宜超过 2m。并且由技术负责人、施工员、质量员依据图纸及《砌体工程施工质量验收规范》(GB 50203—2002)的有关烧结空心砌块砌体的要求，写成书面的技术交底资料，向瓦工及砂浆拌制人员进行技术交底。同时做好签字手续。

本工程砌体和砌筑砂浆的垂直运输，由物料提升机解决；砌体的水平运输由人力架子车解决，人力灰浆车进行砂浆的水平运输。砂浆的配制由砂浆搅拌站完成。由施工员按照不同部位墙体所需砌块的数量、规格对砌块运输人员作出安排，在运输过程严禁抛掷和倾倒，减少人、材、力的浪费。在砌筑前 2d 将砌块浇水湿润，砌块含水率控制在 10%～15% 为宜。

(2) 弹墙体位置线。首先由技术负责人、质量员、施工员共同协商，依据砌体设计要求和规范要求，进行墙体位置复核，同时根据墙体几何尺寸和砌块规格进行排版，对重要和特殊部位作好安排。

由技术负责人和施工员安排，放线工对墙体位置、门窗洞口、墙体管道洞口等在相应部位用墨线弹出。根据墨线查找和校核柱子上预埋的墙体拉结筋埋件，同时焊接墙拉筋，墙拉筋 $\phi6@500$ 通长设置。

（3）墙体底部多孔砖砌筑。根据规范要求，严格按排版控制灰缝，在墙体底部砌筑≥200高的多孔砖。

（4）墙体砌筑。根据墙体位置墨线和排版，逐皮砌筑，一道墙可先砌两头的砌块，再拉准线砌中间部位。砌筑采用单面挂线控制。砌筑灰缝应按排版要求控制在8～12mm，要保证灰缝横平竖直，错缝搭接（错缝宽度不小于1/3砖长），砂浆饱满。水平灰缝饱满度≥80%，垂直灰缝不得有明缝、瞎缝。砌体在转角处和交接处应同时砌筑，在宽度超过300的洞口上部，应设置过梁。若砌体有管线槽留置时，采用弹线定位后用切割机开槽，不得采用斩砖预留的方法，也不可将砌好的砌体乱剔乱砸。砌体砌筑至梁、板底时，应留一定空隙，待砌体、砌筑完并间隔7d后，再将其补砌挤紧。

4.5.7 屋面、卫生间等的防水工程

本工程屋面采用1.5mm厚高分子防水卷材做其防水层。保温层上人屋面为50mm厚挤塑板，不上人屋面为80mm厚聚苯板。卫生间等的防水层为2mm厚聚氨酯涂膜，防滑地砖面层。

1. 高分子防水卷材的施工

工艺流程：基层清理→管根固定→找坡层→保温层→找平层→防水层。

（1）找坡层施工。1:6水泥焦渣找坡坡度为2%，操作前应在女儿墙上弹线标明找坡层铺设的厚度及坡度。另外，在屋顶做出找坡灰饼，以示找坡层铺设的厚度及坡度。找坡层由高到低，最低处不得薄于30mm。

（2）保温层施工。在保温层施工前，要将穿结构的管根用细石混凝土塞堵密实。然后设保温层，严密接缝，垫稳，细部加强，严禁漏铺。

（3）找平层施工。注意配合比，控制加水量，掌握抹压时间，成品不能过早上人。找平层按地面做法来做，浇水、冲筋、压光、浇水要适量，以达到找平层与基层能牢固结合。注意细部处理：找平层与女儿墙、管道、通风管道等的连接处，均应做成半径为50mm的圆弧。做圆弧时应弹线，使半径保持一致。在落水管半径50cm以内应做成漏斗状，坡度为5%，管道根部做出一双曲面状。

（4）防水卷材施工。清除基层表面的浮土，在基层表面上满铺刷冷底子油一道，按0.2kg/m²，待熔剂挥发基本干燥为止。按设计要求及施工方案、屋面防水层排版图的要求弹出标准线，卷材的铺贴应按线施工。防水层施工时，应先做好节点、附加层和屋面排水比较集中部位（如屋面与水落口连接处、檐口、天沟、檐沟、屋面转角处、板端缝等）的处理，然后由屋面最低标高处向上施工。铺贴天沟、檐沟卷材时，宜顺天沟、檐口方向，减少搭接。卷材铺贴一般方法及要求：铺贴多跨和有高低跨的屋面时，应按先高后低、先远后近的顺序进行。大面积屋面施工时，为提高工效和加强管理，可根据面积大小、屋面形状、施工工艺顺序、人员数量等因素划分流水施工段。施工段的界线宜设在屋脊、天沟、变形缝等处。搭接方法及宽度要求：铺贴卷材采用搭接，上下层及相邻两幅卷材的搭接缝应错开；平行于屋脊的搭接缝，应顺流水方向搭接；垂直于屋脊的搭接缝应顺年最大频率风向（主导风向）搭接；叠层铺设的各层卷材，在天沟与屋面的连接处应采用叉接法搭接，搭接缝应错开；接缝宜留在屋面或开沟侧面，不宜留在沟底。屋面防水层施工，应先做好节点、附加层、泛水、管根、水落口等处的细部处理，按规范要求粘贴，附加层高度不小于250mm。铺贴卷材采用搭接法，上、下层及相邻两幅卷材的搭

接缝应错开。卷材的搭接宽度，长短边均为 100mm，接缝处均采用相容性的密封材料封严。卷材铺贴要求平整顺直，搭接尺寸准确，不扭曲、皱折。注意事项：屋面防水工程严格按《屋面工程质量验收规范》(GB 50207—2002)及有关施工工艺标准要求施工；屋面防水施工完毕后，应做蓄水试验，时间不少于 24h；施工中如遇下雨，应做好已铺卷材周边的防护工作。

屋面细部做法与屋面女儿墙构造如图 4-4 所示。

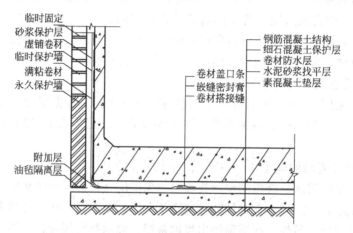

图 4-4 屋面细部做法与屋面女儿墙构造

在出屋面排气孔、出气孔管根如图 4-4 所示，加强管根处的防水保护；屋面水箱间、楼梯间等处的落水口处做水泥砂浆水簸箕，防止防水层的水落冲击。施工前应检查：垫层是否有空鼓，起砂现象；坡度是否合适；出水口标高是否合适，泛水高度是否满足要求（≥250mm）；基层含水率是否满足要求（≥9%）。若达不到要求，应补救使其满足。为防止防水卷材空鼓，施工时，基层一定要干燥，气体要彻底排出；卷材粘结要牢固、要压实。严格控制各工序的验收。

加强细部操作，管根、水落管口、伸缩缝和卷材搭接处，应做好收头粘结，施工中保护好接搓，嵌缝时应清理，使干净的接搓面相粘，以保证施工质量。

2. 卫生间等防水层施工

该工程设计要求卫生间等房间楼地面为防滑地板砖，其防水采用 2mm 厚聚氨酯涂膜。其施工方法如下：

（1）基层。将混凝土楼板基层上的杂物清理掉，并用錾斧剔除掉砂浆落地灰，用钢丝刷刷净浮浆层，并用清水冲洗干净，校核预埋管件位置，将所有管根周围用细石混凝土浇灌密实。

（2）找平层。卫生间用 1:3 的水泥砂浆抹找平层，要求抹平压光无空鼓，表面要坚实，不应有起砂、掉灰现象。抹找平层时，凡遇有管道根部的周围，在 200mm 范围内的原标高基础上提高 10mm 坡向地漏，避免管根部积水。在地漏的周围应做成略低地面的洼坑，一般为 5mm。并且卫生间找平层坡度按 2% 放坡，凡遇到阴阳角处，要抹成半径小于 10mm 的小圆弧。

（3）防水层。一般在找平层表面均匀泛白无明显水印时，（含水率不大于 8%），方可进行涂膜防水层的施工。涂膜分两层涂刷，第一遍 1mm，第二遍 1mm，两层涂膜互相垂直涂刷。突出部位上翻高度不小于250mm；门口涂膜外刷200mm。涂膜涂料应均匀一致，不得漏刷、少刷。两层涂膜的涂刷间隔时间不小于24h，涂膜涂刷后应及时进行检查验收，除采用观察外，尚应做蓄水试验，并应形成完整的记录。发现渗点应及时补刷处理。

（4）地砖面层。铺贴应按颜色和花纹分类，有裂缝、掉角、翘曲或表面有缺陷，品种和等级不同的板块不得混杂使用。应按设计要求和相应的产品的各项技术指标对地板砖挑选存放。在铺贴前应用水浸泡，取出晾干，其表面无明水后方可铺贴。地砖与结合层间以及在墙角、靠墙处，均应贴合，不得有空隙现象。大面积施工时，应采取分段顺序铺贴，按排版和标准拉线铺贴。擦缝：面层铺贴24h内，采用稀水泥浆进行擦缝。缝的深度宜为砖厚度的1/3，擦缝应采用同品种、同强度等级、同颜色的水泥。同时应随做随即清理面层的水泥，并做好养护和保护工作。检查：砖面层铺贴完后，面层应坚实、平整、洁净、线路顺直，不应有空鼓、松动、脱落和裂缝、缺棱、掉角、污染等缺陷。若有类似现象应立即修理、更换。

4.5.8 楼地面工程

1. 磨光花岗岩楼地面

（1）工艺流程：准备工作→试拼→弹线→试排→刷素水泥浆一道→铺干硬性水泥砂浆粘结层→铺贴磨光花岗岩板块→灌缝擦缝→打蜡。

（2）花岗岩楼地面施工要点。花岗岩面层，应在顶棚、立墙抹灰后进行，先铺面层后安装踢脚板。

花岗岩板材在铺砌前，应做好切割和磨平的处理。按设计要求或实际的尺寸在施工现场进行切割。为保证尺寸准确，宜采用板块切割机切割，将划好尺寸的板材放在带有滑轮的平板上，推动平板来切割板材。经切割后，为使边角光滑、细洁，宜采用手提式磨光机打磨边角。

面层铺砌前对其下一层的基层按要求进行处理。

花岗岩板材在铺砌前，应先对色、拼花并编号。按设计要求的排列顺序，对铺贴板材的部位，根据工程实际情况进行试拼，核对楼、地面平面尺寸是否符合要求，并对花岗石的自然花纹和色调进行挑选排列。试拼中将色板好的排放在显眼部位，花色和规格较差的铺砌在较隐蔽处，尽可能使楼、地面的整体图面与色调和谐统一，体现花岗石饰面建筑的高级艺术效果。

面层铺砌前的弹线找中找方，应将相连房间的分格线连接起来，并弹出楼、地面标高线，以控制面层表面平整度。

放线后，应先铺若干条干线作为基准，起标筋作用。一般先由房间中部向两侧采取退步法铺砌。有柱子的大厅，宜先铺砌柱子与柱子中间的部分，然后向两边展开。

板材在铺砌前应先浸水湿润，时间不少于24h，阴干后或擦干备用。结合层与板材应分段同时铺砌，铺砌要先进行试铺，待合适后，将板材揭起，再在结合层上均匀撒铺一层干水泥面并淋水一遍，亦可采用水泥浆作粘结，同时在板材背面洒水，正式铺砌。

铺砌时板材要四角同时下落，并用木锤或皮锤敲击平实，注意随时找平找直，要求四角平整，纵横间隙缝对齐。铺砌的板材应平整，线路顺直，镶嵌正确。板材间与结合层以及在墙角、镶边和靠墙、柱处均应紧密砌合，不得有空隙。花岗岩面层的表面应洁净、平整、坚实，板材间的缝隙宽度不应大于 1mm 或按设计要求。面层铺砌后，其表面应加以保护，待结合层的水泥砂浆强度达到要求后，方可进行打蜡达到光滑亮洁。

2. 地板砖楼地面

防滑地板砖铺贴，特别是大面积铺贴要提前进行合理的排版。

（1）地板砖施工工艺；准备工作→基层清理→找平层→弹线→试排→刷素水泥浆一道→铺贴地板砖→擦缝。

（2）施工要点：将混凝土楼板基层上的杂物清理掉，并且錾斧剔除掉砂浆落地灰，用钢丝刷刷净浮浆层，并用清水冲洗干净，校核预埋管件位置，将所有管根周围用细石混凝土浇灌密实。

找平层：卫生间用 1：3 的水泥砂浆抹找平层，要求抹平压光无空鼓，表面要坚实，不应有起砂、掉灰现象。抹找平层时，凡遇有管道根部的周围，在 200mm 范围内的原标高基础上提高 10mm 坡向地漏，避免管根部积水。在地漏的周围应做成略低地面的洼坑，一般在 5mm。并且卫生间找平层坡度以 1%～2% 为宜，凡遇到阴阳角处，要抹成半径小于 10mm 的小圆弧。

地砖面层铺贴：地砖应按颜色和花纹分类，有裂缝、掉角、翘曲或表面有缺陷，品种和等级不同的板块不得混杂使用。应按设计要求和相应的产品的各项技术指标对地板砖挑选存放。在铺贴前应用水浸泡，取出晾干，其表面无明水后方可铺贴。铺贴地砖与结合层间以及在墙角、靠墙处，均应贴合，不得有空隙现象。大面积施工时，应采取分段顺序铺贴，按排版和标准拉线铺贴。擦缝面层铺贴 24h 内，采用稀水泥浆进行擦缝。缝的深度宜为砖厚度的 1/3，擦缝应采用同品种、同标号、同颜色的水泥。同时应随做随即清理面层的水泥，并做好养护和保护工作。核查砖面层铺贴完后，面层应坚实、平整、洁净、线路顺直，不应有空鼓、松动、脱落缺棱、掉角、污染等缺陷。若有类似现象应立即修理、更换。

3. 水泥砂浆楼地面

（1）基层处理。施工前应在四周墙面弹出控制地面标高的水平线，认真清理和凿除附着在混凝土面的多余物质，凿除凸出部分的混凝土，修补孔洞，洒水湿润基层，时间不少于 24h，然后根据设计要求施工面层，房间一次抹灰施工，不留施工缝。

（2）冲筋做灰饼根据墙上水平线尺寸返至地面，做好标筋或灰饼，一般小房间在四周做塌饼，大房间应冲筋，冲筋间距 1.5m 左右，如室内有坡度或地漏时，应在做出标筋时找出坡度。

（3）刷素水泥浆结合层。在混凝土基层或楼板面上刷水泥素浆(水灰比 0.4～0.5)结合层，应涂刷均匀，随刷随铺砂浆，不得用先浇水后撒水泥的方法代替刷浆。

（4）铺灰刮平。在标筋间铺上砂浆，用刮杠根据两边标筋(或灰饼)刮平，用抹子拍实。一般从里往外刮到门口，再用木抹子搓平。

（5）压光。用铁抹子压光，一般两遍成活。应注意掌握在适当的时候进行抹压。第一遍抹压跟得较紧，抹压时，可略撒些 1：1 水泥砂子(不得撒干水泥)，待收水后，随即压光，以不出现水层为宜。第二遍抹压在上人时不出现脚印时进行，抹压时用力稍大并消除抹痕和毛细孔，并必须在水泥砂浆终凝前完成。

（6）分格缝。开间较大的房间，应按设计要求做地面分格缝(设计无要求时，按规范要求进行应分格），分格缝位置应与基层混凝土的分格缝相一致。当基层为钢筋混凝土楼板时，分格缝应留在端缝和纵缝外。分格缝施工前，应先在墙上画好分格线，待砂浆刮平后，根据已画好的分格线位置，先搓平压光一条约 20cm 的地面，弹上分格线，再用靠尺和开缝溜子压出缝来，并将分格时踩的脚印刮平，以后随大面积进行搓平压光，同时修整分格缝，使其线条顺直清晰，深浅一致。

4.5.9 门窗工程

本工程外门为铝合金喷塑弹簧门，内门为木质夹板门，防火门为木质防火门；窗为铝合金窗。玻璃幕墙采用明框铝合金玻璃幕墙。

1. 木质夹板门安装

工艺流程：弹线找规矩→确定门安装位置→确定安装标高→门扇、门框安装样板→门框安装→门扇安装。

(1) 根据室内＋50 线检查门框安装的标高尺寸，对不符合的装修边棱进行处理。

(2) 室内外门框应根据图纸位置和标高安装，为保证安装的牢固，应提前检查预埋木砖数量是否满足(1.2m 高的门框，每边预埋 2 块木砖，高 1.2～2m 门框，每边预埋 3 块木砖，高 2～3m 的门框，每边预埋 4 块木砖。上下两块木砖距上下边各 200mm，中间木砖分匀埋设)，每块木砖上应钉 2 根长 10cm 的钉子，将钉帽砸扁，顺木纹钉入木门框内。

(3) 弹线安装门框扇。应考虑抹灰层厚度，并根据门扇尺寸、标高、位置及开启方向，在墙上画出安装位置线。有贴脸的门窗立框时，应与抹灰面平齐。

(4) 木门的安装。先确定门的开启方向及小五金型号、安装位置，对好门扇扇口的裁口位置及开启方向(一般右扇为盖口扇)。第一次修刨后的门扇应以能塞入口内为宜，塞好后用木楔临时固定，按门扇与口边缝宽尺寸量合适，画第二次修刨线，标出合页槽的位置(距门扇的上下端各 1/10，且避开上、下冒头)。同时应注意口与扇安装的平整。门扇第二次修刨，缝隙尺寸合适后，即安装合页。应先用线勒子勒出合页的宽度，根据上、下冒头的要求，定出合页安装边线，分别从上、下边往里量出合页长度，剔出页槽，以槽的深度来调整门扇安装后与框的平整，刨合页槽时应留线，不应剔的过大、过深。合页槽剔好后，即安装上、下合页，这时应先拧一个螺丝，然后关上检查缝隙是否合格，口与扇是否平衡，无问题后方可将螺丝拧上拧紧。木螺丝应钉入全长 1/3，拧入 2/3。

(5) 五金安装应符合设计图纸的要求，不得遗漏，一般门锁、碰珠、拉手等距地高度为 95～100cm，销应在拉手下面。对开门装暗锁时，安装工艺同自由门。

(6) 质量标准门框与墙体间需塞保温材料时，应填塞饱满、均匀。门扇安装：裁口顺直，扇面平整、光滑，开关灵活，稳定，无回弹和倒翘。门小五金安装：位置适宜，槽深一致，边缘整齐，尺寸准确，小五金安装齐全，规格符合要求，木螺丝拧紧卧平，插销开启灵活。门贴脸安装尺寸一致，平直光滑，与门结合牢固、严密、无缝隙。

(7) 成品保护一般木门框安装后应用厚铁皮保护，其高度以手推车车轴中心为准，如木框安装与结构同时进行，应采取措施防止门框碰撞后移门或变形，对于高级硬木门框，宜用厚 1cm 的木板条钉设保护，防止砸碰，破坏裁口，影响安装。修刨门时应用木卡具，将门垫起卡牢，以免损坏门边。门框进场后应妥善保管，入库存放，其门存放架下应垫起离开地面 20～40cm，并垫平，按其型号及使用的先后次序码放整齐，露天临时存放时上面应用苫布盖好,防止日晒、雨淋。严禁将门框、门扇作为架子支点使用,防止脚手板搬运时砸碰和损坏门框、扇。小五金的安装型号及数量应符合图纸要求,安装后应注意成品保护,喷浆时应遮盖保护,以防污染。

2. 铝合金门窗

(1) 材料要求。门、窗:依据设计要求和行业标准对生产厂家所供应的成品门、窗的材料、规格、型号、尺寸逐项进行核验(表4-9、表4-10)。膨胀螺栓:本工程考虑到经济及门窗的稳定性,选用膨胀螺栓固定。嵌缝材料:根据设计要求选用,并应有出厂证明及产品合格证。

窗高和窗宽的尺寸公差   表4-9

精度等级	窗尺寸公差(mm)			
	300～900	901～1500	1501～2000	>2000
一	±1.5	±1.5	±2	±2.5
二	±1.5	±2	±2.5	±3
三	±2	±2.5	±3	±4

窗对角线尺寸公差   表4-10

精度等级	对角线尺寸公差(mm)		
	<1000	1001～2000	>2000
一	±2	±3	±4
二	±3	±3.5	±5
三	±3.5	±4	±6

(2) 铝合金门窗安装工艺流程:弹线找规矩→门窗洞口处理→门窗洞口内埋设连接铁件→铝合金门窗拆包检查→按图纸编号运至安装地点→检查铝合金保护膜→铝合金门窗安装→门窗口四周嵌缝、填保温材料→清理→安装五金配件→安装门窗密封条→质量检查→纱扇安装。

(3) 对于洞口尺寸,门、窗框与洞口之间的空隙,应视不同的饰面材料而定,本工程饰面材料品种较好,具体尺寸见表4-11。施工要点:本工程铝合金门、窗框采用通行的后塞口做法,故门、窗框加工的尺寸略小。

洞口尺寸   表4-11

饰面材料	宽度(mm)		高度(mm)	
	洞口	门窗框	洞口	门窗框
水泥砂浆抹面	B	B-50	H	H-50
面砖墙面	B	B-60	H	H-60
石材墙面	B	B-100	H	H-100

(4) 按室内地面弹出的+50线和垂直线,标示门、窗的水平及垂直方向线。铝合金门安装要特别注意室内地面的标高,地弹簧的表面应与室内地面饰面标高一致。按照在洞口上弹出的门、窗位置线,根据设计要求,将门、窗框立于墙的中心线部位或内侧,使窗、

门框表面与饰面层相适应。将铝合金门、窗框临时用木楔固定，检查立面垂直、左右间隙大小、上下位置一致等均符合要求后，再将镀锌锚板固定在门、窗洞口内。铝合金门、窗框上的锚固板与墙体的固定采用射钉固定法（混凝土墙体）和膨胀螺丝固定法（砌体墙面）。锚固板应固定牢固，不得有松动现象，锚固板间距不大于500mm，锚固板方向应内、外交错布置。严禁在铝合金门、窗上连接地线进行焊接工作，固定铁件与洞口预埋件焊接时，门、窗框上要盖上橡胶石棉布，防止焊接时烧伤门窗。铝合金门、窗框与洞口的间隙，采用矿棉条分层填塞，缝隙表面留5～8mm深的槽口，填嵌密封材料。在施工中注意不得损坏门窗上面的保护膜，如表面沾污了水泥砂浆，应随时擦净，以免腐蚀铝合金，影响美观。

4.5.10 玻璃幕墙施工程序

（1）施工工艺：安装各楼层坚固铁件→横竖龙骨装配→安装竖向主龙骨→安装横向次龙骨→安装镀锌钢板→安装保温防火矿棉→安装玻璃→安盖板及装饰压条。

（2）安装各楼层紧固铁件。主体结构施工时埋件预埋形式及紧固铁件与埋件连接方法，均要按设计图纸要求进行操作，一般有以下两种方式：

在主体结构的每层现浇混凝土楼板或梁内预埋铁件，角钢连接件与预埋件焊接，然后用螺栓（镀锌）再与竖向龙骨连接。

在主体结构的每层现浇混凝土楼板或梁内预埋"T"形槽埋件，角钢连接件与"T"形槽埋件通过镀锌螺栓连接，即把螺栓预先穿入"T"形槽内，再与角钢连接件连接。

（3）横、竖龙骨装配。在龙骨安装就位之前，预先装配好以下连接件：竖向主龙骨之间接头用的镀锌钢板内套筒连接件；竖向主龙骨与坚固件之间的连接件；横向次龙骨的连接件。

各节点的连接件的连接方法要符合设计图纸要求，连接必须牢固，横平竖直。

（4）竖向主龙骨安装。主龙骨一般由下往上安装，每两层为一整根，每楼层通过连接紧固铁件与楼板连接。

先将主龙骨竖起，上、下两端的连接件对准紧固铁件的螺栓孔，初拧螺栓。

主龙骨可通过紧固铁件和连接件的长螺栓孔上、下、左、右进行调整，左、右水平方向应与弹在楼板上的位置线相吻合，上、下对准楼层标高，前、后（即Z轴方向）不得超出控制线，确保上下垂直，间距符合设计要求。

主龙骨通过内套管竖向接长，为防止铝材受温度影响而变化，接头处应留适当宽度的伸缩孔隙，具体尺寸根据设计要求，接头处上下龙骨中心线要对齐。

安装到最顶层之后，再用经纬仪进行垂直度校正，检查无误后，把竖向龙骨与结构连接的螺栓、螺母、垫圈拧紧、焊牢。所有焊缝重新加焊至设计要求，并将焊渣药皮砸掉，清理检查符合要求后，刷两道防锈漆。

（5）横向水平龙骨安装。安装竖向龙骨后，进行垂直度、水平度、间距等项检查，符合要求后，便可进行水平龙骨的安装。

安装前，将水平龙骨两端头套上防水橡胶垫。

用木支撑暂时将主龙骨撑开，接着装入横向水平龙骨，然后取掉木支撑后，两端橡胶垫被压缩，起到较好的防水效果。

大致水平后初拧连接件螺栓，然后用水准仪抄平，将横向龙骨调平后，拧紧螺栓。

安装过程中，要严格控制各横向水平龙骨之间的中心距离及上下垂直度，同时要核对玻璃尺寸能否镶嵌合适。

（6）安装楼层之间封闭镀锌钢板。由于幕墙挂在建筑外墙，各竖向龙骨之间的孔隙通向各楼层，为隔音、防火，应把矿棉防火保温层镶铺在镀锌板上，将各楼层之间封闭。

（7）安装保温防火矿棉。镀锌钢板安完之后，安装保温、防火矿棉。将矿棉保温层用胶粘剂粘在钢板上，用加焊的钢钉及不锈钢片固定保温层，矿棉应铺放平整，拼缝处不留缝隙。

（8）安装玻璃。玻璃安装均由上向下，并从一个方向起连接安装，预先将玻璃由外用电梯运至各楼层的指定地点，立式存放，并派专人看管。将框内污物清理干净，在下框内塞垫橡胶定位块，垫块承受玻璃的全部重量，要求有一定的硬度与耐久性。将内侧橡胶条嵌入框格槽内(注意型号)，嵌胶条方法是先间隔分点嵌塞，然后再分边嵌塞。抬运玻璃时先将玻璃表面灰尘、污物擦拭干净，往框内安装时，注意正确判断内、外面，将玻璃安嵌在框槽内，嵌入深度四周要一致。将两侧橡胶垫块塞于竖向两侧，然后固定玻璃，嵌入外密封橡胶条，镶嵌要平整、密实。

（9）安盖口条和装饰压条。盖口条安装：玻璃外侧橡胶条(或密封膏)安装完后，在玻璃与横框、水平框交接处要进行盖口处理，室外一侧安装外扣板，室内一侧安装压条(均为铝合金材)，其规格形式根据幕墙设计要求。幕墙与屋面女儿墙顶交接处，应有铝合金压顶板。

4.5.11 墙面装修

1. 装饰装修简介

（1）内墙面：本工程内墙面管道井、电梯机房、水箱间为水泥砂浆墙面，中厅部分为挤塑泡沫板抹灰墙面，卫生间、盥洗间为釉面砖墙面，其余墙面均为乳胶漆墙面。

（2）顶棚：管理室、广播室、配电室、空气处理机房、电信机房等房间顶棚为矿棉吸声板吊顶，卫生间顶棚为PVC板吊顶，电梯机房、水箱间为刮腻子抹灰顶棚，展厅为铝板方格栅吊顶。

（3）外墙面：外墙面做法有高级外墙漆墙面及铝板墙面。

2. 内墙釉面砖施工

工艺流程：门窗塞缝→墙面清理浇水→吊垂直、抹灰饼、充筋→基层处理→抹底层砂浆→铺面砖→养护。

3. 乳胶漆内墙面

施工工艺流程：基层处理→刮腻子→涂刷乳胶漆。

4. 铝合金方板吊顶

工艺流程：弹线(水平线、吊杆位置、龙骨控制线)→安装吊杆→安装边龙骨→安装平吊顶主龙骨→按标高线调整龙骨→安装固定次龙骨→进行隐检→安装板材→嵌缝打胶→清理验收→成品保护。

4.5.12 脚手架工程

1. 分项工程概况

该工程建筑面积5070.3m²，为主体三层框架结构。层高较高，施工中的外防护架及满堂支撑架对安全生产至关重要，必须引起足够重视。

根据工程特点，该工程外防护采用落地式双排脚手架，外挂密目网防护；顶板支模及支撑架采用碗扣架，同时必须做好下部基土的回填夯实工作，地基土回填检验合格后，在其上铺垫 200mm×50mm 的木板做架体下部的支垫。外架及其他架体下部也应做到平稳可靠，满堂碗扣架立杆间距不大于 900mm。框架柱模板采用可调式柱模，斜撑用 φ48×3.5 的脚手钢管。

2. 外防护架的施工

施工程序：施工准备→搭设→验收→拆除。

3. 施工准备

工地施工员和安全员应根据脚手架搭设施工方案、外脚手架检查评分表及《甘肃省架子工程施工工艺操作规程》（DBJ 25—63—95），结合《建筑安装工人安全操作规程》的相关要求，写成书面交底资料，向持证上岗的架子工进行交底，并留存上岗证复印件、办理签字手续。

本工程采用应采用同种规格 φ48×3.5 厚无锈蚀、弯曲、压扁和变形的钢管，扣件无脆裂、变形、滑丝，并且有出厂合格证明。架子底座采用 C25 混凝土预制垫块（350mm×350mm×100mm）。脚手板采用竹片板或竹架板，3000mm×300mm×50mm 每块质量不大于 30kg。沿楼外墙外边线四周采用素土夯实宽 1500mm，坡度为 1‰ 的脚手架地基，地基高于自然地坪 100mm。

4. 搭设

按照立杆纵横间距，将混凝土预制垫块摆放到位，杆跨度为 1500mm，横距 1000mm，靠建筑物立杆距建筑物外边及突出构件按 350mm 设置，见图 4-5。

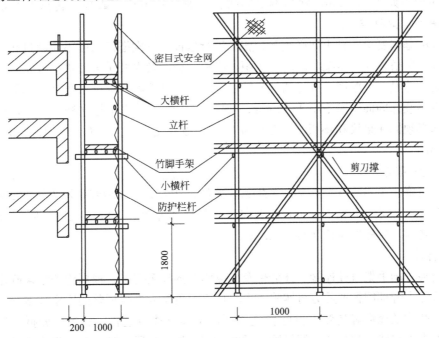

图 4-5 外防护架示意图

脚手架立杆纵向扫地杆应固定于距底座 200mm 处的立杆上，横向扫地杆应固定于纵向扫地杆下方的立杆上。立杆除顶层可用搭接，其余各层均须采用对接，且接口必须交错布设错开距离不小于 300mm，接头中心至节点的距离不大于步距的 1/3。立杆顶端应高出女儿墙上皮 1000mm，立杆底座底标高为 -0.55m。纵向水平杆置于立杆内侧，其长度不小于 3 跨，步距 1800mm 搭设，纵向水平杆应采用对接，接交错布设，相邻接头不能位于同跨内，水平方向错开不小于 500mm 至最近主接点的距离不大于纵距的 1/3，当采用搭接时，搭接长度不小于 1000mm，使用竹笆脚手板时，纵向水平杆用直角扣件固定于横向水平杆上，等间距设置，间距不应大于 400mm。主接点处必须设横向水平杆，用直角扣件连接，严禁拆除，靠墙端的外伸长度 400mm。作业层上主节点处横向水平杆宜根据承接脚手板需要等距离布置，最大间距不应大于纵距的 1/2。连墙件在靠近主节点布设，偏离距离不大于 300mm，从底层第一步纵向水平杆开始采用菱形按四步三跨布设。采用刚性连墙件与建筑物可靠连接，或采用直径不小于 φ6 钢筋或直径不小于 4mm 钢丝拧成一股，使用不小于 2 股配合顶撑一起使用的附墙连接。连墙件应水平设置，当不能水平设置时可用脚手架下斜连接。在建筑物四大角和东西方向中部布设剪刀撑，斜杆与地面的斜角在 45°~ 60° 之间。四周剪刀撑连续布置，由底至顶连续搭设，剪刀撑采用搭接，搭接长度不小于 1000mm，用旋转扣件固定。在与之相交的横向水平杆伸出端或立杆上，至主节点的距离不应大于 150mm。作业层脚手板必须铺满，铺实离开墙面 120~ 150mm。竹串脚手板应设置三根横向水平杆，采用对接铺设时，外伸长度应在 130~ 150mm 之间，搭接铺设时，搭接长度应大于 200mm。竹笆脚手板主竹筋应垂直于纵向水平杆，采用对接平铺，四周用直径 1.2mm 钢丝固定在纵向水平杆上。密目网应全封闭搭设，拼接必须严密，用长绳缠绕连接。立网上下边应与上下两道大横杆连接牢固，连接点间距不大于 300mm，网与网之间拼接严密，且不得有破损。转角处安全网拼接必须严密不得留有空档。

搭设的基本要求：脚手架必须配合施工进行搭设，一次搭设高度不应超过相邻连墙件以上 2 步。每搭设完一步架，应对其步距，纵距，横距及立杆垂直度进行校正。开始搭设施时每隔 6 跨设一道抛撑，等连墙件安装稳定后，方可拆除。纵向水平杆应四周交圈，横杆靠墙端距装饰墙面距离不小于 100mm。剪刀撑与横向斜撑应与立杆，纵杆，横杆同时搭设底部必须撑在垫块和垫板上。各作业层拦脚板高度设置为 180mm，对接扣件开口应朝上或朝内。

5. 检查验收

底座沉降小于 10mm。立杆的垂直度不能大于 100mm，间距步距不大于 20mm，纵距不大于 50mm，横距不大于 20mm，纵向水平杆高差根在 ±20mm 之间，同跨内两根在 ±10mm 之间，横杆外伸长度为 500mm。

6. 拆除

全面检查脚手架口件连接，连墙件及支撑体系的稳定情况。根据检查结果确定拆除顺序和措施经主管部门批准后方可实施。由单位工程负责人进行拆除的安全技术交底。清除脚手架上杂物及地面障碍物。拆除作业必须由上而下逐层进行，后支的先拆，先支的后拆。严禁先将连墙件整层或数层拆除，后在拆脚手架，分段拆除之差不得大于 2 步，如高差大于 2 步，则必须增设连墙件加固。当脚手架拆至下部最后一根长立杆的高度时，应先在适当的位置搭设临时抛撑加固后再拆连墙件。当脚手架采取分段，分立面拆除时对不拆除的脚手架两端应先按照规范规定加设连墙件和横向斜撑加固。卸料时，各配件严禁抛掷地面。运至地面的构配件应及时检查，整修和保养、并按品种规格堆放。

4.6 安装工程施工方案

安装详见《安装组织设计》，在此不再列举。

4.7 重点难点施工方法

本工程在施工过程中有两项施工难点，一是本工程在结构设计上在⑦～⑧轴之间设计了一条宽1000mm的混凝土后浇带难于施工，二是本工程在梁板施工中有8道大跨度预应混凝土梁施工。

4.7.1 后浇带施工

本工程建筑长119m，为克服建筑物温度应力变形问题，在⑦～⑧轴之间设计了一条宽1000mm的混凝土后浇带。后浇带的施工作为一个重点部位，其施工方法如下：

1. 支模承重架的搭设

后浇带处模板承重架独立于其他模板架。架杆用黄色油漆进行标识，先搭设后浇带处架子，然后再搭设其他部位架子。

2. 支模板

(1) 梁模。后浇带处梁、板底模板配置2000mm宽，模板中心应后浇带中心重合。后浇带处梁板模板同样独立于其他部位模板。

(2) 后浇带板断截面处模板用竹胶模板加工成如图4-6所示的形状进行支模。

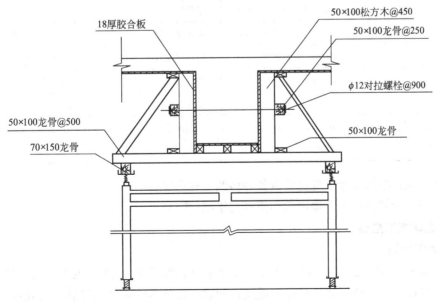

图4-6 梁模支撑图

（3）梁断截面处模板。采用钢板网永久性模板。模眼尺寸≤10mm²，设双层安装，加固梁模支撑图示；纵向定位筋绑扎在梁主筋上，扎扣间距100，18号扎丝扎4股；竖向定位筋与纵向定筋点焊牢固；钢板网模板绑扎在竖向定位筋上；断截面钢板网模板安装完毕，确认无误后，方可合梁侧模板。

（4）混凝土浇筑。浇筑混凝土时严禁混凝土浆浇进后浇带，看模木工密切关注模板的稳固情况，发现松动立即采取有效措施进行加固。

（5）成品保护。后浇带两侧混凝土浇筑完毕后，清理完后浇带内的垃圾，然后用竹胶模进行全封闭覆盖保护，模板搭接宽度大于100mm。

（6）模板与支模承重架的拆除。待后浇带混凝土施工完毕，混凝土强度达到100%后，方可拆除。

4.7.2 模板底模与支模承重架

限于篇幅，此部分略。

4.8 施工总进度计划和工期保证措施

4.8.1 施工总进度计划（表4-12）

施工总进度计划表 表4-12

施工准备、定位放线	2006.3.6～2006.3.9	内墙粉刷	2006.6.6～2006.6.30
井点降水	2006.3.9～2006.3.24	屋面工程	2006.6.15～2006.7.21
井桩开挖	2006.3.9～2006.3.24	内墙涂料	2006.6.30～2006.7.15
井桩钢筋、混凝土	2006.2.15～2006.3.27	外墙涂料	2006.6.30～2006.7.15
地梁施工	2006.3.13～2006.3.25	铝板墙面施工	2006.6.6～2006.7.6
主体工程	2006.3.31～2006.5.9	吊顶施工	2006.7.1～2006.7.21
砌体工程	2006.5.6～2006.5.31	楼地面工程	2006.7.6～2006.7.24
地沟工程	2006.4.27～2006.5.21	门窗扇安装	2006.7.15～2006.7.31
房心回填土	2006.5.1～2006.5.25	油漆玻璃	2006.7.12～2006.7.31
后浇带施工	2006.7.6～2006.7.9	室外工程	2006.7.24～2006.7.31
门窗框安装工程	2006.6.1～2006.6.21	三通四净	2006.8.6～2006.8.15
外墙粉刷	2006.6.9～2006.6.30		

安装工程：根据土建工程进度调整并协调工程进度。

工程进度计划详见施工横道图和流水网络图（图略）。

4.8.2 保证施工措施

1. 组织措施

（1）建立包括监理单位、建设单位、设计单位、施工单位（含分包单位）、供应单位等的进度控制体系，由我司制定详细的进度计划表，经各单位研究通过后，明确各方人员具体责任，明确相互关系，确保责任落实到人。

（2）项目经理部具体组织施工，分段流水，交叉施工，统筹安排，有效地对工程进行全过程的综合管理，建立进度报告和进度信息沟通网络。

（3）按照工期要求，排定切实可行的施工计划，紧紧围绕关键工作，合理及时地进行工序穿插，混凝土结构施工实行正常天气下的双班作业，确保工程按期完工。

2. 技术措施

采用胶合板模板、可调式柱模、碗扣式脚手架，细化梁板模板设计，加快模板周转减少投入，提高工效。

4.9 工程质量保证体系

4.9.1 工程质量管理体系

我司在 2002 年已完成 GB/T 19001—2000 质量管理体系认证，标志着我司的质量管理工作已走向规范化、程序化，质量管理工作更加完善。各部门、各专业通过《质量手册》及 28 个程序文件的控制，使施工的每一过程，每一环节都在受控状态之下，是我司"诚实守信，尽心尽力"承诺的根本保证。不断提高质量保证能力，最终使工程质量目标得以实现。

1. 重点工程领导小组质保体系（图 4-7）

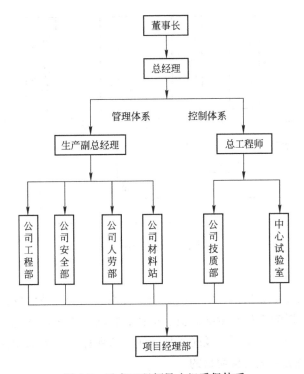

图 4-7　重点工程领导小组质保体系

我司依据 GB/T 19001—2000 标准建立了质量管理体系，在董事长和总经理下分别设置了以质量管理为主的生产副总经理和以质量控制为主的总工程师，生产副总经理通过对工程部、安全部、人劳部、材料部的管理，从对人的控制、材料的控制、机械的控制、环境的控制这影响施工项目质量的四大因素进行管理；总工程师通过对技质部和中心试验室的管理，使切合工程实际，能解决施工难题，且技术可行、经济合理、有利于保证质量、加快进度、降低成本，即方法控制得以实现。各个部门以顾客为关注焦点，通过内部沟通，使质量管理体系顺利运行，并持续改进其有效性。

2. 项目经理部质保体系(图 4-8)

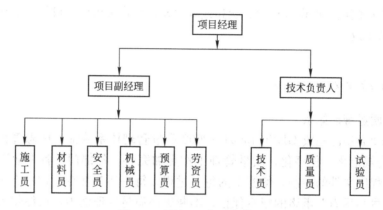

图 4-8　项目经理部质保体系

3. 质量控制程序(图 4-9)

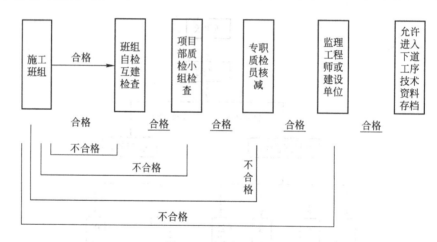

图 4-9　质量控制程序

4.9.2 质量保证措施

质量控制工作包括专业技术和管理技术两个方面。围绕产品形成全过程的每一阶段工作如何做好，必须对影响工程质量的人员、机械、材料、工艺、环境因素进行控制，并对质量活动的成果进行分阶段验证，及时发现问题，查明原因，采取相应纠正措施，防止不合格的发生，以确保质量达到预期目的。

1. 施工准备的质量保证措施

(1) 施工组织设计的编制。施工组织设计作为现场施工的指导性文件，对工程的施工安排及质量控制具有举足轻重的作用。作为工程质量管理的依据，编制施工组织设计时，认真领会设计意图，熟悉现场情况，对本工程为达到质量目标、质量要求的计划、实施、检查及处理这四个环节的相关内容，即 PDCA 循环进行科学合理的阐述，使其达到指导施工的目的。

（2）工程定位及标高基准控制。根据建设单位给定的原始基准点、基准线和标高等测量控制点进行复核，并将复核结果报监理工程师审核，经批准后据此进行准确的测量放线，建立施工测量控制网，并做好基桩的保护。

（3）施工平面的布置。为了保证能够顺利施工，我司根据建设单位指定的施工现场对场内道路、材料堆放、垂直运输机械、混凝土设备及给水、供电等方面进行合理布置。

（4）材料、构配件采购订货的控制。原材料、半成品或构配件，在采购订货前向监理工程师申报；对于重要的材料，还应提交样品，供试验室鉴定，有些材料则要求供货单位提交理化试验单。对于半成品或构配件，应按经过审批认可的设计文件和图纸要求订货，质量应满足有关标准和设计的要求，交货期满足施工进度的需要。某些材料，诸如瓷砖、花岗岩等装饰材料，订货时一次订足和备足货源，以免由于分批而出现色泽不一的质量问题。

（5）施工机械配置的控制。根据本工程实际情况，充分考虑施工机械的技术性能、工作效率、工作质量、可靠性、能源消耗、安全等方面对施工质量的影响进行配置。

2. 施工过程质量保证措施

（1）人员配备。按照公司质量控制体系，建立完整的项目经理部，项目部人员必须经过上岗培训，并持有上岗证。特殊工种：对进行高空、危险作业人员身体素质及心理承受能力进行检查；对井字梁部位模板的配制及起重、吊装人员的技术水平进行考核后再行上岗。选派具有同类工程施工经验、责任心强的操作队伍进行施工。

（2）材料控制。采购物资(产品)质量、技术要求必须执行行业规范标准。现场材料员对所有进场材料必须进行检查和验证，进厂材料必须要有出厂合格证书，尤其水泥、钢材、防水材料等必须要有复试合格报告和合格证。严禁不合格材料、以次充好材料进场，一经发现，坚决退场，并追究当事人责任。

（3）机械设备控制。机械设备进入施工现场，由项目部、动力部门共同进行验收，合格后方可投入使用。塔机安装完毕在投入使用前由工程管理部、动力部参加验收，经签署合格意见并取得准用证后方可投入使用。工程中使用的检验、测量仪器，均为按规定周期送到法定的检定机构检定校准并有检定证书的仪器，保证常用常好，以免对工程造成导向上的错误。仪器在贮存期间，要采取防潮防震等措施，摆放平稳，轻拿轻放确保仪器的准确度和完好。仪器因发生意外的撞击、震动或运输过程中出现损坏，或在使用中发生故障应经重新检定后，方准使用。

（4）施工方法控制。遵循"先地下，后地上；先主体，后装修"的施工顺序，严格按流水区段划分区间，进行各道工序的穿插施工。对井桩基础、井字梁等部位制定重点施工方案。各分项严格按施工程序及工艺标准施工，坚持"三检"制度，加强工序间的交接检查，确保分项工程合格。实行"样板制"、"挂牌制"，加强对定位放线、沉降观测、隐蔽验收、技术复核、材料检验、成品保护等关键环节的控制，对重点工序要选派有经验、有技术、工作认真负责的人员把关、操作。严格执行"五令"审批制度(本工程涉及防水施工令），具体施工阶段，项目经理和项目技术负责人提前提交具体施工方案，由工程公司主任工程师及公司总工程师认可后签发实施。技术质量交底制度：认真熟悉图纸，技术负责人对各工种负责人交底，对操作班组分别交底，做到交底不明确不上岗，不签字不上岗。合理使用新工艺、新技术保证质量的措施

　　主体框架混凝土中掺加适量的粉煤灰可以提高混凝土的抗裂性，并提高混凝土的后期强度。粉煤灰在混凝土中主要起物理填充作用，可加强粉末效应，增加混凝土的密实性，并改善混凝土的和易性，降低混凝土的温升值，减少混凝土的收缩，消减混凝土的初期水化热峰值。混凝土中掺加高效减水剂，在保证其他组分用量不变的前提下，大幅减水，降低水灰比，提高混凝土强度及极限拉伸强度，增强抗裂防渗性能，同时也大幅度降低水泥用量，减少水泥的自身收缩。使用后台电脑自动计量上料装置，可保证原材料能够严格按照配合比计量，从而保障混凝土的强度等级维持衡定而确保混凝土的内在质量。采用新型模板体系，可保证混凝土的观感，又为粉刷提供了良好的工作面，可使大面积不用抹灰而只需在模板拼缝、接槎处局部修补即可达到规范验收标准。

　　（5）环境状态的控制。工程管理部定期组织安全生产文明施工大检查，项目部对文明施工检查中提出的隐患和意见采取"定人、定时、定整改措施"的要求进行整改。项目部根据工程情况制定防止高空坠落，物体打击等事故及防止粉尘、噪声、污水对环境造成污染的治理措施。

　　3. 成品保护

　　（1）钢筋工程的成品保护。柱子钢筋绑扎后，不准踩踏。楼板负弯矩钢筋绑好后，不准在上面行走。浇筑混凝土时铺设马镫组织好施工通道，派钢筋工专门负责修理，保证钢筋位置准确性。绑扎钢筋时禁止碰动预埋件及洞口模板。安装电线管、暖卫管线或其他设施时，不得任意切断和移动钢筋。

　　（2）模板的成品保护。模板平放时，要有方木垫架，立放时，要搭设分类模板架，以保证模板不扭曲不变形。工作面已安装完的模板，不准碰撞，不可作临时堆料和作业平台，以保证支架的稳定。拆除模板时，不得用大锤，以免混凝土的外形和内部受到损伤。

　　（3）混凝土的成品保护。已浇筑楼板、楼梯踏步上表面的混凝土要加以保护，必须在混凝土强度达1.2MPa后，方准在上面进行操作及安装。

　　（4）砌筑工程成品保护。

　　（5）水泥砂浆、地砖、花岗岩楼地面的成品保护。

　　（6）乳胶漆墙面的成品保护。

　　（7）屋面防水层的成品保护。

　　（8）瓷砖、花岗岩墙面的成品保护。

　　（9）木门的成品保护。

　　（10）铝合金门窗成品保护。

　　4. 质量验收

　　（1）检验批。检验批质量验收程序：检验批的质量验收记录由施工项目专业质量检查员填写，监理工程师组织项目专业质量检查员等进行验收。

（2）分项工程验收，由一个或若干检验批组成。分项工程质量验收程序：由监理工程师组织项目专业技术负责人等进行验收。

（3）分部工程验收。分部工程质量验收程序：由总监理工程师组织施工项目经理和有关勘察、设计单位项目负责人进行验收。

（4）单位工程验收。单位工程完工后，施工单位自行组织有关人员进行检查评定，并向建设单位提交工程验收报告。建设单位收到工程验收报告后由建设单位(项目)负责人组织施工(含分包单位)、设计、监理单位(项目)负责人进行单位工程验收。单位工程质量验收合格后、建设单位在规定时间内将工程竣工验收报告和有关文件，报建设行政管理部门备案。

建筑工程施工质量验收要求建筑工程施工质量符合《建筑工程施工质量验收统一标准》和相关专业规范的规定。

单位工程质量验收合格的规定：单位工程所含分部工程的质量均验收合格。质量控制资料完整。单位工程所含分部工程有关安全和功能的检测资料完整。主要功能项目的抽查结果符合相关专业质量验收规范规定。观感质量验收符合要求。

4.9.3 质量主要控制点

严格按工艺标准交底，控制施工质量控制点。该工程施工各阶段质量控制要点及结构工程施工质量控制点如下：

（1）图纸会审、施工组织设计是施工准备工作阶段工程施工质量控制点。

（2）施工阶段工程施工质量主要控制点有基础工程定位放线，主体工程垂直度，梁模支撑，楼梯斜度踏步级数，钢筋下料准确性，绑扎质量，混凝土振捣、养护，屋面防水等。

（3）验收阶段控制要点分项隐蔽验收、分部分项单位工程、工程技术档案资料、验收签证、质量及使用功能回访。

4.9.4 质量通病防治措施

（1）主导思想。本工程以消除质量隐患、消除渗漏、消除裂缝为主导思想。

（2）质量通病防治的总体措施。质量通病的产生，主要原因是工程施工前对质量通病的发生没有预见，没有采取有效的措施，致使施工中简化工序、关键环节处理不认真，遗留下质量通病。根据质量通病发生的特征，本工程采取如下措施对质量通病进行防治。

① 根据本工程的特点，对各主要分项工程可能出现的质量通病进行预见，分项制定防治措施，施工中着重进行控制。

② 详细进行技术交底，明确每个分项工程的施工方法，质量通病产生的原因及预防措施。施工中严格按工艺要求施工，控制好质量的关键点，施工中加大跟踪检查的力度，确保防治措施落到实处。

③ 认真执行 ISO 9002 质量体系标准。

④ 利用质量保证、质量控制体系贯穿于施工生产全过程，从施工人员技术培训到各种机具的保养维修，从把握施工技术关键到施工程序的每一个环节，从原材料控制到工程质量评定等一切活动，都在质保、质控体系下进行，有效地防止质量通病的发生。

4.10 安全管理体系

4.10.1 安全体系

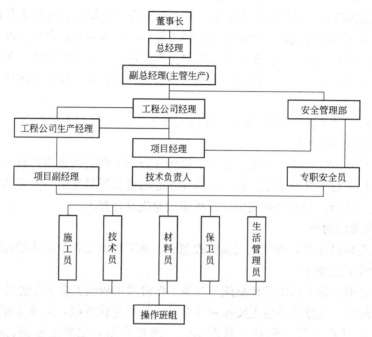

4.10.2 岗位责任

1. 项目经理

（1）执行安全规章制度，以身作则抓好安全生产和劳动保护工作。对违纪、违规、违章现象进行批评教育或对当事人进行处分。

（2）审定并组织贯彻执行安全生产计划，在执行中如有问题，有权组织重新规划、修订和补充。

（3）支持项目技术负责人、施工员、安全员等履行安全生产职责，协调生产班组安全生产配合关系。当发现不协调时，做出决定，责成有关人员执行。

（4）利用各种形式，包括树立典型等，对职工进行安全教育，有权安排教育内容和时间。

（5）深入施工现场，发现安全隐患及时组织处理。

（6）发生安全事故时，及时组织抢救，并立即报告公司。参加事故的调查、分析，为明确处理事故提供依据。

（7）完成公司领导临时交办的与安全生产有关的任务。

2. 技术负责人

（1）组织提出班组与作业队的安全技术工作，并付诸实施；对计划项目、内容、措施、时间、执行人做出安排和进行调整；定期检查计划的执行情况，处理计划执行中存在的各种技术问题。

（2）编制分部分项工程的安全措施并且组织实施。

（3）抓职工安全生产教育，组织班组定期学习安全技术操作规程，并对学习情况进行考核。

110

（4）组织安全技术交底，对交底不清的要组织补课。

3. 施工员

（1）负责做好所管项目的安全生产和劳动保护工作，每个分部分项工程开工前，向职工进行安全技术措施交底，做好交底记录。

（2）对安全设施、机具、设备等组织事先检查，符合安全生产要求的方可使用。

（3）教育职工遵守安全生产、劳动保护制度和技术操作规程，遵守劳动纪律，服从命令，听从指挥。

（4）坚持安全生产逐日检查制度，对安全措施不当、环境不良、条件不利等情况，立即采取措施，在未消除安全隐患因素之前停止施工。

（5）参加班组班前安全活动，落实安全活动计划，进行安全活动小结。

（6）深入施工现场、作业面检查隐患，制止违章。

4. 班组长

（1）带领全班组人员，模范地遵守安全生产、劳动保护规章制度，严格执行本工种的安全技术操作规程，杜绝违章作业和违章指令，确保安全生产。

（2）开展好班前班后安全活动，认真执行交底，对本班组作业环境、机具、设备、防护用品进行检查，发现问题，立即解决。

（3）组织本班组进行安全生产自检、自查，互检、互查，遇有问题及时采取措施，本人解决不了的，立即报告施工员，不得隐瞒。

（4）掌握本班组的思想动态的反常情况，及时处理不安全因素，总结安全生产经验，表扬先进，督促后进。

（5）充分发挥班组安全员的积极作用，抓好安全活动，鼓励人人进行安全监督。

（6）如发生安全事故，立即向施工员和安全员报告，保护好事故现场。

5. 材料员

（1）负责对项目部所需安全用品和设备的供应工作，根据生产计划及时提供符合国家有关规定的劳动保护用品和设备材料。

（2）负责项目部安全用品和设备的管理、发放、更换和报废。

6. 专职安全员岗位职责

（1）在安全小组的领导下，认真履行安全员职责，负责项目部的安全监督、检查工作，监督安全防护的执行情况，发现"三违"现象及时提出批评，对有重大隐患或对隐患整改不力的班组和个人有权停工，限期整改。

（2）参与入场工人的安全教育和安全技术交底工作，建立项目部安全管理基础资料。

（3）参加各类机械的验收并建立档案，参加各类事故的调查，并及时写出书面材料。

（4）负责联营工程，分包工程单位的安全交底和安全检查工作。

4.10.3 安保措施

1. 安全教育

坚持安全教育制度，对新进场工人进行三级安全教育，组织学习本工种安全操作规程，提高工人的安全素质，增强防范能力，做到特种作业持证上岗。变换工种时要及时进行安全教育。施工管理人员及专职安全员按规定进行年度培训及考核。

2. 严格实行三级安全交底制度

在本工程施工过程中严格执行三级安全交底制度，即工程公司技术经理对项目经理进行安全交底、项目经理对项目部一般管理人员进行安全交底、项目部一般管理人员对操作班组进行安全交底。交底要形成文字记录，并签字。

3. 分部分项工程安全交底制度

各分部（分项）工程安全技术交底要全面，针对性要强，交底后履行书面签字手续。

（1）由项目经理、技术负责人对新进场人员进行工程概况、安全防护、工程进度及建筑常识教育，并由学习人员履行签字手续。

（2）施工员对新进场人员进行入场教育，包括劳动纪律学习，公司、工程公司劳动制度、劳保制度、各工种操作规程等学习，并由学习人员履行签字手续。

（3）施工员依工程进度对班组进行分部分项安全技术交底，交底内容全面，有针对性，可操作性强，并有全部受教育者签字。

（4）利用宣传栏、板报、标语等及时组织学习有关安全通报、通讯、扩大交流，并对"三违"人员通报批评。

（5）悬挂标志牌，用以警示。

4. 操作班组班前安全活动制度

班组坚持每天进行班前安全活动，安全检查要做好记录。检查出的隐患要定人、定时间、定措施整改。项目部给每个班组发放安全活动记录本，不定期进行抽查。

5. 主要工种安全技术操作规程

（1）架子工安全技术操作规程。从业人员进入现场严格遵守安全技术操作规程。遵守安全生产纪律，正确使用好个人防护用品。听从指挥、自觉接受检查人员的意见。搭设前必须对钢管、扣件进行认真的检查筛选，凡严重锈蚀、薄壁、弯曲、裂缝、螺栓损坏松动的钢管扣件，禁止采用。脚手架搭设必须根据工程结构不同，严格按照施工组织设计要求搭设。高空架设立杆、大横杆、小横杆时，操作人员在架上站立应随时用一只腿缠抱杆以保持身体平衡。站立位置在大横杆的内侧。立杆基础必须平整坚实，根据不同工程要求做好基础处理，高度超过30m时应加设挑梁。脚手架立杆必须垂直，垂直偏差不得大于架高1/200，相邻立杆长短相错，不准在同一水平面接杆，立杆根部设底座或混凝土垫块，禁止无底座或用砖支垫。同时设扫地杆，脚手架横杆应放在立杆的里侧。与建筑物拉接必须按规范要求设置，高度不得大于4m，水平不得大于7m，做到拉结点数量、位置正确，拉结牢固。架体各部位杆件连接必须扣件坚固，不得松动并按规定设置剪刀撑，每个剪刀撑的宽度以跨3～4立杆为宜。抹灰、装饰脚手架搭设，立杆纵横向间距不得大于2m，横杆竖向步距不得大于1.6m，纵向水平拉杆的设置必须按两侧每步一道、中间两步一道的要求设置，操作层小横杆间距不得大于1m，高度在4m以内，脚手板空隙不得大于0.2m，脚手板必须满铺。砌筑用脚手架搭设，立杆横向间距不得大于1.5m，横杆竖向水平间距不得大于1.4m，纵向水平拉杆设置要求与粉刷架相同，操作层小横杆间距不得大于0.75m，脚手板必须满铺。操作层脚手板必须满铺，严禁探头板，不准脚手板担放在门窗或滑动的物体上。架板铺设时严禁两支点铺设，铺设由里向外，拆除架板由外向里进行。按规范要求设置安全防护设施，距地面2m以上必须张挂首层安全平网，架体内铺设隔离防护层，每4～5步架高增设。脚手架操作层下大横杆、连墙杆、剪刀撑、扫地杆不得抽调用于周转，小横杆抽调用于周转的数量不得大于总量的1/3。脚手架距架空输电线路的距离必须符合安全规范要求或采取防护措施，严禁临时电源线缠绕在钢管脚手架上。脚手架搭设材料必须一致，严禁采用钢木、钢竹材料混合搭设，不准用绳索或铅丝绑扎钢管脚手架。斜杆接长，不宜采用对接扣件。应采用搭接方式，二只回转扣件接长，搭接间隔不少于0.4m。脚手架必须作重复接地，接地电阻值不大于4欧姆。脚手架搭设完毕，应分阶段填写验收合格单。遇有6级以上大风或恶劣天气，应暂时停止作业。

（2）钢筋工安全技术操作规程。作业人员进入现场严格遵守安全技术操作规程。遵守安全生产纪律，正确使用好个人防护用品。熟记并遵守安全技术操作规程。拉直钢筋时，地锚必须牢固，卡头卡紧，2m区域内禁止行人，卷扬机正面必须设防钢筋回弹挡板。人工断料，工具牢固，打锤区内不得站人，锤击方向应与掌钳人方向错开，切断小于300mm长的短钢筋时，应用钳子夹牢，严禁手扶。搬运及绑扎钢筋与架空输电线路的安全距离必须符合安全要求，防止钢筋回转时碰撞电线发生触电事故。多人运送钢筋时，起、落、转、停动作必须一致，人工上下传递不得在同一直线上，严禁传送人员站立在墙上，禁止将钢筋集中堆放在模板或脚手架上。起吊钢筋骨架，下方禁止站人，待骨架降至距安装标高1m以内方准靠近、就位支撑好后方可摘钩。起重前将重量告诉指挥和塔吊司机。高空、深坑间绑扎钢筋和安装骨架，必须搭设脚手架和马道，无操作平台必须拴好安全带。深坑绑扎前检查土壁的稳定和固壁支撑的稳定性。绑扎立柱、墙体钢筋，严禁攀登骨架上下，不准将木料、管子、钢模板穿在钢箍内作为立人板，柱筋高4m以上时，应搭设工作平台，4m以下时，可用马凳或在楼地面绑扎好整体竖立，已绑好的柱骨架必须用临时支撑拉牢，以防倾倒。起吊钢筋时必须规格统一，长短一致，捆扎牢固，禁止一点吊。并将该捆重量通知起重机械指挥和司机。钢筋切断机不准带病运转，电气设备必须安装漏电保护器和接零线保护。

（3）木工安全技术操作规程。作业人员进入现场严格遵守安全技术操作规程。遵守安全生产纪律，正确使用好个人防护用品。听从指挥、自觉接受检查人员的意见。患有不适宜高空作业的人员，不要登高支、拆模工作。工作前应先检查使用的工具是否牢固，扳手等工具必须用绳链系挂在身上，钉子必须放在工具袋中，以免掉落伤人。工作时要思想集中，防止钉子扎脚和扣件等工具空中滑落。安装与拆除5m以上的模板，应搭脚手架，并设防护栏杆，防止上下在同一垂直面操作。高空、复杂结构模板的安装与拆除，必须执行事先拟定的安全技术措施，悬臂构件支撑采用斜支撑时，支撑杆件于结构连接牢固以防倾倒。遇6级以上的大风时，应暂停室外的高空作业，霜、雨后应先清扫施工现场，等不滑时再进行工作。二人抬运模板时要相互配合，多人抬运时应放在同一侧肩上，协同工作。传递模板、工具应用运输工具或绳子系牢后升降，不得乱抛。不得在脚手架上堆放大批模板、支撑等材料。架上堆放材料应平放稳妥，不得滚动滑移，楼层堆放材料应平放。支撑、牵杠等不得支搭在门窗框和脚手架上或与脚手架连接。通道中间的斜撑、拉杆等应设在1.8m高以上。支撑搭接扣件不得小于两个。支模过程中，如需中途停歇，应将支撑、搭头、柱头板等钉牢。拆模间歇时，应将以活动的模板、牵杠、支撑等运走或妥善堆放，防止因踏空、扶空坠落。拆模时坚持先加固后拆除的原则。模板上有预留洞者，应在安装后将洞口盖好，混凝土板上的预留洞，应在模板拆除后即将洞口盖好。拆除模板一般用长撬杠，人不许站在正在拆除的模板上、下方，在拆除楼板模板时，要注意整块模板掉下，拆模板人员要站立在安全区空间，防止模板突然全部掉落伤人。装、拆模板时禁止使用20×40木料、钢模板做立人柱。高空作业要搭设脚手架或操作平台，上、下要使用梯子，不许站立在墙上工作，不准站在大梁底模上行走。操作人员严禁穿硬底鞋及有跟鞋作业。操作人员要主动避让吊物，增强自我保护和相互保护的安全意识。拆模前必须询问测算构件是否是自稳构件，拆模必须一次性拆清，不得留下无撑模板。拆下的模板及时清理，堆放整齐。拆除平台底模时，不得一次将顶撑全部拆除，应分段分批拆下顶撑，然后按顺序拆下搁栅、底模，以避免发生模板在自重荷载下一次性大面积脱落。

（4）混凝土工安全技术操作规程。作业人员进入现场严格遵守安全技术操作规程。遵守安全生产纪律，正确使用好个人防护用品。听从指挥、自觉接受检查人员的意见。浇灌混凝土前必须先检查模板支撑的稳定情况，特别要注意检查用斜支撑支的悬臂构件的模板的稳定情况。振动器电源线必须完好无损，供电电缆线一般不得有接头，如有接头要经常检查接头处的绝缘情况，收、拉线时手不得触摸接头，也不能生拉硬拽或在锐利的物件上拖拉，所配漏电保护器灵敏可靠，作业人员要穿戴绝缘手套和胶鞋。浇灌框架梁、柱混凝土时，必须设架作平台，严禁站在模板或支撑上操作。浇筑雨篷混凝土必须搭设脚手架，严禁站在墙体或模板帮上操作。夜间浇筑时，必须有足够的照明设备。

（5）机械工安全技术操作规程。作业人员进入现场严格遵守安全技术操作规程。遵守安全生产纪律，正确使用好个人防护用品。熟记并遵守安全技术操作规程。混凝土、砂浆搅拌机应设置在平坦的位置，用方木垫起前后轮轴，使轮胎垫高架空，以免在开动时发生走动。电源接通后，必须仔细检查，经空车试运转认为合格后，方可使用。试运转时应校验拌筒转速是否合适，一般情况下，空车速度比重车稍快 2～3 转，如相差较多，应调整动轮与转动轮的比例。拌筒的旋转方向应符合箭头指示方向，如不符时，应更正电机接线。检查传动离合器和制动器是否灵活可靠，钢丝绳有无损坏，轨道滑轮是否良好，周围有无障碍及各部位的润滑情况等。开机后，经常注意搅拌机各部件的运转是否正常。停机时，切断电源，检查搅拌机叶片是否打弯、螺丝有否打落或松动。当混凝土搅拌完毕，除将余料出净外，应用石子和清水倒入拌筒内，开机转动，把粘在料筒上的混凝土冲洗干净后全部卸出。料筒内不得有积水，以免料筒和叶片生锈。同时还应清理搅拌筒外积灰，使机械保持清洁完好。下班后及停机不用时，将保险丝取下，以保安全。维修时应固定好料斗，切断电源，闸刀箱加锁保护。严禁运转中或未切断电源情况下进行检查。

6. 施工安全措施

（1）施工临时用电。施工临时用电线路动力、照明分开设置，分设动力电箱和照明电箱，均为铁制电箱，外壳有可靠的保护接零，配电箱做明显警示标记，编号使用。配电箱内装备与用电容量匹配并符合性能质量标准的漏电保护器。分配电箱内装备符合安全规范要求的漏电保护器。所有配电箱内做到"一机、一闸、一保护"。用电设备确保二级保护。现场电缆于地面埋管穿线处做出标记。所有配电箱配锁，分配电箱和开关电箱由专人负责。配电箱内不得放置任何杂物并保持清洁。现场电气作业人员经过培训、考核，持证上岗。

（2）其他"三口四临边"按安全规范的要求进行可靠的防护。建筑物临边，设置防护栏杆。严禁任意拆除或变更安全防护设施。若施工中必须拆除或变更安全防护设施，须经项目技术负责人批准后方可实施，实施后不得留有隐患。施工过程中，应避免在同一断面上、下交叉作业，如必须上、下同时工作时，应设专用防护棚或其他隔离措施。在天然光线不足的工作地点，如内楼梯、内通道及夜间工作时，均应设置足够的照明设备。遇有六级以上强风时，禁止露天起重作业，停止室外高处作业。不得安排患有高血压、心脏病、癫痫病和其他不适于高处作业的人员登高作业。应在建筑物底层选择几处进出口，搭设一定面积的双层护头棚，作为施工人员的安全通道，并挂牌示意。

7. 安保控制

（1）项目部人员责任制考核

每月要对安全责任制进行一次考核，对于安全生产责任制执行好的单位和个人应提出表扬和奖励，对于不执行安全生产责任制和不负责的，或者由于失职造成工伤事故的应给予批评、处罚和处分。每年根据安全责任制考核情况进行一次评比，评选出先进集体和优秀个人，报工程公司，给予奖励。

（2）经济定包中的安全生产指标

各合同班组经济定包中的安全生产指标：在每月项目部开任务单时，认真核对该班组的安全生产指标是否达到，没有达到的，严格按公司规定，扣除任务单金额的10％。各分包单位经济定包中的安全生产指标：工程公司在合同中明确规定经济定包中的安全生产指标，若生产中安全没有达标，按合同条款的相关规定对分包单位进行处罚。

（3）安全检查制度

项目部为了安全生产，消除事故隐患，减少事故损失和造成不良影响，制定完善的安全检查制度，对查出的隐患必须定人、定期整改，整改完成后由施工员负责及时进行复查达到合格，对出现违章作业、违犯劳动纪律和打架斗殴制造事端的行为作严肃处理。为确保安全生产、文明施工，特制定本制度。

（4）事故隐患整改工作流程

发现隐患→汇报给项目部→现场查看→出具整改措施→落实到相关个人和班组并限期整改→检查督促和验收→形成记录并备案。

（5）特种作业人员持证上岗制度

从事特种作业人员必须是经特种作业培训人员，并持证上岗。无上岗证或上岗证过期、无效、作废的均不得上岗操作。

（6）工伤事故处理制度

4.11　成本管理

4.11.1　管理体系

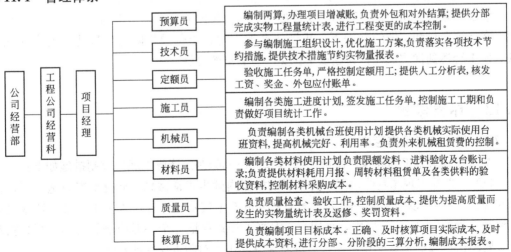

4.11.2 控制措施

1. 执行成本控制责任制

推行项目管理，执行公司"定死基数，确保上交，风险抵押，超额有奖，亏损受罚"的项目承包原则，并签订项目成本协议书。

2. 建立项目经济核算体系

专业技术人员应做好统计核算、业务核算、会计核算工作。项目部在施工过程中发生的人工、材料、机械及其他直接、间接费用，按成本核算对工程造价进行控制。

3. 内部材料节约措施

（1）钢筋节约措施。增加钢材综合利用效果，钢筋集中加工，对集中加工后的剩余短料应尽量利用，制作钢杆、预埋件、U形卡等。加强完善钢筋翻样配料工作，提高钢筋加工配料单的准确性，减少漏项、错项。加强对模板、架板、钢脚手架管等周转材料的管理，使用后要及时维修保养。

（2）木材节约。严禁优材劣用，长材短用，大材小用，合理使用木材。拆模后应及时将模板、支撑等清点、整修、堆码整齐，尽量减少模板和支撑物的损坏。应尽量采取以钢代木、以塑代木等各种形式节约木材，施工中应尽量以钢模板代替木模板，以钢脚手架代替木脚手架。

（3）水泥节约。本工程所使用的水泥，将出口直接设在搅拌站上，减少水泥浪费。零星使用水泥库要有门有锁，专人管理，水泥库内地面应做防水防潮，水泥不得靠墙码放，离墙不小于10cm，库地面一般应高于室外地坪30cm，在使用时做到先进先出，有散灰及时清理使用。灌注混凝土时，要有专人对下灰工具、模板、支撑进行检查，防止漏浆、漏灰、跑模。各工序要及时联系，防止超拌，造成浪费。施工操作中洒漏的混凝土、砂浆应及时清扫利用，做到活完、料尽、脚下清。

4. 加强与相关单位的协调配合

确保工期以达到节约开支，除了科学合理地组织施工，积极安排穿插配合施工外，还要与安装及分包单位协调统一，早计划、早安排，保证工程严格按照计划安排按时完成，从而在机械费、人工费及其他直接费上全面节约开支。

5. 加强与建设单位的密切协作，积极提供降低工程造价的合理化建议

该工程若我公司中标，我们将积极加强与建设单位的协作，积极为建设单位和工程着想，在保证质量和工期的前提下，积极认真地为建设单位提供降低工程造价的合理化建议，使工程达到优质低耗，为建设单位交一份满意的答卷。

4.12 环境保护

4.12.1 防止施工噪声污染

遵照《建筑施工场界噪声限值》(GB 12523—90)制定降噪的相应控制措施如下：

（1）根据施工现场具体情况，为不影响校园内师生正常做息，混凝土夜间施工严格控制在晚上10：00以前完成，施工方案上划分成6个流水段进行流水施工，每个流水段施工混凝土量控制在60m³以内，采用泵送混凝土浇筑保证6个小时内浇筑完毕，严禁振动棒频繁磕击模板的不良操作习惯。尽量避免夜间施工对附近居民的影响。

（2）混凝土搅拌站使用泰柏隔声板全封闭，出料口挂帘，减少搅拌噪声的扩散。

4.12.2 固体废弃物处理

建筑垃圾、渣土指定地点堆放，每日进行清理。设置专门的生活垃圾回收站，专人负责清理。

4.12.3 防治粉尘扬沙措施

施工垃圾，必须搭设封闭式临时专用容器装运，严禁临空抛撒和随地倾倒，施工垃圾适时洒水及时清运，减少扬尘。细粉、散物料，尽量采用车或罐、箱封闭存放并严密遮盖，卸运时采取有效措施，避免扬尘。施工现场道路进行硬化处理，料具场地平整夯实。通向现场的道路及时清扫，泥土及时清运。驶出车辆必须冲洗轮胎。现场土方存放采取覆盖、固化或洒水措施，遇有四级风以上天气停止土方施工。设专人及时清理洒水。现场设置3台自动上水热水电炉，保证现场开水供应，消除环境污染。

4.12.4 防止污水、烟尘、泥沙措施

进行搅拌作业的现场，设置沉淀池，使清洗机械时的污水经沉淀后，方可排入地下污水道，亦可回收用于洒水降尘。现场存放油料的库房，进行防漏处理，储存和使用都要采取防止跑、冒、漏污染措施。若没有符合规定的装置，就不得在施工现场熔融作业。

4.13 文明施工

4.13.1 控制措施

（1）现场围墙。施工现场在东北角设置一个大门，大门净宽5m，门柱900mm×900mm，贴白色瓷砖，美观、坚固，并在临街围墙处书写企业宣传标语。

（2）封闭管理。施工现场实行封闭施工。施工现场大门宽度5m，由2mm厚铁皮制作，并设置有企业标志的灯箱门头。施工现场大门处设一个门卫值班室，并悬挂门卫制度，配设三名着装统一的经济民警，对现场进行昼夜巡逻，制止闲杂人员进入施工现场，并对进出车辆及所有物资进行登记。现场施工人员必须佩戴统一工作卡，值班人员负责监督，对无卡或不戴工作卡的人员制止其进入施工现场。

（3）施工场地。施工场地入口处及施工道路用300mm厚原土翻夯，200mm厚三合土夯实，平坦整洁，道路两旁自然排水，并设有明沟及沉淀池，保证整个施工现场排水通畅。钢筋场采用C10细石混凝土进行硬化，防止材料浪费。施工现场所用材料及设施，要按统一规划的施工总平面布置图进行堆放。散料砌池围挡，杆料立竿设栏，块料堆放整齐，并挂材料标识牌，保证施工现场道路畅通，场容整洁。材料堆放要求稳固整齐，不能堆放过高，防止坍塌伤人。易燃易爆物品要单独设置库房堆放，以防止发生意外。

（4）现场防火。该工程的地理位置及占地面积决定了消防工作的重要性。建立以项目经理为组长，保卫、班组长为组员的义务消防领导小组，做到有备无患，使火灾隐患降低到最小极限。现场、办公区入口处均设消防器材与消防标志，附近不得堆物，消防工具不得随意挪用，明火作业必须有专人看守。现场临设、库房、易燃场和用火处要有足够的灭火工具和设备。干粉灭火器不少于8组。

（5）治安综合治理。成立以项目经理为组长的保卫小组，配设三名着装统一的经济民警，对现场进行昼夜巡逻，制止闲杂人员进入施工现场，造成伤害，发现有安全隐患及时

向工程负责人汇报进行处理，做好防盗防火准备，有效地做好场内交通疏导。工地设门卫值班室，由3人昼夜轮流值班，白天对外来人员和进出车辆及所有物资进行登记，夜间值班巡逻护场。加强对外地民工的管理，摸清人员底系，进行安全等方面教育，严防被盗、破坏和治安灾害事故的发生。

（6）施工现场标牌。施工现场大门醒目处挂设工程概况牌管理人员名单及监督电话牌消防保卫牌；安全生产牌；文明施工牌；施工平面布置图；悬挂安全标语。

4.13.2 生产区的环境保护和改善措施

划分出的生产作业区，加工区、材料堆放等卫生区域，明确卫生责任人，项目经理组织有关人员定期检查、考核。对现场生产区、仓库、工具间制定定期清扫制度，责任到人，使整个现场保持整齐、清洁、卫生、有序的良好氛围。

4.14 施工资料管理

施工资料是工程质量的一部分，是施工质量和施工过程管理情况的综合反映，也是建筑企业管理水平的反映，更为重要的是，施工资料是工程施工过程的原始记录，也是工程施工质量可追溯的依据。而施工资料管理，是一项复杂而又细致的工作，涉及专业项目和内外纵横相关部门很多，资料发生和收集整理的环节错综复杂，有一个环节错位，即可造成资料拖延或遗漏不全。因此，必须依照部门业务职责分工，建立严格的岗位责任制，项目部设资料员，依据各专业规范、规程和有关技术资料管理规定负责收集整理和管理工作；施工资料的验收应与工程竣工验收同步进行，施工资料不符合要求，不得进行工程竣工验收。

4.15 季节性施工

4.15.1 雨期施工

1. 雨期施工准备工作

雨期施工前认真组织有关人员分析雨期施工生产计划，根据雨期施工项目编制雨期施工方案，所需材料要在雨期施工前准备好。

2. 主要项目雨期施工技术措施

（1）混凝土工程。混凝土施工尽量避免在雨天进行。大雨和暴雨天不得浇筑混凝土，新浇混凝土应覆盖，以防雨水冲刷。严禁雨天浇筑防水混凝土。

（2）钢筋工程。现场钢筋堆放应垫高，以防钢筋泡水锈蚀。雨后钢筋视情况进行除锈处理，不得把锈蚀严重的钢筋用于结构上。

（3）模板工程。模板拆下后及时清理，刷脱模剂，大雨过后应重新刷一遍。模板拼装后尽快浇筑混凝土，防止模板遇雨变形。若模板拼装后不能及时浇筑混凝土，又被雨水淋过，则浇筑混凝土前应重新检查、加固模板和支撑。

（4）脚手架工程。雨期前对所有脚手架进行全面检查，脚手架杠杆底座必须牢固，并加扫地杆，外用脚手架要与墙体拉接牢固。外架基础应随时检查，如有下陷或变形，应立即处理。

（5）安装工程。设备预留孔洞做好防雨措施。施工现场地下部分设备已安装完毕，要采取措施防止设备受潮、被水浸泡。现场中外露的管道或设备，应用塑料布或其他防雨材料盖好。直埋电缆敷设完后，应立即铺沙，盖砖及回填夯实，防止下雨时，雨水流入沟槽内。室外电缆中间头、终端头制作应选择晴朗无风的天气，绝缘电缆制作前须摇测校验潮气，如发现电缆有潮气浸入时，应逐段切除，直至没有潮气为止。敷设于潮湿场所的电线管路、管口、管子连接处应作密封处理。

4.15.2 冬期施工

按本地气候情况及本工程施工进度安排，不考虑冬期施工。

4.16 地上地下设施保护与加固

4.16.1 保护措施

对旧有的管网的处理，一方面和建设单位联系并了解情况，另一方面在施工过程中，特别是在土方开挖过程中，针对实际发现的问题，妥善处理解决。

（1）报废的管线，经查证核对准确无误后，予以拆除。

（2）正在使用的管线积极与建设单位和有关部门联系，针对问题写出改线或加固处置方案，经批准后再进行处理。

4.16.2 加固措施

（1）地面上的工程测量标志如水准点、轴线控制桩等，现场加工钢制围栏，避免人为损坏。

（2）除施工时采取相应的保护措施外，更重要的是要加强全体职工环境保护意识方面的教育，严禁人为破坏。

（3）由于工程本身的要求需要影响的建筑物、构筑物（含文物保护建筑）、古树名木，应及时报请建设单位或有关部门，经批准办妥相关手续后再进行处置。

4.17 "四新"技术应用

本工程施工中拟积极采用"四新"技术，并拟申报建设部科技示范工程，以提高工程质量，取得经济、社会、环境效益为目的，使施工技术得到创新（表 4-13）。

"四新"技术与传统技术对照表　　　表 4-13

序号	取代传统技术名称	"四新"技术名称	使用部位	综合效益分析
1	组合钢模板	新型模板体系	梁板、柱采用竹胶合板体系	可使混凝土表面大面积达到清水效果，本工程减少抹灰面积3000m²，根据经济指标分析，可节约资金10800元
2	钢筋焊接	直螺纹机械连接	柱、梁连接	钢筋接头可与母材达到等强度连接的效果，并可提前在现场加工，工作面连接时速度快，操作简便，质量稳定、可靠，并使工人劳动强度降低
3	普通混凝土	粉煤灰应用技术	梁、板、柱混凝土	取代15%单方水泥用量，在提高和改善混凝土质量与工艺性能的同时，节约水泥，降低工程费用
4	混凝土砌块	80mm、50mm厚聚苯板	屋面保温层	该材料质轻，保温效果是传统加气混凝土块保温材料的2～3倍，该保温材料的使用，极大的降低结构自重，从而提高了结构安全性，劳动强度是传统的三分之一

序号	取代传统技术名称	"四新"技术名称	使用部位	综合效益分析
5	三毡四油防水	高分子防水卷材 SBS	屋面防水	此材料耐久性好，防水性能好，能保证质量，也便于操作，工艺简单，减轻工人的劳动强度
6	钢门窗	铝合金窗	门窗	具有质轻、美观、密闭性能好，抗氧化能力强，开关灵活等特点。施工中，安装简单牢固，降低施工噪声
7	普通顶棚	矿棉吸声板墙面、矿棉吸声板顶棚	管理室、广播室等	为了克服回声效果，墙面为矿棉吸声板墙面，顶棚采用矿棉吸声板，能有效降低声音的反射，起到吸声效果
8	铸铁管	U-pvc 管材	上、下水管	冷接，降低了工人劳动强度，克服了钢质管材易生锈的弊端，且美观大方
9	钢管脚手架	碗扣式脚手架	支撑体系	与传统脚手架相比，碗扣式脚手架省工、省力、省时，降低管材浪费，提高支撑体系刚度
10	手工操作	计算机应用技术	现场施工管理	应用各专业软件，使繁琐的工作简便、快捷、准确，大幅度提高工作效率，对工期、质量、成本进行科学有效地动态管理

4.18 工程交工与回访保修服务

(1)我单位向业主承诺，工程竣工后向住户发放承包范围以内的保修单及相关的使用说明及维修联系电话(保证每天 24h 有人接听，在接到住户电话后 7d 内及时给予维修；如发生紧急抢修事故的，我单位在接到通知后立即到达事故现场抢修)。

(2)依据我公司的质量方针，我司不仅要争创优质工程，而且要向业主提供满意、优质的服务。为用户创造一个良好的工作环境和生活环境是我司一贯的服务宗旨。严格按合同条款组建专业回访服务工作，善始善终服务用户。严格按《中华人民共和国建筑法》第六十三条中规定的建筑工程的质量保修制度，维护使用者合法权益。工程交付使用后我们坚持回访服务，通过对交验工程或顾客的回访，了解产品的使用情况和顾客的满意程度，履行事先约定的承诺，满足顾客的使用要求。

(3)凡我司承建的工程，全面贯彻执行国务院《建设工程质量管理条例》、原建设部《房屋建筑工程保修办法》。为此，我公司制订了回访保修制度。根据此制度，选择技术精、纪律严、经过专业培训的员工从事回访保修工作。由项目经理具体组织实施，并通过工程质量保修单和监督电话及时反馈信息，解决问题。我公司将本着"热情服务，一切为用户着想"的宗旨尽最大的努力为用户服务，使之满意。

对合同和有关法规约定的服务项目，当用户提出合理化要求时，我司竭诚合作，由公司组织实施。回访工作由项目经理负责各工种专业人员配合，出现问题及时解决，使用户满意，提高我公司社会信誉。我们不但要在工程施工中严把质量关，做到少出问题，不出问题。更要在工程交付使用后继续为建设单位服务，使我公司有机会、有能力、有信誉地和建设单位携手共进，共同发展。

4.19 附图、附表

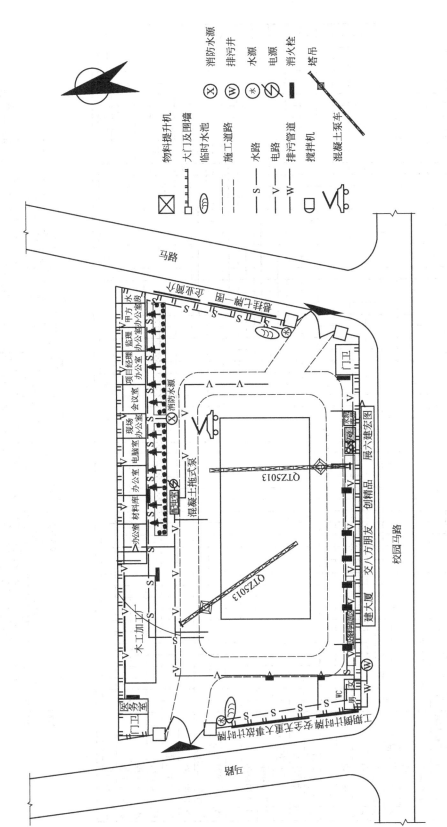

基础、主体施工平面布置图

说明：

1. 该工程在施工现场范围内砌筑围墙，进行封闭式管理。
2. 施工道路做硬化处理。

⊠	物料提升机	
🚪	大门及围墙	
�	临时水池	
—·—·—	施工道路	
—S—	水路	
—V—	电路	
—W—	排污管道	
▭	搅拌机	
🚚	混凝土泵车	

Ⓧ	消防水源	
Ⓦ	排污井	
✳	水源	
⚡	电源	
▮	消火栓	
▬	塔吊	

QTZ5013

QTZ5013

马路

马路

校园马路

121

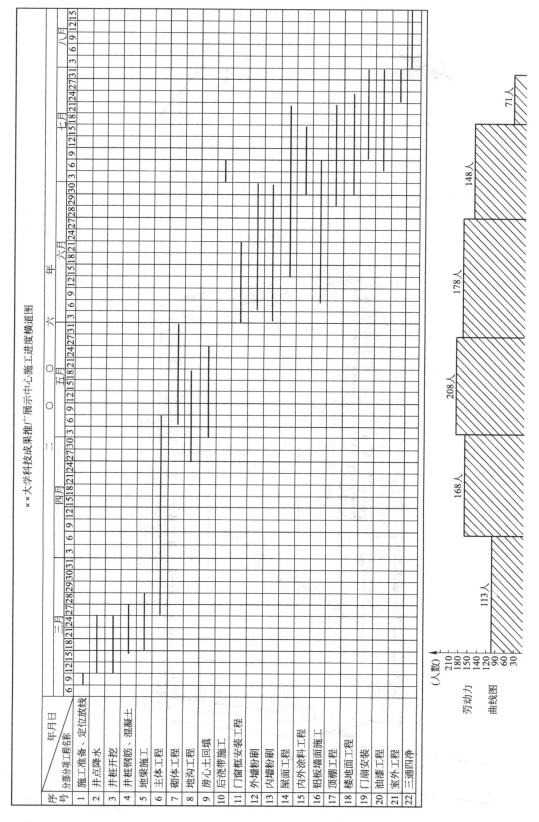

××大学科技成果推广展示中心施工进度横道图

122

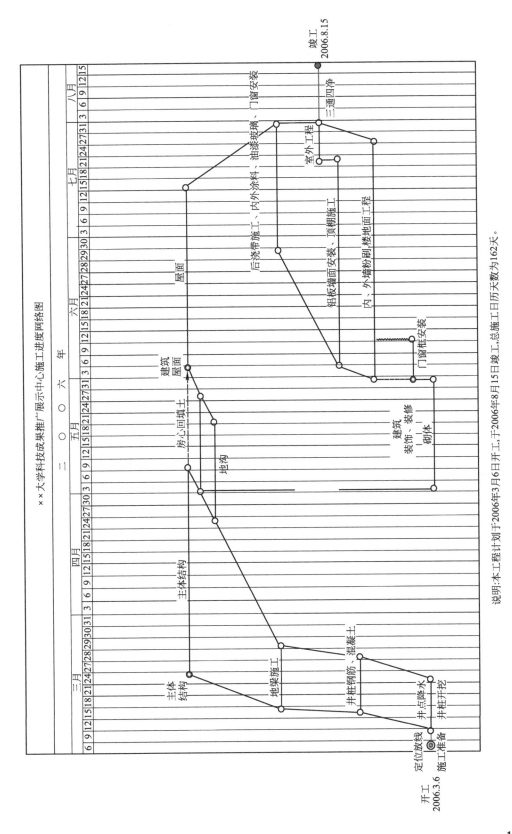

××大学科技成果推广展示中心施工进度网络图

说明：本工程计划于2006年3月6日开工，于2006年8月15日竣工，总施工日历天数为162天。

123

第二篇　建筑工程概预算课程设计

第5章 建筑工程概预算基本知识

5.1 概述

5.1.1 建设项目的结构分解

建设项目是由许多互相联系、互相影响、互相依赖的工程活动组成的行为系统，它具有系统的层次性、集合性、相关性、整体性特点。

建设项目结构分解是将工程项目分解成若干个工作单元。例如，某建设项目施工过程可按照如图 5-1 所示进行分解。

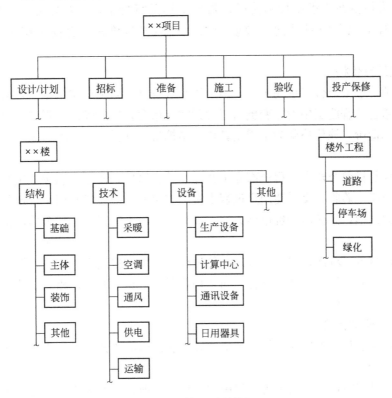

图 5-1 施工过程分解

一般建设项目在施工阶段的结构分解顺序：建设项目→单项工程→单位工程→分部工程→分项工程。

5.1.2 工程造价的计价种类

工程造价包括建设项目投资估算、设计概算、施工图预算、合同价、工程结算价格、竣工决算价格等。

1. 投资估算

投资估算是指在项目建议书和可行性研究阶段，对拟建工程所需投资预先测算和确定的过程，估算出的价格称为估算造价。投资估算是决策、筹资和控制造价的主要依据。

2. 设计概算

设计概算是指在初步设计阶段，根据初步设计图纸，通过编制工程概算文件对拟建工程所需投资预先测算和确定的过程，计算出来的价格称为概算造价。概算造价较估算造价准确，受到估算造价的控制，是项目投资的最高限额。

3. 施工图预算

施工图预算也称为设计预算，它是指在施工图设计阶段，根据施工图纸，通过编制预算文件对拟建工程所需投资预先测算和确定的过程，计算出来的价格称为预算造价。预算造价较概算造价更为详尽和准确，它是编制招投标价格和进行工程结算的重要依据，受概算造价的控制。

4. 合同价格

合同价格是指在工程招投标阶段，根据工程预算价格，由招标方与竞争取胜的投标方签订工程承包合同时共同协商确定的工程承发包价格。合同价格是工程结算的依据。

5. 工程结算价格

一个单项工程或单位工程完工后，经组织验收合格，施工单位根据承包合同价款和计价的规定，结合工程施工中设计变更与工程索赔等情况，通过编制工程结算书确定已完工程的最终实际造价，该价格就为工程结算价。结算价是支付工程款项的凭据。

6. 竣工决算

竣工决算是指整个建设工程全部完工并经过验收以后，通过编制竣工决算书计算整个项目从立项到竣工验收、交付使用全过程中实际支付的全部建设费用、核定新增资产和考核投资效果的过程，计算出的价格称为竣工决算价。竣工决算价是整个建设工程的最终实际价格。

从以上内容可以看出，建设工程的计价过程是一个由粗到细、由浅入深，最终确定整个工程实际造价的过程，各计价过程之间是相互联系、相互补充、相互制约的关系，前者制约后者，后者补充前者。

5.1.3 工程造价的计价特点

建设工程造价具有单件性计价、多次性计价和按构成的分部组合计价等特点。

1. 单件性计价

建设工程是按照特定使用者的专门用途、在指定地点逐个建造的。每项建筑工程为适应不同使用要求，其面积和体积、造型和结构、装修与设备的标准及数量都会有所不同，而且特定地点的气候、地质、水文、地形等自然条件及当地政治、经济、风俗习惯等因素必然使建筑产品实物形态千差万别。此外，不同地区构成投资费用的各种生产要素(如人工、材料、机械)的价格差异，最终导致建设工程造价的千差万别。所以，建设工程和建筑产品不可能像工业产品那样统一地成批定价，而只能根据它们各自所需的物化劳动和活劳动消耗量逐项计价，即单件计价。

2. 多次性计价

建设工程造价是一个随着工程不断展开而逐渐深化、逐渐细化和逐渐接近实际造价的动态过程，不是固定的、唯一的和静止的。工程建设的目的是为了节约投资、获取最大的经济效益，这就要求在整个工程建设的各个阶段依据一定的计价顺序、计价资料和计价方法分别计算各个阶段的工程造价，并对其进行监督和控制，以防工程费用超支。

3. 分部组合计价

建设工程造价包括从立项到竣工所支出的全部费用，组成内容十分复杂，只有把建设工程分解成能够计算造价的基本组成要素，再逐步汇总，才能准确计算整个工程造价。

5.2 建设工程造价构成

5.2.1 我国现行工程造价（建设项目投资）的构成

建设工程造价是指建设项目从筹建到竣工验收交付使用的整个建设过程所花费的全部费用。

因此，工程造价基本构成中，包括用于购买工程项目所含各种设备的费用，用于建筑施工和安装施工所需支付的费用，用于委托工程勘察设计应支付的费用，用于购置土地所需的费用，也包括用于建设单位自身项目筹建和项目管理所花费的费用等。

我国现行工程造价的构成主要划分为设备及工、器具费用，建筑安装工程费，工程建设其他费用，预备费，建设期贷款利息，固定资产投资方向调节税等几项。具体构成如图 5-2、图 5-3 所示。

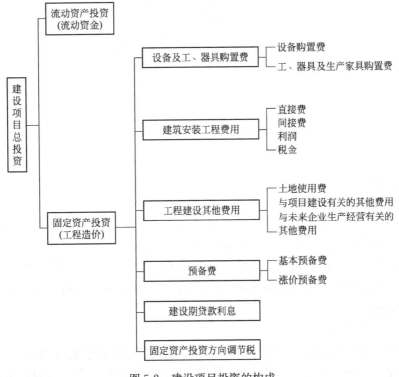

图 5-2　建设项目投资的构成

129

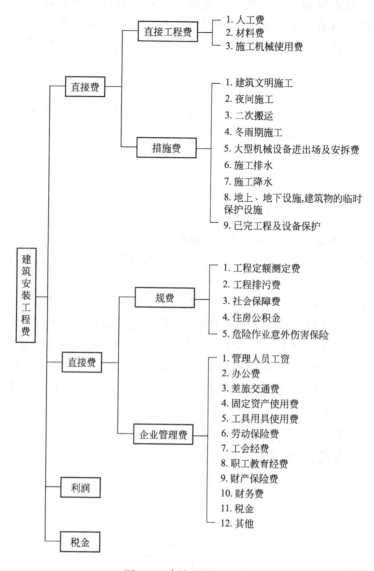

图 5-3　建筑安装工程费

5.2.2　工程费用

1. 设备及工、器具购置费

设备购置费是指为建设项目购置或自制的达到固定资产标准的各种国产或进口设备、工具、器具的购置费用，它由设备原价和设备运杂费组成。

工具、器具及生产家具购置费是指新建或扩建项目初步设计规定的，保证初期正常生产必须购置的没有达到固定资产标准的设备、仪器、工卡模具、器具、生产家具和备品备件等的购置费用。

2. 工程建设其他费用

工程建设其他费用是指从工程筹建起到工程竣工验收交付使用止的整个建设期间，除建筑安装工程费用和设备及工、器具购置费用以外的，为保证工程建设顺利完成和交付使用后能够正常发挥效用而发生的各项费用。工程建设其他费用，按其内容大体可分为三类：土地使用费、与工程建设有关的其他费用、与未来企业生产经营有关的其他费用。

（1）土地使用费

建设单位为获得建设用地要取得土地使用权，为此而支付的费用就是土地使用费。土地使用费有两种形式，一是通过划拨方式取得土地使用权而支付的土地征用及拆迁补偿费；二是通过土地使用权出让方取得土地使用权而支付的土地使用权出让金。

（2）与工程建设有关的其他费用

① 建设单位管理费

建设单位管理费是指建设单位为了进行建设项目的筹资、建设、试运转、竣工验收和项目后评估等全过程管理所需的各项管理费用。

② 勘察设计费

勘察设计费是指委托有关咨询单位进行可行性研究、项目评估决策及设计文件等工作按规定支付的前期工作费用，或委托勘察、设计单位进行勘察、设计工作按规定支付的勘察设计费用，或在规定的范围内由建设单位自行完成有关的可行性研究或勘察设计工作所需的有关费用。

勘察设计费中，项目建议书、可行性研究报告按国家颁布的标准计算，设计费按国家颁布的工程设计费标准计算。

③ 研究试验费

研究试验费是指为建设项目提供和验证设计参数、数据、资料等进行必要试验所需的费用以及设计规定在施工中必须进行试验和验证所需的费用，主要包括自行或委托其他部门研究试验所需的人工费、材料费、试验设备及仪器使用费等。该项费用一般根据设计单位针对本建设项目需要所提出的研究试验内容和要求进行计算。

④ 建设单位临时设施费

建设单位临时设施费是指建设单位在项目建设期间所需的有关临时设施的搭设、维修、摊销或租赁费用。建设单位临时设施主要包括临时宿舍、文化福利和公用事业房屋、构筑物、仓库、办公室、加工厂、道路、水电等。

⑤ 工程监理费

工程监理费是指建设单位委托监理单位对工程实施监理工作所需的各项费用。

⑥ 工程保险费

工程保险费是指建设项目在建设期间根据工程需要实施工程保险所需的费用，一般包括以各种建筑工程及其在施工过程中的物料、机器设备为保险标的的建筑工程一切险，以安装工程中的各种物料、机器设备为保险标的的安装工程一切险，以及机器损坏保险等所支出的保险费用。该项费用一般根据不同的工程类别，按照其建筑安装工程费用乘以相应的建筑安装工程保险费率进行计算。

⑦ 供电贴费

供电贴费是建设单位申请用电或增加用电容量时，按照国家规定应向供电部门交纳，由供电部门统一规划并负责建设的110kV以下各级电压外部供电工程的建设、扩充、改建等费用的总称。这项费用目前已停止征收。

⑧ 施工机构迁移费

施工机构迁移费是指施工机构根据建设任务的需要，经建设项目主管部门批准成建制的由原驻地迁移到另一地区的一次性搬迁费用，一般适用于大中型的水利、电力、铁路和公路等需要大量人力、物力进行施工，施工时间较长，专业性较强的工程项目。该项费用包括职工及随同家属的差旅费，调迁期间的工资和施工机械、设备、工具、用具、周转性材料等的搬运费。该项费用一般按照建筑安装费用的 0.5%～1%进行计算。这项费用目前已停止征收。

⑨ 引进技术和进口设备其他费用。

引进技术和进口设备其他费用，包括出国人员费用、国外工程技术人员来华费用、技术引进费用、分期或延期付款利息、担保费以及进口设备检验鉴定费。

⑩ 工程承包费

工程承包费是指具有工程总承包条件的公司对建设项目从开始到竣工投产全过程进行总承包所需要的管理费用，一般包括组织勘察设计、设备材料采购、非标设备设计制造与销售、施工招标、发包、工程预决算、项目管理、施工质量监督、隐蔽工程检查、工程验收和竣工投产等工作所发生的各项管理费用。该项费用一般按照国家主管部门或各地政府部门规定的工程承包费的取费标准计算。

3. 与未来企业生产经营有关的其他费用

该项费用主要包括联合试运转费、生产准备费、办公和生活家具购置费等。

5.3 预备费、建设期贷款利息、固定资产投资方向调节税

5.3.1 预备费

1. 基本预备费

基本预备费是指在初步设计及概算内难以预料的工程费用，主要包括：

(1) 在批准的初步设计范围内，技术设计、施工图设计及施工过程中所增加的工程费用；设计变更、局部地基处理等增加的费用。

(2) 一般自然灾害造成的损失和预防自然灾害所采取的措施费用，实行工程保险的工程项目费用应适当降低。

(3) 竣工验收时为鉴定工程质量，对隐蔽工程进行必要的挖掘和修复费用。

基本预备费一般用建筑安装工程费用、设备及工器具购置费和工程建设其他费用三者之和乘以基本预备费率进行计算。基本预备费率一般按照国家有关部门的规定执行。

2. 涨价预备费

涨价预备费也称为价差预备费，它是指建设项目在建设期内由于价格等变化引起工程造价变化的预留费用。其费用内容包括人工、设备、材料和施工机械的价差费，建筑安装工程费及工程建设其他费用调整，利率、汇率调整等所增加的费用。

5.3.2 建设期贷款利息

建设期贷款利息指建设项目以负债形式筹集资金在建设期应支付的利息。按照我国计算工程总造价的规定，在建设期支付的贷款利息也构成工程总造价的一部分。建设期贷款利息一般按下式计算：

建设期每年应计利息＝(年初借款累计＋当年借款额)×年利率

5.3.3 固定资产投资方向调节税

为了贯彻国家产业政策，控制投资规模，引导投资方向，调整投资结构，加强重点建设，促进国民经济持续稳定协调发展，对在我国境内进行固定资产投资的单位和个人(不含中外合资经营企业、中外合作经营企业和外商独资企业)征收固定资产投资方向调节税。2000年1月1日起暂停征收固定资产投资方向调节税。

5.4 建筑安装工程费

建筑安装工程费用包括建筑工程费和安装工程费两部分。

建筑工程费用指建设项目设计范围内的建设场地平整、土石方工程费；各类房屋建筑及附属于室内的供水、供热、卫生、电气、燃气、通风空调、弱电、电梯等设备及管线工程费；各类设备基础、地沟、水池、冷却塔、烟囱烟道、水塔、栈桥、管架、挡土墙、围墙、厂区道路、绿化等工程费；铁路专用线、厂外道路、码头等工程费。安装工程费用指主要生产、辅助生产、公用等单项工程中需要安装的工艺、电气、自动控制、运输、供热、制冷等设备及装置安装工程费；各种工艺、管道安装及衬里、防腐、保温等工程费；供电、通信、自控等管线电缆的安装工程费。

我国现行建筑安装工程费用构成参见图 5-3。

5.4.1 直接费

直接费由直接工程费和措施费组成。

1. 直接工程费

在施工过程中耗用的构成工程实体的各项费用，包括人工费、材料费、施工机械使用费。

(1) 人工费

人工费是指直接从事建筑安装工程施工的生产工人开支的各项费用，包括基本工资、工资性补贴、生产工人辅助工资、职工福利费及劳动保护费。人工费的开支范围包括直接从事施工的生产工人，施工现场水平运输、垂直运输的工人，附属生产的工人和辅助生产的工人，但不包括材料采购和保管以及材料到达工地之前的运输装卸的工人、驾驶施工机械和运输工具的工人以及现场管理费开支的人员。

① 基本工资，是指发放给生产工人的基本工资。

② 工资性补贴，是指按规定标准发放的物价补贴，煤、燃气补贴，交通补贴，住房补贴，流动施工津贴等。

③ 生产工人辅助工资，是指生产工人年有效施工天数以外非作业天数的工资，包括职工学习、培训期间的工资，调动工作、探亲、休假期间的工资，因气候影响的停工工资，女工哺乳时间的工资，病假在 6 个月以内的工资及产、婚、丧假期的工资。

④ 职工福利费，是指按规定标准计提的职工福利费。

⑤ 生产工人劳动保护费，是指按规定标准发放的劳动保护用品的购置费及修理费、徒工服装补贴、防暑降温费、在有碍身体健康环境中施工的保健费用等。

(2) 材料费

材料费是指施工过程中耗费的构成工程实体的原材料、辅助材料、构配件、零件、半成品的费用。内容包括：

①材料原价(或供应价格)。

②材料运杂费，是指材料自来源地运至工地仓库或指定堆放地点所发生的全部费用。

③运输损耗费，是指材料在运输装卸过程中不可避免的损耗。

④采购及保管费，是指为组织采购、供应和保管材料过程中所需要的各项费用，包括采购费、仓储费、工地保管费、仓储损耗。

⑤检验试验费，是指对建筑材料、构件和建筑安装物进行一般鉴定、检查所发生的费用，包括自设试验室进行试验所耗用的材料和化学药品等费用，不包括新结构、新材料的试验费和建设单位对具有出厂合格证明的材料进行检验，对构件做破坏性试验及其他特殊要求检验试验的费用。

(3)施工机械使用费

施工机械使用费是指施工机械作业所发生的机械使用费以及机械安拆费和场外运费。施工机械台班单价应由下列7项费用组成：

①折旧费，指施工机械在规定的使用年限内，陆续收回原值及购置资金的时间价值。

②大修理费，指施工机械按规定的大修理间隔台班进行必要的大修理，以恢复其正常功能所需的费用。

③经常修理费，指施工机械除大修理以外的各级保养和临时故障排除所需的费用，包括为保障机械正常运转所需替换设备与随机配备工具附具的摊销和维护费用，机械运转中日常保养所需润滑与擦拭的材料费用及机械停滞期间的维护和保养费用等。

④安拆费及场外运费，安拆费指施工机械在现场进行安装与拆卸所需的人工、材料、机械和试运转费用以及机械辅助设施的折旧、搭设、拆除等费用；场外运费指施工机械整体或分体自停放地点运至施工现场或由一施工地点运至另一施工地点的运输、装卸、辅助材料及架线等费用。

⑤人工费，指机上司机、司炉和其他操作人员的工作日的人工费，以及上述人员在机械规定的年工作台班以外的人工费。

⑥燃料动力费，指施工机械在运转作业中所消耗的固体燃料(煤、木柴)、液体燃料(汽油、柴油)及水、电等费用。

⑦养路费及车船使用税，指施工机械按照国家规定和有关部门规定应缴纳的养路费、车船使用税、保险费及年检费等。

5.4.2 措施费

措施费是指为完成工程项目施工，发生于该工程施工前和施工过程中非工程实体项目的费用。内容包括：

(1)环境保护费，是指施工现场为达到环保部门要求所需要的各项费用。

(2)文明施工费，是指施工现场文明施工所需要的各项费用。

(3)安全施工费，是指施工现场安全施工所需要的各项费用。

(4)临时设施费，是指施工企业为进行建筑工程施工所必须搭设的生活和生产用的临时建筑物、构筑物和其他临时设施费用等。

临时设施包括：临时宿舍、文化福利及公用事业房屋与构筑物，仓库、办公室、加工厂以及规定范围内道路、水、电、管线等临时设施和小型临时设施。临时设施费用包括：

134

临时设施的搭设、维修、拆除费或摊销费。

(5) 夜间施工费，是指因夜间施工所发生的夜班补助费、夜间施工降效、夜间施工照明设备摊销及照明用电等费用。

(6) 二次搬运费，是指因施工场地狭小等特殊情况而发生的二次搬运费用。

(7) 大型机械设备进出场及安拆费，是指机械整体或分体自停放场地运至施工现场或由一个施工地点运至另一个施工地点，所发生的机械进出场运输及转移费用及机械在施工现场进行安装、拆卸所需的人工费、材料费、机械费、试运转费和安装所需的辅助设施的费用。

(8) 混凝土、钢筋混凝土模板及支架费，是指混凝土施工过程中需要的各种钢模板、木模板、支架等的支、拆、运输费用以及模板、支架的摊销(或租赁)费用。

(9) 脚手架费，是指施工需要的各种脚手架搭、拆、运输费用及脚手架的摊销(或租赁)费用。

(10) 已完工程及设备保护费，是指竣工验收前，对已完工程及设备进行保护所需费用。

(11) 施工排水、降水费，是指为确保工程在正常条件下施工，采取各种抽水、降水措施所发生的各种费用。

5.4.3 间接费

间接费由规费、企业管理费组成。

1. 规费

规费是指政府和有关权力部门规定必须缴纳的费用(简称规费)，包括：

(1) 工程排污费，是指施工现场按规定缴纳的工程排污费。

(2) 工程定额测定费，是指按规定支付工程造价(定额)管理部门的定额测定费。

(3) 社会保障费，包括：

① 养老保险费，是指企业按规定标准为职工缴纳的基本养老保险费。

② 失业保险费，是指企业按照国家规定标准为职工缴纳的失业保险费。

③ 医疗保险费，是指企业按照规定标准为职工缴纳的基本医疗保险费。

(4) 住房公积金，是指企业按规定标准为职工缴纳的住房公积金。

(5) 危险作业意外伤害保险，是指按照建筑法规定，企业为从事危险作业的建筑安装施工人员支付的意外伤害保险费。

2. 企业管理费

企业管理费是指建筑安装企业组织施工生产和经营管理所需费用。内容包括：

(1) 管理人员工资，是指管理人员的基本工资、工资性补贴、职工福利费、劳动保护费等。

(2) 办公费，是指企业管理办公用的文具、纸张、账表、印刷、邮电、书报、会议、水电、烧水和集体取暖(包括现场临时宿舍取暖)用煤等费用。

(3) 差旅交通费，是指职工因公出差、调动工作的差旅费、住勤补助费，市内交通费和餐饮补助费，职工探亲路费，劳动力招募费，职工离退休、退职一次性路费，工伤人员就医路费，工地转移费以及管理部门使用的交通工具的油料、燃料、养路费及牌照费。

(4) 固定资产使用费，是指管理和试验部门及附属生产单位使用的属于固定资产的房屋、设备仪器等的折旧、大修、维修或租赁费。

（5）工具用具使用费，是指管理使用的不属于固定资产的生产工具、器具、家具、交通工具和检验、试验、测绘、消防用具等的购置、维修和摊销费。

（6）劳动保险费，是指由企业支付离退休职工的易地安家补助费、职工退职金，6个月以上的病假人员工资、职工死亡丧葬补助费、抚恤费、按规定支付给离休干部的各项经费。

（7）工会经费，是指企业按职工工资总额计提的工会经费。

（8）职工教育经费，是指企业为职工学习先进技术和提高文化水平，按职工工资总额计提的费用。

（9）财产保险费，是指施工管理用的财产、车辆的保险费。

（10）财务费，是指企业为筹集资金而发生的各种费用。

（11）税金，是指企业按规定缴纳的房产税、车船使用税、土地使用税、印花税等。

（12）其他，包括技术转让费、技术开发费、业务招待费、绿化费、广告费、公证费、法律顾问费、审计费、咨询费等。

5.4.4 利润与税金

1. 利润

利润是指施工企业完成所承包的工程获得的盈利。利润依据不同投资来源或不同工程类别，实行差别利润率。

2. 税金

按国家规定计入建筑安装工程造价内的营业税、城市建设维护税和教育费附加。

（1）营业税

税法规定以营业收入额为计税依据计算纳税，税率为3%。计算公式为

$$营业税＝计税营业额×3\%$$

计税营业额是指从事建筑、安装、修缮、装饰及其他工程作业取得的全部收入，还包括建筑、修缮、装饰工程所用原材料及其他物资和动力的价款。当安装的设备价值作为安装工程产值时，亦包括所安装设备的价款。但建筑安装工程总承包方将工程分包给他人的，其营业额中不包括付给分包方的价款。

（2）城市维护建设税

用于城市的公用事业和公共设施的维护建设，是以营业税额为基础的计税。因纳税人地点不同其税率分别为：纳税人所在地为市区，税率为7%；纳税人所在地为县城、建制镇，税率为5%；纳税人所在地不在市区、县城、建制镇，则税率为1%。计算公式为

$$城市维护建设税＝营业税额×规定税率$$

（3）教育费附加

建筑安装企业的教育费附加要与其营业税同时缴纳，以营业税额为基础计取，税率为3%。

5.5 施工定额与预算定额

定是规定，额是数量标准，定额就是规定的一个数量标准。

5.5.1 施工定额

施工定额是在全国统一定额的指导下，以统一性质的施工过程为测算对象，规定建筑安装工人或班组，正常施工条件下，为完成计量单位合格产品所需人工、机械、材料消耗的数量标准。施工定额分为人工消耗量定额、材料消耗量定额、机械消耗量定额三种。

1. 人工消耗量定额

人工消耗定额有两种表现形式：时间定额和产量定额。

（1）时间定额

时间定额是正常的技术条件、合理的劳动组织下生产单位合格产品所消耗的工日数。1个工日代表 1d(8h)。时间定额的对象可以是一个人，也可以是一组人。

（2）产量定额

正常的技术条件、合理的劳动组织下，一定的时间内生产的合格产品的数量。时间定额和产量定额表示的都是人工消耗量定额，两者互为倒数。

（3）工人工作时间的分类（图 5-4）

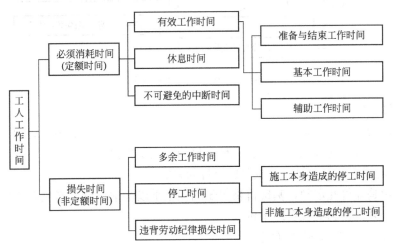

图 5-4　建筑安装工人工作时间的分类

2. 机械消耗量定额

机械消耗量定额也有两种表现形式：时间定额和产量定额。

（1）时间定额

时间定额是正常的技术条件、合理的劳动组织下生产单位合格产品所消耗的机械台班数量。1台班代表 1d(8h)。

（2）产量定额

产量定额是正常的技术条件、合理的劳动组织下每一个机械台班时间所生产的合格产品数量。

3. 材料消耗量定额

材料消耗量定额是指正常的技术条件、合理的劳动组织下生产单位合格产品所必需消耗的一定品种和规格的原材料、半成品、构配件的数量标准。

137

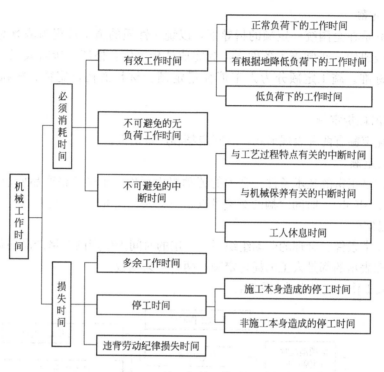

图 5-5 施工机械工作时间

5.5.2 预算定额

预算定额是在正常的施工条件、合理的施工工期、施工工艺及施工组织条件下，消耗在合格的分项工程上的人工、材料、机械台班的数量及单价标准。

1. 预算定额人工、材料、机械台班单价的确定

预算定额是计价性定额，基础价格等于消耗量乘以基础单价。基础单价包括人工工日单价、材料预算价格和机械台班单价。

（1）人工工日预算价格的确定

人工单价是指一个建筑安装工人工作一个工作日应计入预算中的全部人工费用，人工单价主要包括基本工资、工资性津贴、辅助工资、职工福利费和劳动保护费。

（2）材料预算价格的确定

材料预算价格是指材料由来源地（或交货地点）到达施工工地仓库或施工现场存放地点后的出库价格。材料预算价格一般由材料供应价、包装费、运杂费和采购及保管费组成。

（3）机械台班预算单价的确定

施工机械台班单价是指一台施工机械在正常运转条件下一个工作班中所发生的全部费用，每个台班按 8h 计算。施工机械台班单价由七项费用组成，包括折旧费、大修理费、经常修理费、安拆费及场外运费、燃料动力费、人工费、养路费及车船使用税。

2. 预算定额与施工定额的区别与联系

（1）预算定额与施工定额的联系

预算定额以施工定额为基础进行编制，都规定了完成计量单位合格产品所需人工、材

料、机械台班消耗的数量标准。

（2）预算定额与施工定额的区别与联系

① 研究对象不同。预算定额以分部分项工程为研究对象，施工定额以施工过程为研究对象，前者在研究对象上进行了科学的综合扩大。

② 编制水平不同。预算定额采用社会平均水平编制；施工定额采用平均先进水平编制，属于企业定额性质。

③ 作用不同。施工定额是生产性定额，是为施工生产而服务的定额，是施工企业内部作为管理使用的一种工具，属非计价性定额；而预算定额是一种计价性定额，是确定建筑安装工程价格的依据。

3. 预算定额的应用

（1）直接套用

当设计要求与定额项目的内容相一致时，可直接套用定额的预算基价及工料机消耗量，计算该分项工程的直接费以及工料机需要量。

（2）换算套用

当施工图纸的设计要求与定额项目的内容不相一致时，为了能计算出设计要求项目的直接工程费及工料机消耗量，必须对定额项目与设计要求之间的差异进行调整。定额换算就是以工程项目内容为准，把原定额子目中有而工程项目不要的那部分内容去掉，并把工程项目中要求而原定额子目中没有的内容加进去，这样就使原定额子目换算成完全与工程项目相一致，再套用换算后的定额项目，求得项目的人工、材料、机械台班消耗量。

定额换算涉及人工费、材料费、机械费的换算。人工费的换算主要是用工量的增减而引起的，材料费的换算则是材料消耗量的改变及材料代换引起的。

预算定额换算的类型有：砂浆的换算；混凝土的换算；木材材积的换算；系数的换算；其他换算。

5.6 新旧《建设工程工程量清单计价规范》对比概述

2003 年我国颁布《建设工程工程量清单计价规范》（GB 50500—2003）（以下简称旧《计价规范》），2003 年 7 月 1 日起开始实施。《建设工程工程量清单计价规范》（GB 50500—2008）（建设部第 63 号）（以下简称新《计价规范》）2008 年 7 月 9 日发布，12 月 1 日起实施。旧《计价规范》同时废止。

新《计价规范》的条文数量由旧《计价规范》的 45 条增加到 136 条，其中强制性条文由 6 条增加到 15 条。新增内容为：招标控制价和投标报价的编制，工程发、承包合同签订时对合同价款的约定，施工过程中工程量的计量与价款支付，索赔与现场签证；工程价款的调整，工程竣工后竣工结算的办理以及对工程计价争议的处理。

5.6.1 清单数量及所含要件的增加

旧《计价规范》中包括分部分项工程量清单、措施项目清单和其他项目清单。而新《计价规范》中工程量清单包括分部分项工程量清单、措施项目清单、其他项目清单、规费项目清单和税金项目清单五部分。其中规费项目清单包括工程排污费；工程定额测定费；社会保障费(养老保险费、失业保险费、医疗保险费)；住房公积金；危险作业意外伤害保险。税金项目清单包括营业税；城市维护建设税；教育费附加。

新《计价规范》规定构成一个分部分项工程量清单的五个要件——项目编码、项目名称、项目特征、计量单位和工程量，这五个要件在分部分项工程量清单的组成中缺一不可。即由原来的"四个统一"变为"五个统一"，增加"项目特征"这一要件。项目特征是构成分部分项工程量清单项目、措施项目自身价值的本质特征。

5.6.2 单位工程造价构成及综合单价构成的变化

新旧《计价规范》单位工程造价构成见图5-6、图5-7。

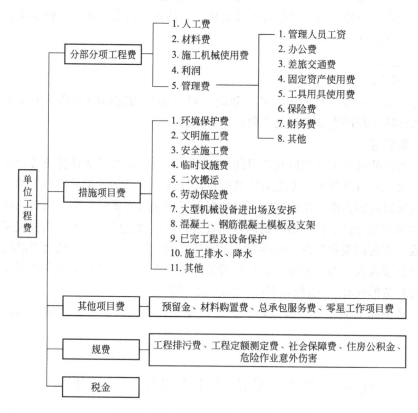

图 5-6 旧《计价规范》中单位工程费

1. 综合单价构成的变化

旧《计价规范》中综合单价的计算公式：

$$综合单价＝人工费＋材料费＋机械费＋管理费＋利润$$
$$＝工料单价＋管理费＋利润$$
$$＝工料单价×(1＋管理费率)×(1＋利润率)$$

新《计价规范》中综合单价构成的变化：

综合单价＝人工费＋材料费＋机械费＋管理费＋利润＋由投标人承担的风险费用
＋其他项目清单中的材料暂估价

根据我国工程建设特点，投标人应完全承担的风险是技术风险和管理风险，如管理费和利润；应有限度承担的是市场风险，如材料价格、施工机械使用费等的风险，应完全不承担的是法律、法规、规章和政策变化的风险，所以综合单价中不包含规费和税金。

140

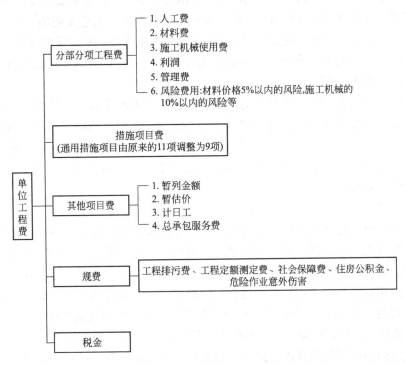

图 5-7 新《计价规范》中单位工程费

材料价格的风险宜控制在 5% 以内,施工机械使用费的风险可控制在 10% 以内,超过者予以调整。为方便合同管理及投标人组价,需要纳入分部分项工程量清单项目综合单价中的暂估价应只是材料费。暂估价中的材料单价应按照工程造价管理机构发布的工程造价信息或参考市场价格确定。

2. 措施项目

新旧《计价规范》中措施项目构成见表 5-1、表 5-2。

	旧《计价规范》措施项目 表 5-1
	通 用 项 目
1	环境保护
2	文明施工
3	安全施工
4	临时设施
5	夜间施工
6	二次搬运
7	大型机械设备进出场及安拆
8	混凝土、钢筋混凝土模板及支架
9	脚手架
10	已完工程及设备保护
11	施工排水、降水

	新《计价规范》措施项目 表 5-2
	通 用 项 目
1	安全文明施工(含环境保护、文明施工、安全施工、临时设施)
2	夜间施工
3	二次搬运
4	冬雨期施工
5	大型机械设备进出场及安拆
6	施工排水
7	施工降水
8	地上、地下设施,建筑物的临时保护设施
9	已完工程及设备保护

新规范中把原来措施项目中含有的混凝土、钢筋混凝土模板及支架、脚手架去掉；把原有的环境保护、文明施工、安全施工、临时设施四项合并为"安全文明施工"；施工排水降水拆分为两项；新增"冬雨季施工"、"地上地下设施、建筑物的临时保护设施"两项。

措施项目中可以计算工程量并且适宜采用分部分项工程量清单方式的项目应采用综合单价法计价，如模板工程。

费用的发生和金额的大小与使用时间、施工方法或者两个以上工序相关，与实际完成的实体工程量的多少关系不大，这类项目属于不宜计算工程量的项目，典型的是大中型施工机械、临时设施等。此类项目采用以"项"为单位的方式计价，应包括除规费、税金外的全部费用。此外，安全文明施工费应按照国家或省级、行业建设主管部门的规定计价，不得作为竞争性费用。

3. 其他项目

（1）暂列金额，是招标人在工程量清单中暂定并包括在合同价款中的一笔款项。用于施工合同签订时尚未确定或者不可预见的所需材料、设备、服务的采购，施工中可能发生的工程变更、合同约定调整因素出现时的工程价款调整以及发生的索赔、现场签证确认等的费用。它由招标人根据工程特点，按有关计价规定进行估算确定，一般可以按分部分项工程量清单费的 10%～15% 为参考。比如索赔费用、签证费用从此项扣支。

（2）暂估价，是指招标阶段直至签订合同协议时，招标人在招标文件中提供的用于支付必然要发生但暂时不能确定价格的材料以及专业工程的金额。材料暂估单价应按照工程造价管理机构发布的工程造价信息或参考市场价格确定，纳入分部分项工程量清单项目综合单价。专业工程的暂估价一般应是综合暂估价，应分不同专业，按有关计价规定估算；应当包括除规费和税金以外的管理费、利润等费用。

（3）计日工，是在施工过程中，完成发包人提出的施工图纸以外的零星项目或工作，按合同中约定的综合单价计价的一种计价方式。计日工对完成零星工作所消耗的人工工时、材料数量、施工机械台班进行计量，并按照计日工表中填报的适用项目的单价进行计价支付。

（4）总承包服务费，是投标认为配合协调招标人进行的工程发包和材料采购所需的费用。招标人应预计该项费用并按投标人的投标报价向投标人支付该项费用。

① 招标人仅要求对分包的专业工程进行总承包管理和协调时，按分包的专业工程估算造价的 1.5% 计算。

② 招标人要求对分包的专业工程进行总承包管理和协调并同时要求提供配合服务时，根据招标文件中列出的配合服务内容和提出的要求按分包的专业工程估算造价的 3%～5% 计算。

③ 招标人自行供应材料的，按招标人供应材料价值的 1% 计算。

5.6.3 招标控制价的设立

新《计价规范》4.2 及条文说明中指出"招标控制价"是在工程招标发包过程中，由招标人根据有关计价规定计算的工程造价，其作用是招标人用于对招标工程发包的最高限价，有的地方亦称拦标价、预算控制价。

招标控制价的作用决定了招标控制价不同于标底，无需保密。为体现招标的公平、公正，防止招标人有意抬高或压低工程造价，招标人应在招标文件中如实公布招标控制价，不得对所编制的招标控制价进行上浮或下调。同时，招标人应将招标控制价报工程所在地的工程造价管理机构备查。

5.6.4 工程量清单使用范围的扩展

旧《计价规范》只强调工程量清单在招投标阶段的使用。新《计价规范》中把工程量清单作为编制招标控制价、投标报价、计算工程量、支付工程款、调整合同价款、办理竣工结算以及工程索赔等的依据之一。

针对工程造价的计价具有动态性和阶段性(多次性)的特点，在新《计价规范》中提出了招标控制价、投标价、合同价、竣工结算价等不同概念。反映了不同的计价主体对工程造价的逐步深化、逐步细化、逐步接近和最终确定工程造价的过程。

第6章 建筑工程概预算编制方法

根据项目在不同的建设阶段，工作深度和工程造价要求的不同，工程项目的计价可分为投资估算、设计概算、工程量清单编制与施工图预算、工程结算和竣工决算。

设计概算是初步设计文件的重要组成部分。它是在投资估算的控制下，在项目初步设计(或扩大初步设计)阶段，设计单位根据初步设计(或扩大初步设计)图纸及说明、概算定额(概算指标)、各项费用定额或取费标准以及材料价格等资料，编制和确定的建设项目从筹建至竣工交付使用所需全部费用的文件。

设计概算是编制建设项目投资计划、确定和控制建设项目投资的依据，也是控制施工图设计和施工图预算的依据。通过设计概算与竣工决算进行对比，可以分析和考核投资效果的好坏，同时还可以验证设计概算的准确性，这样有利于加强设计概算管理和建设项目的造价管理工作。

工程预算包括施工预算和施工图预算。施工预算是企业根据施工图计算的工程量、企业的施工定额，结合施工组织设计等资料，确定完成单位合格产品所消耗的人工、材料、机械数量，并考虑相应的价格(市场价或有关部门的指导价)后，经编制、汇总得到的预算。施工图预算是在施工图设计完成后、工程开工之前，施工单位根据已批准的施工图纸，在既定的施工方案前提下，按照国家颁布的各类工程预算定额、单位估价表及各项费用的取费标准预先计算和确定工程造价的文件。施工预算和施工图预算，用途和编制依据不相同，但在确定消耗量上有着相似之处。本章重点是针对施工图预算。

6.1 概算的编制方法

设计概算可分为单位工程概算、单项工程综合概算和建设项目总概算三级，各级概算之间的相互关系如图 6-1 所示。

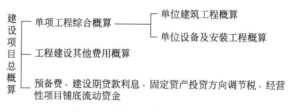

图 6-1 设计概算的组成内容

单位工程概算是确定一个独立建筑物(构筑物)中每个专业工程所需的工程费用的文件，各单位工程概算汇总得到单项工程综合概算，单项工程综合概算是确定一个单项工程所需费用的文件；各单项工程概算、工程建设其他费用概算、预备费、建设期贷款利息、固定资产投资方向调节税和项目铺底流动资金等汇总，得到建设项目总概算，建设项目总概算是确定整个建设项目从筹建到竣工验收所需全部费用的文件。

建设工程设计概算的编制，从编制单位工程概算开始。单位工程概算分为建筑工程概算和设备及安装工程概算两大类。建筑工程概算的编制方法有概算定额法、概算指标法、类似工程预算法等；设备及安装工程概算的编制方法有预算单价法、概算指标法、设备价值百分比法等。本章主要讲述单位建筑工程概算的编制。

6.1.1 概算定额法

建筑工程概算定额又称扩大结构定额，是在预算定额基础上，经过适当综合扩大，规定完成一定计量单位的扩大的结构构件或分部分项工程所消耗的人工、材料、机械台班的消耗数量及费用的标准。应用概算定额进行设计概算编制的方法称为概算定额法。概算定额法要求在初步设计达到一定深度、建筑结构比较明确时采用，编制精度高，是编制设计概算的常用方法。

1. 概算定额法编制依据

概算定额法的编制依据有：

(1) 初步设计或扩大初步设计的图纸资料和说明书。

(2) 概算定额。

(3) 概算费用指标。

(4) 施工条件和施工方法。

2. 概算定额法的编制步骤

利用概算定额法编制设计概算的具体步骤如下：

(1) 熟悉图纸，了解设计意图、施工条件和施工方法。

(2) 列出设计图中各分部分项工程项目，按照概算定额中规定的工程量计算规则，计算各分部分项工程项目工程量，并将各分项工程量按概算定额顺序编号，填入工程概算表。

(3) 确定各分部分项工程项目的概算定额单价(基价)和工料消耗指标，填入工程概算表相应的栏中。

(4) 根据工程量和概算定额单价计算分部分项工程的直接费，汇总各分项工程的直接费，得到单位工程直接费。

(5) 根据相应取费标准，计算间接费、利润和税金，将直接费、间接费、利润和税金相加，即得到单位工程概算造价。

(6) 计算单位造价(如每平方米建筑面积造价)。

(7) 编写概算编制说明。

6.1.2 概算指标法

概算指标通常是以整个建筑物或构筑物为对象，以建筑面积、建筑体积或成套设备的台或组为计量单位规定的人工、材料和机械台班的消耗量标准和造价指标。概算指标比概算定额更为综合和扩大，故根据概算指标编制的设计概算要比按概算定额编制的设计概算更加简化，适用于初步设计深度不够、不能准确计算工程量，但其工程设计采用技术又比较成熟的工程。其精确度比概算定额编制的设计概算要低，但是由于编制速度快，能解决时间紧迫的要求，所以概算指标法仍有一定的实用价值。

按项目的具体情况，用概算指标法编制设计概算有两种编制方法。

1. 直接套用概算指标编制

如果拟建工程的设计技术条件与概算指标的设计技术条件相同或者相近，则可以直接套用概算指标来编制概算。

现以单位面积工料消耗概算指标为例说明概算编制步骤如下：

（1）根据概算指标中的人工工日数及拟建项目所在地区工资标准计算人工费。

$$每平方米建筑面积人工费＝指标规定的人工工日数×拟建地区日工资标准 \quad (6-1)$$

（2）根据概算指标中的主要材料数量及拟建地区材料预算价格计算主要材料费。

$$每平方米建筑面积主要材料费＝\sum（主要材料消耗量×拟建地区材料预算价格） \quad (6-2)$$

（3）按其他材料费占主要材料费的百分比，求出其他材料费。

$$每平方米建筑面积其他材料费＝每平方米建筑面积主要材料费×\frac{其他材料费}{主要材料费} \quad (6-3)$$

（4）按概算指标中的机械费计算每平方米建筑面积机械费。

（5）将求得的人工费、材料费及机械费相加，得出直接工程费。

（6）根据直接工程费，综合其他各项取费办法，分别计算措施费、间接费、利润和税金，得到每平方米建筑面积概算单价。

（7）将概算单价乘以拟建工程建筑面积，得出单位工程概算造价。

$$单位工程概算价值＝拟建工程建筑面积×每平方米建筑面积概算单价 \quad (6-4)$$

2. 修正概算指标编制

在实际工作中，经常会遇到拟建工程的结构特征与概算指标中规定的结构特征有局部不相同的状况；而且，随着建筑技术的发展，新结构、新材料、新技术的应用，设计做法也在不断发展，因此，在直接套用概算指标时，拟建项目的设计内容不可能完全符合概算指标中所规定的结构特征。为了保证概算价值的准确性，此时就不能简单的直接套用，而必须根据工程结构差异的具体情况，对概算指标中不符合设计要求的内容，逐一进行修正，然后用修正后的概算指标来编制概算。

修正方法如下：

（1）修正概算指标单价

$$每平方米建筑面积单价＝原概算指标单价＋换入结构构件单价－换出结构构件单价$$

$$(6-5)$$

$$换出（或换入）结构构件单价＝换出（或换入）结构构件工程量×相应概算定额单价$$

$$(6-6)$$

（2）修正概算指标中的工、料、机数量

$$\begin{aligned}结构变化修正概算指标中的工、料、机数量＝&原概算指标中的工、材、机数量\\&＋换入结构构件工程量\\&×相应定额工、料、机消耗量\\&－换出结构构件工程量\\&×相应定额工、料、机消耗量 \quad (6-7)\end{aligned}$$

以上两种情况，前者是直接修正结构构件概算指标单价，后者是修正结构构件工料机数量，修正后才可套用。

6.1.3 类似工程预算法

类似工程预算法是利用技术条件与拟建工程相类似的已完工程或在建工程的工程造价

146

资料来编制拟建工程设计概算。它以相似工程的预算或者结算资料，按照编制概算指标的方法，求出工程量的概算指标，再按概算指标法编制拟建工程概算。类似工程预算法适用于拟建工程初步设计与已完工程或者在建工程的设计相类似而又没有合适可用的概算指标时，在运用时必须对结构差异和价差进行调整。

1. 建筑结构差异的调整

建筑结构差异的调整方法与概算指标法的调整方法相同，即先确定有差别的项目，分别按每一项算出结构构件的工程量和单位价格；然后以类似预算中差别项目的结构构件的工程数量和单价为基础，算出总差价。将类似工程预算的直接工程费总额减去(或加上)这部分差价，就得到结构差异换算后的直接工程费，再行取费，得到结构差异换算后的造价。

2. 价差调整

类似工程造价的价差调整通常有两种方法。

(1) 类似工程造价资料有具体的人工、材料、机械台班的用量时，可按类似工程造价资料中的主要材料用量、工日数量、机械台班用量乘以拟建工程所在地的主要材料预算价格、人工单价、机械台班单价，计算出直接工程费，再乘以当地的综合费率，即可得出所需的造价指标。

(2) 类似工程造价资料在只有人工、材料、机械台班费用和其他费用时，可按下面公式调整：

$$D=AK$$

其中

$$K = \sum_{i=1}^{n} a_i k_i$$

式中　　D——拟建工程单方概算造价；

　　　　A——类似工程单方预算造价；

　　　　K——综合调整系数；

　　　　a_i——类似工程预算的人工费、材料费、机械台班费、措施费、间接费占预算造价的比重；

　　　　k_i——拟建工程地区与类似工程预算造价人工费、材料费、机械台班费、措施费、间接费之间的差异系数。

D 即为调整价差后的拟建工程概算指标，再考虑结构差异的调整，用此概算指标去减去或加上结构差异额，即得到修正概算指标，最后，用拟建工程建筑面积乘以此修正概算指标，就得到拟建工程概算造价。

要分清概算指标法和类似工程预算法的区别；类似工程预算法在进行修正调整时，要综合考虑价差和结构差异两方面因素。

6.2　定额计价方式

施工图设计完成之后，需要根据施工图按照各专业工程的工程量计算规则，统计出工程量，并考虑实施施工图的施工组织设计确定的施工方案或方法，按照相应的费用计算程序及方法，确定的单位工程、单项工程以及建设项目工程造价的技术和经济文件。

长期以来，在这一阶段的造价是按照传统的定额模式来进行，即按照预算工程量的计算规则、现行预算定额、工程建设费用定额、材料预算价格和建设行政主管部门规定的取费标准等，来确定工程造价，这种计价方式，我们称为定额计价方式。定额计价方式具有统一性、系统性和权威性，但同时，定额计价方式具有明显的政策定价、量价合一，不利于企业核心竞争力的提高和行业的发展。

为了适应我国加入世贸组织后与国际管理接轨以及社会主义市场经济发展的需要，2003 年 7 月 1 日，由建设部和国家质量监督检验总局联合发布的《建设工程工程量清单计价规范》(GB 50500—2003)在全国范围内全面实施，从而逐步形成以政府宏观调控、企业自主报价、市场竞争形成价格、社会全面监督的工程造价管理模式。2008 年 7 月 9 日发布了新的《建设工程工程量清单计价规范》(GB 50500—2008)(建设部第 63 号)以下简称《计价规范》，并从 12 月 1 日起实施。

通常所说的施工图预算，就是运用定额计价方式来进行的施工图设计完成之后阶段的工程造价，而在同样阶段根据《计价规范》来进行的工程造价称为工程量清单计价。本节，主要阐述定额计价方式。

6.2.1　施工图预算的编制内容

建设工程施工图预算，包括单位工程预算、单项工程预算和建设项目总预算。单位工程预算是根据单位工程施工图设计文件、现行预算定额、费用标准，以及人工、材料、机械台班等预算价格资料，以一定方法编制出的施工图预算。汇总所有单位工程施工图预算，就称为单项工程施工图预算；再汇总所有单项工程施工图预算，即为建设项目总预算。

单位工程施工图预算的编制，必须反映该单位工程的各分部分项工程的名称、定额编号、工程量、单价，反映单位工程的分部分项工程费、措施项目费、规费、税金及其他项目费用。此外，还应该有补充单价分析。

6.2.2　施工图预算的编制依据

(1)经过审查批准和会审的施工图设计文件

在编制施工图预算之前，施工图纸必须经过建设主管部门审查批准，同时还要经过图纸会审，并签署"图纸会审纪要"，而且需具备图纸所采用的全部标准图。

(2)经过批准的工程概算文件

设计单位编制的设计概算文件经过主管机关批准后，是控制工程投资最高限额和单位工程预算编制的主要依据，施工图预算不得超出概算。

(3)经审定的施工组织设计文件

拟建工程施工组织设计文件经有关部门审定后，它所确定的施工方案和相应的技术组织措施，就成为编制预算的主要依据之一。

(4)现行建筑工程预算定额和地区单位估价表

现行建筑工程预算定额是确定单位估价表的基础。它限定了分项工程项目划分、分项工程内容、工程量计算规则和定额项目使用说明等内容。它与地区单位估价表一起是编制施工图预算的主要依据。

(5)地区建设工程费用定额

工程费用随地区不同取费标准不同。按照国家规定，各地区均制定了建设工程费用定额，它规定了各项费用取费标准，这些标准是确定工程预算价格的基础。

（6）地区材料预算价格

地区材料预算价格是编制单位估价表和确定材料价差的依据，编制预算必须掌握材料预算价格。

（7）预算工作手册及其他有关资料

预算工作手册是预算必备的工具书。它主要包括：各种常用数据和计算公式、各种标准构件的工程量、金属材料规格和计量单位之间的换算，以及投资估算指标、概算指标、单位工程造价指标和工期定额等参考资料。是编制预算必备的基础资料。

6.2.3 施工图预算的编制程序和方法

施工图预算编制总最基本的内容就是数量和单价。数量是指分项工程量或人工、材料、机械台班定额消耗量；单价是指分享工程定额基价或人工、材料、机械台班预算单价。为统一口径，一般以统一的项目划分方法和工程量计算规则所计算的工程量作为造价的基础，按照当地现时适用的定额单价或定额消耗量进行套算，从而计算出直接工程费或人工、材料、机械台班总消耗量。

虽然我国现阶段各地区、各部门确定工程造价的方法尚不统一，但总体来看，我国已经建立了庞大的造价定额体系，这仍将是今后一段时期内编制施工图预算和其他工程造价文件的重要依据。我国目前编制施工图预算的方法大致有单价法、实物法及综合单价法。

1. 单价法编制施工图预算

单价法就是用地区统一单位估价表来编制施工图预算的方法。按施工图纸计算的各分项工程的工程量，乘以相应单价（基价），求和后得到包括人工费、材料费、机械使用费在内的单位工程直接工程费；再按工程施工组织设计计算出各项措施费，两者相加即为直接费。然后按规定的计算程序及费率，计算出间接费、利润、税金，汇总求得单位工程的预算造价。

单价法编制施工图预算，其中直接工程费的计算公式为：

$$预算直接工程费 = \sum(工程量 \times 预算定额单价)$$

用单价法编制施工图预算的完整步骤如图 6-2 所示。

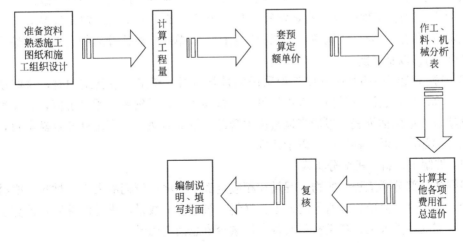

图 6-2 单价法编制施工图预算的步骤

149

具体步骤如下：

(1) 准备资料、熟悉施工图纸及施工组织设计

准备和资料包括：施工图纸、施工组织设计、设计概算、建筑安装工程预算定额、工程所在地区的人工、材料、机械台班预算价格与调价规定、费用定额以及预算工作手册等。

熟悉施工图纸：在编制工程预算之前，必须结合"图纸会审纪要"，对全部施工设计图纸进行认真熟悉和详细审查，全面了解工程项目的设计意图和内容，在预算人员头脑中形成一个完整、清晰的工程实物形象，对于迅速合理的编制施工图预算十分重要。

熟悉施工组织设计：应全面熟悉施工组织设计文件和现场情况，重点了解各分部工程的施工方案，选用的施工机械和各项技术组织措施：现场的地形、地貌、地坪自然标高、地质情况及运距等。充分了解这些内容，才能使编制的预算与实际施工内容相一致。

(2) 计算工程量

工程量的计算在整个预算过程中是最重要、最繁重的一个环节，不仅影响预算的及时性，更重要影响预算价格的准确性。必须熟悉现行预算定额的内容和适用范围，熟悉工程量计算规则。在划分项目及计算工程量时必须遵循以下原则：

① 工程量计算项目的划分必须与《全国统一建筑工程基础定额》或《全国统一安装工程基础定额》的项目口径相一致。

② 工程量计算的计量单位必须与《全国统一建筑工程基础定额》或《全国统一安装工程基础定额》的规定单位相一致。

③ 工程量计算方法必须与《全国统一建筑工程基础定额工程量计算规则》或《全国统一安装工程基础定额工程量计算规则》相一致。

(3) 套用预算定额单价

工程量计算完毕并核对无误后，用所得到的分部分项工程量套用单位估价表中相应的定额单价，相乘后相加汇总，便可求出单位工程的直接工程费。

套用定额单价时需注意以下几点：

① 当计算项目工程内容与预算定额工程内容一致时，可以直接选择预算定额或单位估价表。填表时注意分项工程的名称、规格、计量单位都要与所套定额相一致。

② 当计算项目工程内容与预算定额工程内容不一致，而定额规定允许换算时，应在定额规定范围内进行换算或调整，查用换算后的定额单价，对换算后的定额项目编号后加"换"字注明，以示区别。

③ 当施工图纸中的某些分项工程采用的是新材料、新工艺或新结构时，这些项目还未列入预算定额，也没有类似定额项目可供借鉴参考。为了确定其预算价值，必须编制补充定额项目或单位估价表，报请当地造价主管部门批准后执行。套用补充定额项目，应在定额编号的部位注明"补"字，以示区别。

(4) 编制工、料、机械分析表

根据各分部分项工程的实物工程量和相应定额中的项目所列的人工、材料、机械台班的用量，算出分部分项工程所需的人工、材料、机械台班数量，进行汇总后，再算出该单位工程所需的各类人工、各类材料及各类机械台班总消耗用量。

(5) 计算其他各项费用并汇总造价

按照施工图预算费用构成的规定费用项目、计算办法及计费基础，分别计算出措施费、间接费、利润和税金，并汇总单位工程预算造价。

单位工程造价＝直接费(直接工程费＋措施费)＋间接费(规费＋企业管理费)

＋利润＋税金

(6) 复核

单位工程预算编制后，应由有关人员对预算编制的主要内容及计算情况进行核对检查，以便及时发现差错，提高预算质量。复核时应对项目填列、工程量计算公式、计算结果套用的单价、各项费用的取费费率及计算基础、预算价格的调整等方面进行全面复核。

(7) 编制说明，填写封面

编制说明是编制者向审核者交代编制的有关情况，包括编制依据，预算所包含的工程内容及范围，承包企业的等级和承包方式，有关部门现行的调价文件号，套用单价及补充单价方面的情况和其他需要说明的问题。

封面填写应写明工程名称、工程编号、工程量(建筑面积)、预算总造价及单方造价、编制单位名称及责任人和编制日期、审查单位名称及负责人和审核日期等。

单价法是目前国内编制施工图预算的主要方法，具有计算简单、工作量较小和编制速度快、便于工程造价管理部门集中统一管理的优点。但由于采用事先编制好的统一的地区单位估价表，其价格水平只能反映编制年份的价格水平。在市场经济价格波动较大的情况下，单价法的计算结果会偏离实际价格水平，虽然可采用调价，但调价系数和指数从测定到颁布不但滞后而且计算也较繁琐。

2. 实物法编制施工图预算及案例

所谓实物法，即"量"、"价"分离，只采用定额中的消耗量，而采用当时当地市场价格编制预算。编制人员根据施工图计算出各分项工程量，分别乘以预算定额中的人工、材料、机械台班消耗量，汇总得出单位工程各种人工、材料、机械台班消耗的总量，再分别相应乘以当时当地人工、材料、机械台班市场价格，求得包含人工费、材料费、机械费在内的直接工程费；再按工程施工组织设计计算出各项措施费，两者相加即为直接费，然后按规定的计算程序及费率，计算出间接费、利润、税金、汇总后得出单位工程的预算造价。

实物法编制施工图预算，其中直接工程费的计算公式为：

预算直接工程费＝∑(工程量×人工预算定额用量×当时当地人工工资单价)

＋∑(工程量×材料预算定额用量×当时当地材料市场价格)

－∑(工程量×机械台班预算定额用量×当时当地机械台班单价)

用实物法编制施工图预算的步骤如图 6-3 所示。

由图 6-3 可以看出，实物法编制施工图预算的首尾步骤与单价法相似，只是一些中间步骤明显不同。下面对实物法编制施工图预算的步骤加以说明。

(1) 准备资料、熟悉施工图纸及施工组织设计

准备资料时要全面收集各种人工、材料、机械的当时当地的实际市场价格，应包括不同工种、不同等级的人工工资单价：不同品种、不同规格的材料市场价格；不同型号的机械台班单价等。

其余内容同单价法。

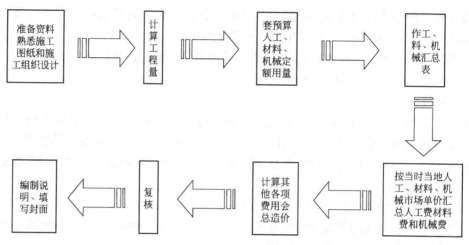

图 6-3 实物法编制施工图预算的步骤

（2）计算工程量

本步骤内容与单价法相同。

（3）套用人工、材料、机械定额用量

建设部1995年颁布的《全国统一建筑工程基础定额》（其土建部分，是一部量价分离定额)和现行《全国统一安装工程基础定额》中的实物消耗量，在相关规范和工艺水平等没有较大突破性变化之前具有相对的稳定性。用计算出的各分部分项工程量乘以预算定额中的人工、材料、机械消耗量标准，得到各分部分项工程的人工、材料、机械消耗量。

（4）编制工、料、机械汇总表

统计汇总单位工程所需的人工、各种材料、各类机械台班的消耗量。

（5）计算汇总人工费、材料费和机械使用费

用当时当地的各类人工、材料和机械台班的实际市场单价分别乘以相应的人工、材料和机械台班的消耗量，并汇总得出包含人工费、材料费和机械使用费在内的预算直接工程费。

（6）计算其他各项费用并汇总造价

本步骤内容与单价法相同。

（7）复核

本步骤内容与单价法相同。

（8）编制说明，填写封面

本步骤内容与单价法相同。

实物法的优点是比较准确的反映出编制预算时的各种人工、材料、机械台班的价格水平，误差较小，适用于市场经济条件下价格波动较大的情况。由于采用该方法需搜集相应的实际价格，因而工作量较大，计算过程繁琐。但随着统一建设市场的建立，招标投标制的推行及加入世界贸易组织与国际接轨的要求，工程造价领域的改革也不断深化。实物法将是一种与"统一量"、"市场价"、"竞争费"的工程造价管理体制相适应，与国际建筑市场接轨，符合发展潮流的预算编制方法，将逐渐成为预算编制的主要方法。

3. 综合单价法

综合单价，是指分部分项工程单价是全费用单价。根据建设部第 107 号部令《建筑工程施工发包与承包计价管理方法》的规定，全费用单价经综合计算而成，内容包括完成该分部分项工程所发生的直接工程费、间接费、利润和税金（措施费也按此方法生成全费用单价）。各分部分项工程量乘以综合单价的合价后汇总，生成工程发承包价。

由于各分部分项工程中的人工、材料、机械含量的比例不同，各分部分项工程可以根据其材料费占人工费、材料费、机械费合计的比例（以字母"C"代表该项比值）在以下三种计算程序中选择一种计算其综合单价。

（1）当 $C > C_0$（C_0 为本地区原费用定额测算所选典型工程材料费占人工费、材料费和机械费合计的比例），可采用以直接工程费为基数计算该分项工程的间接费和利润。

（2）当 $C < C_0$ 值的下限时，可采用人工费和机械费合计为基数计算该分项工程的间接费和利润。

（3）如该分项的直接工程费仅为人工费，无材料费和机械费时，可采用人工费为基数计算该分项的间接费和利润。

6.3 工程量清单计价方式

工程量清单计价是在建设招标投标过程中，由招标人按照《计价规范》中的工程量计算规则提供工程数量、由投标人自主报价的工程造价计价方式。国外一些工业发达国家及世界银行等金融机构、政府机构贷款项目的招标中，大多采用工程量清单计价办法。我国现在推行工程量清单计价办法，既为建筑市场创造能与国际市场相竞争的环境，也有利于提高工程建设的管理水平，促进工程建设的发展，全面提高我国工程造价管理水平。

6.3.1 工程量清单

工程量清单是表现拟建工程分部分项工程项目、措施项目、其他项目名称和相应数量的明细清单。它是由招标人按照招标要求和施工图设计要求规定将拟建招标工程的全部项目和内容，依据工程量清单计价规范附录中统一的项目编码、项目名称、计量单位和工程量计算规则进行编制。

工程量清单是招标文件的组成部分，应当体现招标人要求投标人完成的工程项目、技术要求及相应工程数量，全面反映投标报价的要求，是投标人进行报价的依据。工程量清单应由具有编制招标文件能力的招标人，或受其委托具有相应资质的中介机构进行编制，完整、准确的工程量清单是保证招标质量的重要条件。

《计价规范》中，工程量清单包括分部分项工程量清单、措施项目清单、其他项目清单、规费项目清单和税金项目清单五部分。

1. 分部分项工程量清单

分部分项工程量清单为不可调整清单，投标人对招标人提供的分部分项工程量清单经过认真复核之后，必须逐一计价，对清单所列项目和内容不允许做任何更改和变动。投标人如果认为清单项目和内容有遗漏或不妥，只能通过质疑的方式由清单编制人做统一的修改更正，并将修正的工程量清单项目或内容作为工程量清单的补充，以招标答疑的形式发往所有招标人。

分布分项工程量清单应该包括项目编码、项目名称、项目特征、计量单位和工程量，同时，应根据附录规定的项目编码、项目名称、项目特征、计量单位和计算规则进行编制。

2. 措施项目清单

措施项目清单分为通用措施项目和专业工程措施项目两部分，均应根据拟建工程的实际情况列项。通用措施项目可以按通用措施项目一览表中的项目来选择列项，专业工程的措施项目可按附录中规定的项目选择列项，若出现规范未列项目，根据工程实际情况列项措施项目中可计算工程量的项目清单，宜采用分部分项工程量清单的方式编制，列出项目编码、项目名称、项目特征、计量单位和工程量计算规则，如混凝土浇筑的模板工程；不能计算工程量的项目清单，以"项"为计量单位，如大中型施工机械以及临时设施等，且应该包括除规费、税金外的全部费用。另外，措施项目中的安全文明施工费不得作为竞争性费用。

措施项目清单为可调整清单，投标人对招标文件的工程量清单中所列项目和内容，可以根据企业自身特点和施工组织设计作变更增减。投标人要对拟建工程可能发生的措施项目和措施费用作通盘考虑，清单计价一经报出，即被认为是包括了所有应该发生的措施项目的全部费用。如果报出的清单中没有列项，而施工中又必须发生的项目，业主有权认为，其已经综合在分部分项工程量清单的综合单价中，将来措施项目发生时，投标人不得以任何理由提出索赔和调整。

3. 其他项目清单

工程建设标准的高低、工程的负责程度、工程的设计深度、工期的长短以及工程的组成内容等，直接影响到其他项目清单中的具体内容。《计价规范》提供了四项作为列项的参考。四项分别是暂列金额、暂估价、计日工和总承包服务费；其中暂估价又包括材料暂估价和专业工程价两部分。同时，如果出现这四项之外的项目，可以根据工程实际情况进行补充。

招标人填写的内容随招标文件发至投标人，其项目、数量、金额等投标人不得随意改动。由投标人填写部分的零星工作项目表中，招标人填写的项目与数量，投标人不得随意更改，且必须进行报价。如果不报价，招标人有权认为投标人就未报价内容将无偿为自己服务。当投标人认为招标人列项不全时，投标人可自行增加列项并确定本项目的工程数量及计价。

4. 规费项目清单

规费项目清单一般包括五项内容：工程排污费、工程定额测定费、社会保障费、住房公积金和危险作业意外伤害保险，其中，社会保障费包括养老保险费、失业保险费和医疗保险费。

5. 税金项目清单

税金项目清单包括三部分：营业税、城市维护建设税和教育费附加。税金项目清单和规费项目清单一样，都应按照国家或省级、行业主管部门的规定计算，均不能作为竞争性费用。

6.3.2 工程量清单计价特点

工程量清单计价方式符合市场经济运行规律和市场竞争规则。因为，工程量清单计价的本质是价格市场化。投标人可以根据本企业工、料、机三项生产要素的消耗标准、间接费发生额度以及预期的利润要求，参与投标报价竞争。在工程量清单计价模式下，投标人虽然掌握价格的决定权，但是与社会平均水平相比，只有效高质优、成本低廉的企业才能被市场认可和接受。因此，工程量清单计价可以提高投标人的资金使用效益，促进施工企业加快技术进步，改善经营管理。

工程量清单计价符合国际做法，符合合理的风险分担原则。在我国，世界银行、亚洲开发银行和外商投资的项目的施工招投标，均要求采用工程量清单报价。采用工程量清单计价，招标人对其所编制清单数量的计算错误和以后的设计变更工程量负责，并相应承担此部分带来的风险；投标人只对其所报单价的合理性负责，风险相对减小，实现了一定程度上的风险共担。

工程量清单计价还能节约大量的人力、物力和时间。以往投标报价时，投标人需要计算工程量，而工程量的计算约占投标报价工作量的 70%～80%。工程量清单计价方式下，有了招标人提供的工程量清单，避免了所有的投标人按照同一张图纸计算工程数量的重复性劳动，节约了社会成本以及建设项目的前期准备时间。

第7章 建筑工程概(预)算的编制

7.1 工程概(预)算文件的内容及格式

7.1.1 概(预)算文件的组成

工程概(预)算是拟建工程设计概算(预算)的具体化文件,具体有单位工程概(预)算、单项工程概(预)算和建设项目总概(预)算。一般先编制单位工程概(预)算;然后汇总各单位工程概(预)算,成为单项工程概(预)算;再汇总各所有单项工程概(预)算,便是一个建设项目建筑安装工程的总概(预)算。

单位工程概(预)算包括建筑工程概(预)算和设备安装工程概(预)算。建筑工程概(预)算按其工程性质分为一般土建工程概(预)算、安装工程概(预)算(包括室内外给排水工程、采暖通风工程、煤气工程等)、电气工程预算、弱电工程预算、特殊构筑物工程预算和工业管道工程预算等。设备安装工程预算可分为机械设备安装工程预算、电气设备安装工程预算和热力设备安装工程预算等。

7.1.2 概(预)算文件的内容

建设工程概(预)算文件主要由以下一系列概(预)算书组成。

1. 单位工程概(预)算书

单位工程概算或预算书,是确定某一个生产车间、独立建筑物或构筑物中的一般土建工程、给水与排水工程、采暖工程、通风工程、煤气工程、工业管道工程、特殊构筑物工程、电气照明工程、机械设备及安装工程、电气设备及安装工程等各单位工程建设费用的文件。

单位工程概算或预算是根据设计图纸和概算指标、概算定额、预算定额、费用定额、利润率、税率和国家有关规定等资料编制的。

2. 工程建设其他费用概(预)算书

工程建设其他费用概(预)算书,是确定建筑工程与设备及其安装工程之外的,与整个建设工程有关的,应在基本建设投资中支付的,并列入建设项目总概算或单项工程综合概预算的其他工程和费用文件。它是根据设计文件和国家、各省、市、自治区主管部门规定的取费定额或标准以及相应的计算方法进行编制的。

工程建设其他费用,在初步设计阶段编制总概算时,需编制工程建设其他费用概算书。

3. 单项工程综合概(预)算书

单项工程综合概(预)算书,是确定某一生产车间、独立建筑物或构筑物全部建设费用的文件。它是由该单项工程内的各单位工程概(预)算书汇编而成。当一个建设项目中,只有一个单项工程时,则与该项工程有关的工程建设费其他费用的概(预)算,也应列入该单项工程综合概(预)算书中。在这种情况下,单项工程综合概(预)算书,实际上就是一个建设项目的总概算书。

4. 建设项目总概算书

建设项目总概算书，是确定一个建设项目从筹建到竣工验收全过程的全部建设费用的总件。它是由该建设项目的各生产车间、独立建筑物、构筑物等单项工程的综合概算书以及其他工程和费用概算书综合汇总而成。它包括建成一项建设项目所需要的全部投资。

综上所述可以看出，一个建设项目的全部建设费用是由总概算书确定和反映的，它由一个或几个单项工程的综合概(预)算及其他工程和费用概算书组成；一个单项工程的全部建设费用是由综合概(预)算书确定和反映的，它是由该单项工程内的几个单位工程概(预)算书组成的；一个单位工程的全部建设费用是由单位工程概(预)算书确定和反映的，它是由每个单位工程内的各分项工程的定额直接费总和以及间接费、利润和税金组成的。

在编制建设概(预)算时，应首先编制单位工程的概(预)算书，然后编制单项工程综合概(预)算书，最后编制建设项目的总概算书。

7.1.3 单位工程概(预)算书的格式

作为单位工程的概(预)算书，一般由工程预算书封面、编制说明、单位工程造价汇总表、工程概(预)算表、工程量计算表和工料分析表六个部分组成。

1. 概(预)算书封面

一般的工程概(预)算书封面可参照下列格式。

××工程预概(预)算书

建设单位：＿＿＿＿＿＿＿＿＿

施工单位：＿＿＿＿＿＿＿＿＿

工程结构：＿＿＿＿＿＿＿＿＿　　建筑面积：＿＿＿＿＿＿＿＿＿ m^2

工程地址：＿＿＿＿＿＿＿＿＿　　檐高：＿＿＿＿＿＿＿＿＿ m

单方造价：＿＿＿＿＿＿元/m^2　　总价：＿＿＿＿＿＿万元

编制单位：＿＿＿＿＿＿＿＿＿：

(公章)

审核人：＿＿＿＿＿

证号：＿＿＿＿＿

编制人：＿＿＿＿＿

证号：

2. 编制说明

编制说明主要是文字说明，内容包括：工程概况，预算编制的依据、范围，有关未定事项、遗留事项的处理方法，特殊项目的计算措施，在预算书表格中无法反映出来的问题以及其他必须说明的情况等。编写编制说明的目的，是使他人可以更好地了解建筑工程预算书的全貌及有关过程，以弥补数字的不足和说明表格所不能显示出的问题。

3. 工程造价汇总表

工程造价汇总表即工程概(预)算费用计算程序表，按规定取费标准的有关费率计取各项费用，最后可汇总计算出概(预)算总价。

4. 工程概(预)算表

工程概(预)算表的格式如表 7-1 所示。

××工程概(预)算表　　　　表 7-1

定额编号	分部分项工程名称	单位	工程量	定额基价	合价	人工		材料		机械	
						单价	合价	单价	合价	单价	合价

① 定额编号，按所套用的概(预)算定额的定额编号填写。

② 工程项目名称，按预算定额分项工程名称填写。

③ 单位，即定额计量单位，按预算定额中的单位填写，如 m^2、m^3、t 等。

④ 工程量，即工程数量，按相应计量单位折算后的汇总工程量填写。

⑤ 定额基价，通常每个分部工程要对各相应项目计算出小计数，以便于最后计算单位工程的合计数。

⑥ 合价。

5. 工程量计算表

为了便于计算和审核工程量，在计算时，一般都采用表格进行。工程量计算表的格式见表 7-2。

工 程 量 计 算 表　　　　表 7-2

工程名称：

序号	分部分项工程名称	单位	数量	计算式	备注

6. 工料分析表

施工图预算以货币的形式表现了单位工程中分部分项工程工程量及其预算价值，但完成单位工程及分部分项工程所需的人工、材料和机械的预算用量没能在施工图预算中直观地表现出来。为了掌握这些人工、材料的预算用量，就需要对单位工程预算进行工料分析，编制工料分析表。

施工图预算的工料分析，是建筑企业施工管理工作中必不可少的一项技术资料，具体作用如下：

① 是建筑施工企业编制劳动力计划和材料需要量计划的依据。

② 是进行"两算"对比和财务部门进行成本分析、降低成本措施的依据。

③ 是项目经理部向工人班组签发工程任务书、限额领料单，考核工人节约材料情况

以及工人班组进行经济核算的基础。

④ 是施工单位与建设单位材料结算和调整材料价差的主要依据。

因此，做好工料分析工作，对于加强施工企业经营管理、经济核算和降低工程成本等具有重要的意义。

7. 工料分析的方法

(1) 工料分析表

工料分析一般是按单位工程(土建、安装、电气等)分别编制。根据工程预算中分部分项工程的数量、定额编号逐一计算各分项工程所含人工和各种材料的用量，并按照不同工种(基本工和其他工)、材料品种和规格，分别汇总合计，从而反映出单位工程全部分项工程的人工和材料的预算用量，以满足各项生产与管理工作的需要。一般采用表格形式进行。通常有以分部分项工程为编制对象的工料分析表和以单位工程为编制对象的工料汇总表，其格式见表 7-3 和表 7-4。

工 料 分 析 表　　　　　　　　　　　　　表 7-3

工程编号：＿＿＿＿＿＿＿

工程名称：＿＿＿＿＿＿＿

定额编号	分部分项工程名称	单位	工程量				

单位工程材料汇总表　　　　　　　　　　表 7-4

工程编号：＿＿＿＿＿＿＿

工程名称：＿＿＿＿＿＿＿

品名	规格及要求	单位	数量				

(2) 工料分析的一般方法

① 将工程预算书中的各分部分项工程名称、定额编号、单位、数量按顺序抄写在工料分析表中。

② 计算工程用工数。

A. 根据预算定额查出各分项工程的定额单位用工数量。

B. 计算各分项工程的合计用工。

$$合计用工 ＝工程数量×预算定额单位用工数量$$

C. 计算工程总用工数。

总用工数为各分项工程合计用工的总和。

D. 计算每 m² 用工数。

$$每 m² 用工日/工数＝工程总用工数/建筑面积$$

③ 计算单位工程不同品种的材料用量。

一个单位工程中所使用的材料往往有上百种甚至上千种，一般在施工图预算的材料分析中主要计算用量大、价值高的材料，如钢材、木材、水泥、砖、砂、石、石灰、沥青、油毡、玻璃、瓷砖、白水泥、马赛克、大理石等。

在计算材料用量时，表格中材料栏目内，一般用复式形式表示。分子表示单位用量，即定额单位含量；分母表示合计用量，即单位用量与分项工程数量相乘所得的总用量。

A. 将本工程所需的材料名称、规格、单位填写在工料分析表中。

B. 根据预算定额查出各分项工程该种材料的单位用量，填写在表格的分子部位。

C. 计算不同品种和规格的材料总量，对于砂浆、混凝土等材料可做二次分析，计算出拌和物用量和原材料用量。

D. 将单位工程中同品种同规格的材料用量汇总起来，得到单位工程工料分析汇总表。

E. 计算主要材料的用量，如钢材、水泥、木材等。

$$每 m² 钢材用量＝钢材总重/建筑面积$$
$$每 m² 水泥用量＝水泥总重/建筑面积$$
$$每 m² 木材用量＝木材总体积/建筑面积$$

目前，一般的概预算软件都有自动进行工料分析和汇总人工与材料用量的功能，套用定额之后，计算机会自动将材料的耗用量进行分门别类的汇总，只要需要，点击相应的命令键，计算机便会给出材料汇总表来。

7.2 建筑工程预算工程量计算

工程量，就是以物理计量单位或自然单位所表示的各个分部分项工程和结构配件的数量。物理计量单位，一般表示长度、面积、体积、重量等。例如，建筑物的建筑面积（m²），墙体、梁、板、柱的体积（m³），管道、线路的长度（m），钢筋、钢柱、钢屋架的重量（t 或 kg）等。自然计量单位，如台、套、个等。

工程量是根据施工图纸所标注的各个分部分项工程的尺寸和数量，以及构配件和设备明细表等数据，按照国家统一的工程量计算规则计算出来的。

工程量计算是整个预算编制过程中最繁琐、最花费时间的工作，但工程量是编制预算的基本数据，其计算的快慢和准确程度，直接影响预算的速度和质量。由于工程直接费、间接费、利润和税金都是以工程量为基数计算的，所以工程量计算的误差，反映到最后的工程预算上就放大了许多。因此，工程量的计算具有十分重要的意义。

7.2.1 工程量计算的原则

（1）工程量计算必须按照《全国统一建筑工程预算工程量计算规则》进行计算。

（2）对工程项目进行划分时必须以预算定额的划分为依据。计算的项目内容口径一致，计算的项目单位一致，否则无法套用定额。

（3）所列工程数量应严格按图纸尺寸计算所得，如工程数量不能准确量度计算时，则应说明为暂定数。

（4）工程量计算单位及精度要求。

《全国统一建筑工程预算工程量计算规则》规定：

① 以体积计算的为立方米（m³）；

② 以面积计算的为平方米（m²）；

③ 以长度计算的为米（m）；

④ 以重量计算的为吨或千克（t 或 kg）；

⑤ 以件或组计算的为件（个或组）。

汇总工程量时，其精确度取值：m³、m²、m 以下取两位；t 以下取三位；kg、件取整数。

（5）计算工程量时，应依据施工图顺序，分部、分项，依次计算，并尽可能采用计算表格及计算机计算，简化计算过程。

7.2.2 工程量计算的依据

建筑工程预算工程量除依据《全国统一建筑工程基础定额》及《全国统一建筑工程预算工程量计算规则》各项规定外，尚应依据以下文件：

（1）经审定的施工设计图纸及其说明。

（2）经审定的施工组织设计或施工技术措施方案。

（3）经审定的其他有关技术经济文件。

7.2.3 工程量计算方法

工程量计算方法实际上是指工程量的计算顺序。一个单位工程所包括的分项工程少则几十项，多则上百项，如果计算时不讲究顺序，就很可能出现漏项或重复计算的情况，并且给审核工作带来不便。因此，计算工程量时必须按一定的顺序进行。

1. 单位工程常用的计算顺序

（1）按施工顺序计算

按施工顺序计算即按施工的先后顺序来计算工程量。计算时先地下，后地上；先底层，后上层；先结构，后装饰等。如砖混楼房，计算顺序为基坑开挖—条形基础—砖墙砌筑—构造柱、圈梁、楼板浇筑—屋面—楼、地面—内外粉刷—水、电、暖安装等。用这种方法计算工程量，要求具有一定的施工经验，能掌握组织施工的全过程，并要求对定额和图纸内容十分熟悉，否则容易漏项。

（2）按定额项目的顺序计算

按定额项目的顺序计算即按《全国统一建筑工程基础定额》所列分部分项工程的次序来计算工程量。定额共分 14 个分部，依次为：土石方工程；桩基础工程；脚手架工程；砌筑工程；混凝土及钢筋混凝土工程；构件运输及安装工程；门窗及木结构工程；楼地面工程；防腐、保温、隔热工程；装饰工程；金属结构工程；建筑工程垂直运输定额；建筑物超高增加人工、机械定额。

具体工程量计算时按定额的分部顺序，每个分部内又按定额的分项顺序逐个对照检查，看见图纸上设计有的项目就进行计算，没有的就略过，这种计算既不会漏项，又不会重复。这种方法要求熟悉图纸，对新手而言不失为一种循序渐进的好方法。

（3）按统筹方法计算

按统筹方法计算是根据工程量计算的自身规律，抓住共性因素，先主后次，统筹安排计算程序，简化计算过程。

计算步骤如下：

① 熟悉图纸、定额及现场情况。

② 基数计算。

$$三线一面计算\begin{cases}外墙中心线：L_{中}\\外墙外边线：L_{外}\\内墙净长线：L_{内}\\底层建筑面积：S_{底}\end{cases}$$

分轴线计算门窗的数量、面积。

分轴线计算墙体内预埋件，梁、柱的数量、体积。

③ 利用基数分项计算。

例如：

$$条基挖土方＝L_{中}×底宽×条基深$$
$$外墙体积＝(L_{中}×墙高－门窗面积)×墙厚－(预埋件及梁、柱体积)$$
$$内墙体积＝(L_{内}×墙高－门窗面积)×墙厚$$
$$楼、地面面积＝顶棚面积＝S_{底}－墙身面积$$

......

④ 其他项目计算。

⑤ 汇总。

⑥ 审核。

2. 分项工程常用的计算顺序

（1）按顺时针方向计算

先从平面图左上角开始，按顺时针方向自左到右，自上而下逐步计算。例如，计算外墙、楼地面、内墙、天棚等都可按此法计算。

（2）按编号顺序计算

按编号顺序计算即按图纸所标注各种构件、配件的编号顺序计算。例如，在施工图上对门窗构件、钢筋混凝土构件、金属结构构件等分别按所注编号，逐一分别计算。

（3）按定位轴线编号计算

对于比较复杂的工程，按设计图纸上标注的定位轴线编号顺序计算，不易出现漏项或重复计算，应用较为广泛。

7.2.4 建筑面积计算规则

建筑面积是指房屋建筑中符合条件的各层外围水平投影面积的总和，包括使用面积、辅助面积和结构面积。其中，使用面积是指建筑物各层平面布置中直接为生产或生活使用的净面积总和，如住宅中的居住面积。辅助面积是指建筑物各层平面布置中辅助生产或生活所占净面积总和，如住宅中楼梯、走道、厨房、卫生间等的面积。结构面积是指建筑物各层平面布置中的墙体、柱、垃圾道、通风道、管道井等结构所占面积的总和。

建筑面积一直是工程建筑中的一项重要的技术经济数据，如依据建筑面积计算每平方米的工程造价，每平方米的用工量，每平方米的主要材料用量等；其也是计算某些分项工程量的基本数据，如计算平整场地，综合脚手架、楼地面工程量等；它还是计划、统计及工程概况的主要数量指标之一，如计划面积、竣工面积、在建面积等指标。因此建筑面积必须依据《建筑工程建筑面积计算规范》(GB/T 50353—2005)中规定的"建筑面积计算规则"进行准确计算。

1. 计算建筑面积的范围

(1) 单层建筑物的建筑面积，应按其外墙勒脚以上结构外围水平面积计算，并应符合下列规定：

① 单层建筑物高度在2.20m及以上者应计算全面积；高度不足2.20m者应计算1/2面积。

② 利用坡屋顶内空间时净高超过2.10m的部位应计算全面积；净高在1.20m至2.10m的部位应计算1/2面积；净高不足1.20m的部位不应计算面积(图7-1)。

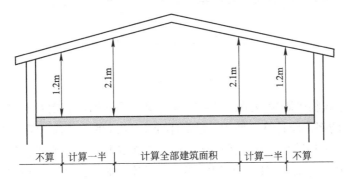

图7-1 单层建筑物利用坡屋顶空间的建筑面积计算

(2) 单层建筑物内设有局部楼层者，局部楼层的二层及以上楼层，有围护结构的应按其围护结构外围水平面积计算，无围护结构的应按其结构底板水平面积计算(图7-2)。层高在2.20m及以上者应计算全面积；层高不足2.20m者应计算1/2面积。

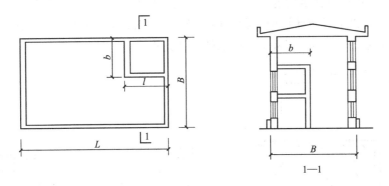

图7-2 设有部分楼层的单层建筑物

(3) 多层建筑物首层应按其外墙勒脚以上结构外围水平面积计算；二层及以上楼层应按其外墙结构外围水平面积计算。层高在2.20m及以上者应计算全面积；层高不足2.20m者应计算1/2面积。

(4) 多层建筑坡屋顶内和场馆看台下，当设计加以利用时净高超过2.10m的部位应计算全面积；净高在1.20m至2.10m的部位应计算1/2面积；当设计不利用或室内净高不足1.20m时不应计算面积。

(5) 地下室、半地下室(车间、商店、车站、车库、仓库等)，包括相应的有永久性顶盖的出入口，应按其外墙上口(不包括采光井、外墙防潮层及其保护墙)外边线所围水平面积计算(图7-3)。层高在2.20m及以上者应计算全面积；层高不足2.20m者应计算1/2面积。

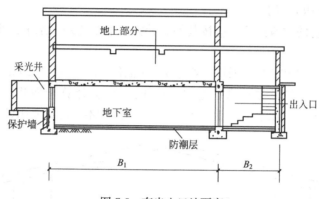

图7-3　有出入口地下室

(6) 坡地的建筑物吊脚架空层、深基础架空层，设计加以利用并有围护结构的，层高在2.20m及以上的部位应计算全面积；层高不足2.20m的部位应计算1/2面积(图7-4)。设计加以利用、无围护结构的建筑吊脚架空层，应按其利用部位水平面积的1/2计算；设计不利用的深基础架空层、坡地吊脚架空层、多层建筑坡屋顶内、场馆看台下的空间不应计算面积。

(7) 建筑物的门厅、大厅按一层计算建筑面积。门厅、大厅内设有回廊时，应按其结构底板水平面积计算。层高在2.20m及以上者应计算全面积；层高不足2.20m者应计算1/2面积。

(8) 建筑物间有围护结构的架空走廊，应按其围护结构外围水平面积计算(图7-5)。层高在2.20m及以上者应计算全面积；层高不足2.20m者应计算1/2面积。有永久性顶盖无围护结构的应按其结构底板水平面积的1/2计算。

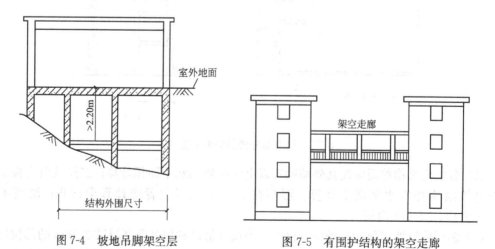

图7-4　坡地吊脚架空层　　　　图7-5　有围护结构的架空走廊

(9) 立体书库、立体仓库、立体车库，无结构层的应按一层计算，有结构层的应按其结构层面积分别计算。层高在2.20m及以上者应计算全面积；层高不足2.20m者应计算

1/2 面积。

有围护结构的舞台灯光控制室,应按其围护结构外围水平面积计算。层高在 2.20m 及以上者应计算全面积;层高不足 2.20m 者应计算 1/2 面积。

(10) 有围护结构的舞台灯光控制室,应按其围护结构外围水平面积计算。层高在 2.20m 及以上者应计算全面积;层高不足 2.20m 者应计算 1/2 面积。

(11) 建筑物外有围护结构的落地橱窗、门斗、挑廊、走廊、檐廊,应按其围护结构外围水平面积计算。层高在 2.20m 及以上者应计算全面积;层高不足 2.20m 者应计算 1/2 面积。有永久性顶盖无围护结构的应按其结构底板水平面积的 1/2 计算。

(12) 有永久性顶盖无围护结构的场馆看台应按其顶盖水平投影面积的 1/2 计算。

(13) 建筑物顶部有围护结构的楼梯间、水箱间、电梯机房等,层高在 2.20m 及以上者应计算全面积;层高不足 2.20m 者应计算 1/2 面积。

(14) 设有围护结构不垂直于水平面而超出底板外沿的建筑物,应按其底板面的外围水平面积计算。层高在 2.20m 及以上者应计算全面积;层高不足 2.20m 者应计算 1/2 面积。

(15) 建筑物内的室内楼梯间、电梯井、观光电梯井、提物井、管道井、通风排气竖井、垃圾道、附墙烟囱应按建筑物的自然层计算。

(16) 雨篷结构的外边线至外墙结构外边线的宽度超过 2.10m 者,应按雨篷结构板的水平投影面积的 1/2 计算。

(17) 有永久性顶盖的室外楼梯,应按建筑物自然层的水平投影面积的 1/2 计算。

(18) 建筑物的阳台均应按其水平投影面积的 1/2 计算。

(19) 有永久性顶盖无围护结构的车棚、货棚、站台、加油站、收费站等,应按其顶盖水平投影面积的 1/2 计算(图 7-6)。

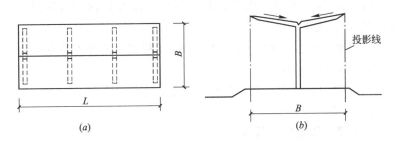

图 7-6 有永久性顶盖的站台(车棚)

(a)平面;(b)剖面

(20) 高低联跨的建筑物,应以高跨结构外边线为界分别计算建筑面积;其高低跨内部连通时,其变形缝应计算在低跨面积内(图 7-7)。

(21) 以幕墙作为围护结构的建筑物,应按幕墙外边线计算建筑面积。

(22) 建筑物外墙外侧有保温隔热层的,应按保温隔热层外边线计算建筑面积。

(23) 建筑物内的变形缝,应按其自然层合并在建筑物面积内计算。

2. 不计算建筑面积的范围(图 7-8)

下列项目不应计算面积:

(1) 建筑物通道(骑楼、过街楼的底层)。

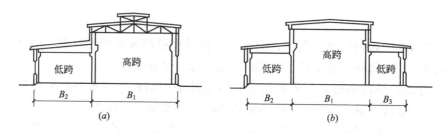

图 7-7 高低连跨的建筑物

(a)高跨为边跨；(b)高跨为中跨

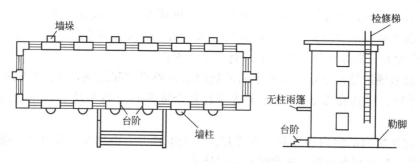

图 7-8 不计算建筑面积的构件

（2）建筑物内的设备管道夹层。

（3）建筑物内分隔的单层房间，舞台及后台悬挂幕布、布景的天桥、挑台等。

（4）屋顶水箱、花架、凉棚、露台、露天游泳池。

（5）建筑物内的操作平台、上料平台、安装箱和罐体的平台。

（6）勒脚、附墙柱、垛、台阶、墙面抹灰、装饰面、镶贴块料面层、装饰性幕墙、空调室外机搁板（箱）、飘窗、构件、配件、宽度在 2.10m 及以内的雨篷以及与建筑物内不相连通的装饰性阳台、挑廊。

（7）无永久性顶盖的架空走廊、室外楼梯和用于检修、消防等的室外钢楼梯、爬梯。

（8）自动扶梯、自动人行道。

（9）独立烟囱、烟道、地沟、油（水）罐、气柜、水塔、贮油（水）池、贮仓、栈桥、地下人防通道、地铁隧道。

7.2.5 土建工程预算工程量计算规则

1. 土石方工程

土石方工程分为人工土石方和机械土石方两部分，主要包括平整场地、挖土方、挖地槽、挖地坑、回填土、夯实、运土（石）方、爆破岩石等分项工程。

人工土石方工程常见的预算项目有人工平整场地、人工挖土方、人工挖地槽（地坑）、人工山坡切土、人工挖淤泥流沙、人工运土方、人工回填土、人工支挡土板等。

机械土方工程预算项目主要有推土机推土、铲运机运土、挖掘机挖土、自卸汽车运土、场地机械平整碾压等。

石方工程一般预算列项有人工凿岩石、清理岩石、岩石一般爆破、人工装渣手推车运石、挖掘机挖渣（自卸汽车运）等。

（1）计算土石方工程量前应确定的资料

① 土壤及岩石类别的确定。

土壤或岩石类别不同，土石方工程量计算结果和选套预算定额单价也不同。土石方工程土壤及岩石类别的划分，依工程勘测资料与《土壤及岩石分类表》对照后确定。表中按普氏分类法把土壤及岩石分为 16 类，分别对应预算定额分为 10 类，详见表 7-5。

土壤及岩石(普氏)分类表

表 7-5

土壤及岩石类别	土壤及岩石名称	天然湿度下平均密度（kg/m³）	极限压碎强度(MPa)	用轻钻孔机钻进 1m 耗时(min)	开挖方法及工具	紧固系数	预算定额分类
I	砂	1500			用尖锹开挖	0.5～0.6	一、二类土
	砂壤土	1600					
	腐殖土	1200					
	泥炭	600					
II	轻壤土和黄土类土	1600			用锹开挖并少数用镐开挖	0.6～0.8	一、二类土
	潮湿而松散的黄土，软的盐渍土和碱土	1600					
	平均直径在 15mm 以内的松散而软的砾石	1700					
	含有草根的密实腐殖土	1400					
	含有直径在 30mm 以内根类的泥炭和腐殖土	1100					
	掺有卵石、碎石和石屑的砂和腐殖土	1650					
	含有卵石或碎石杂质的胶结成块的填土	1750					
	含有卵石、碎石和建筑料杂质的砂壤土	1900					
III	肥粘土其中包括石炭纪、侏罗纪的粘土和冰黏土	1800			用尖锹开挖同时用镐开挖(30%)	0.81～1.0	三类土
	重壤土、粗砾石，粒径为 15～40mm 的碎石和卵石	1750					
	干黄土和掺有碎石或卵石的自然含水量黄土	1790					
	含有直径大于 30mm 根类的腐殖土或泥炭	1400					
	掺有碎石或卵石和建筑碎料的土壤	1900					
IV	土含碎石重黏土，其中包括侏罗纪和石炭纪的硬黏土	1950			用尖锹开挖同时用镐和撬棍开挖(30%)	1.0～1.5	四类
	含有碎石、卵石、建筑碎料和质量达 25kg 的顽石（总体积 10% 以内）等杂质的肥黏土和重壤土	1950					

土壤及岩石类别	土壤及岩石名称	天然湿度下平均密度（kg/m³）	极限压碎强度（MPa）	用轻钻孔机钻进1m耗时（min）	开挖方法及工具	紧固系数	预算定额分类
IV	冰渍黏土，含有质量在50kg以内的巨砾，其含量为总体积10%以内	5000			用尖锹开挖同时用镐和撬棍开挖（30%）	1.0～1.5	四类
	泥板岩	2000					
	不含或含有质量达10kg的顽石	1950					
V	含有质量在50kg以内的巨砾（占体积10%以上）的冰渍石	2100	<20	<3.5	部分用手凿工具，部分用爆破方法开挖	1.5～2.0	五类
	砂藻岩和软白垩岩	1800					
	胶结力弱的砾岩	1900					
	各种不坚实的片岩	2600					
	石膏	2200					
VI	凝灰岩和浮石	1100	20～40	3.5	用风镐和爆破方法开挖	2～4	
	松软多孔和裂隙严重的石灰岩和介质石灰岩	1200					
	中等硬变的片岩	2700					
	中等硬变的片泥炭岩	2300					
VII	石灰石胶结的带有卵石和沉积岩的砾石	2200	40～60	6.0	用爆破方法开挖	4～6	六类
	风化和有大裂缝的黏土质砂岩	2000					
	坚实的泥岩	2800					
	坚实的泥灰岩	2500					
VIII	砾质花岗岩	2300	60～80	8.5	用爆破方法开挖	6～8	
	泥灰质石灰岩	2300					
	黏土质砂岩	2200					
	砂质云母片岩	2300					
	硬石膏	2900					
IX	严重风化的软弱的花岗岩、片麻岩和正长岩	2500	80～100	11.5	用爆破方法开挖	8～10	七类
	滑石化的蛇纹岩	2400					
	致密的石灰岩	2500					
	含有卵石、沉积岩的硅质胶结的砾岩	2500					
	砂岩	2500					
	砂质石灰质片岩	2500					
	菱镁矿	3000					

168

土壤及岩石类别	土壤及岩石名称	天然湿度下平均密度（kg/m³）	极限压碎强度（MPa）	用轻钻孔机钻进1m耗时（min）	开挖方法及工具	紧固系数	预算定额分类
X	白云石	2700	100～120	15.0	用爆破方法开挖	10～12	七类
	坚固的石灰岩	2700					
	大理岩	2700					
	石灰质胶结的致密砾石	2600					
	坚固砂质片岩	2600					
XI	粗花岗石	2800	120～140	18.5	用爆破方法开挖	12～14	八类
	非常坚硬的白云岩	2900					
	蛇纹岩	2600					
	石灰质胶结的含有火成岩之卵石的砾石	2800					
	石英胶结的紧固砂岩	2700					
	粗粒正长岩	2700					
XII	具有分化痕迹的安山岩和玄武岩	2700	140～160	22.0	用爆破方法开挖	14～16	
	片麻岩	2600					
	非常坚固的石灰岩	2900					
	硅质胶结的含有火成岩之卵石的砾石	2900					
	粗石岩	2600					
XIII	中粒花岗岩	3100	160～180	27.5	用爆破方法开挖	16～18	九类
	坚固的片麻岩	2800					
	辉绿岩	2700					
	玢岩	2500					
	坚固的粗面岩	2800					
	中粒正长岩	2800					
XIV	非常坚硬的细粒花岗岩	3300	180～200	32.5	用爆破方法开挖	18～20	九类
	花岗岩麻岩	2900					
	闪长岩	2900					
	高硬度的石灰岩	3100					
	坚固的玢岩	2700					
XV	安山岩、玄武岩、坚固的角页岩	3100	200～250	46.0	用爆破方法开挖	20～25	十类
	高密度的辉绿岩和闪长岩	2900					
	坚固的辉长岩和石英石	2800					
	拉长玄武岩和橄榄玄武岩	3300	＞250	＞60	用爆破方法开挖	＞25	
	特别坚固的辉长辉绿岩、石英石和玢岩	3000					

② 地下水位标高及排(降)水方法。

地下水位高低，对其预算造价影响很大。当地下水位标高超过基础底面标高时，通常要结合工地具体情况，采取排降地下水措施。人工挖土方时人工工日的消耗量因干土和湿土不同，人工土方定额是按干土编制的，如挖湿土时，人工需乘以系数1.18。干湿的划分，根据地质勘测资料以地下常水位为准划分，地下常水位以上为干土，以下为湿土。

③ 土方、沟槽、基坑挖(填)起止标高，施工方法及运距，是否放坡，是否支挡土板。

④ 岩石开凿、爆破方法、石渣清运方法及运距。

⑤ 其他有关资料。

(2) 土石方工程工程量计算一般规则

① 土方体积，均以挖掘前的天然密实体积为准计算，如遇有必须以天然体积折算时，可按表7-6所列数值换算。

土方体积折算表　　　　表7-6

虚方体积	天然密实度体积	夯实后体积	松填体积
1.00	0.77	0.67	0.83
1.30	1.00	0.87	1.08
1.50	1.15	1.00	1.25
1.20	0.92	0.80	1.00

② 挖土一律以设计室外地坪标高为准计算。

(3) 平整场地及碾压工程量计算

① 人工平整场地是指建筑场地挖、填土方厚度在±30cm以内及找平。挖、填土方厚度超过±30cm以外时，按场地土方平衡竖向布置图另行计算。

② 平整场地工程量按建筑物外墙外边线每边各加2m，以平方米(m²)计算。

③ 建筑场地原土碾压以平方米(m²)计算；填土碾压按图示填土厚度以立方米(m³)计算。

(4) 挖掘沟槽、基坑土方工程量计算

① 沟槽、基坑划分。

凡图示沟槽底宽在3m以内，且沟槽长大于槽宽3倍以上的，为沟槽。

凡图示基坑底面积在20m²以内的为基坑。

凡图示沟槽底宽在3m以外，坑底面积在20m²以外，平整场地挖土方厚度在30cm以外，均按挖土方计算。

② 计算挖沟槽、基坑、土方工程量需放坡时，放坡系数按表7-7规定计算。

放 坡 系 数 表　　　　表7-7

土壤类别	放坡起点(m)	人工挖土	机械挖土	
			在坑内作业	在坑上作业
一、二类土	1.20	1：0.5	1：0.33	1：0.75
三类土	1.50	1：0.33	1：0.25	1：0.67
四类土	2.00	1：0.25	1：0.10	1：0.33

③ 挖沟槽、基坑需支挡土板时，其宽度按图示沟槽、基坑底宽，单面加 10cm，双面加 20cm 计算。挡土板面积，按槽、坑垂直支撑面积计算，支挡土板后，不得再计算放坡。

④ 基础施工所需工作面，按表 7-8 规定计算。

基础施工所需工作面宽度计算表　　　　　表 7-8

基础材料	每边各增加工作面宽度(mm)
砖基础	200
浆砌毛石、条石基础	150
混凝土基础垫层支模板	300
混凝土基础支模板	300
基础垂直面做防水层	800(防水面)

⑤ 挖沟槽长度，外墙按图示中心线长度计算；内墙按图示基础底面之间净长线长度计算；内外突出部分(垛、附墙烟囱等)体积并入沟槽土方工程量内计算。

⑥ 人工挖土方深度超过 1.5m 时，按表 7-9 规定增加工日。

人工挖土方超深增加工作日表(单位：100m³)　　　　　表 7-9

深 2m 以内	深 4m 以内	深 6m 以内
5.55 工日	17.60 工日	26.16 工日

⑦ 挖管道沟槽按图示中心线长度计算，沟底宽度，设计有规定的，按设计规定尺寸计算，设计无规定的，可按表 7-10 规定宽度计算。

管道地沟沟底宽度计算表(单位：m)　　　　　表 7-10

管径(mm)	铸铁管、钢管、石棉水泥管	混凝土、钢筋混凝土、预应力混凝土管	陶土管
50～70	0.60	0.80	0.70
100～200	0.70	0.90	0.80
250～350	0.80	1.00	0.90
400～450	1.00	1.30	1.10
500～600	1.30	1.50	1.40
700～800	1.60	1.80	
900～1000	1.80	2.00	
1100～1200	2.00	2.30	
1300～1400	2.20	2.60	

⑧ 沟槽、基坑深度，按图示槽、坑底面至室外地坪深度计算；管道地沟按图示沟底至室外地坪深度计算。

⑨ 挖沟槽计算公式。

挖沟槽工程量按体积以立方米(m³)计算，按挖土类别与挖土深度分别套定额项目。

A. 不放坡、不支挡土板、有工作面，如图 7-9 所示。

其计算公式为

$$V = H(a + 2c)L$$

式中　V——沟槽土方量（m^3）；

　　　H——挖土深度；

　　　a——基础或垫层底宽；

　　　c——增加工作面宽，不增加工作面时，$c=0$；

　　　L——沟槽长度，外墙为中心线长，内墙为净长。

B. 由垫层表面放坡，无工作面，如图7-10所示。

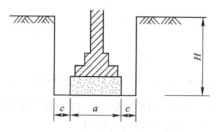

图7-9　不放坡有工作面

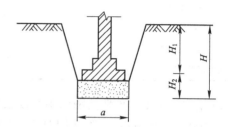

图7-10　垫层表面放坡

其计算公式为

$$V = H_1(a + KH_1)L + H_2aL$$

式中　K——坡度系数。

C. 双面支挡土板，有工作面，如图7-11所示。

其计算公式为

$$V = H(a + 2c + 0.2)L$$

（5）挖基坑计算公式

① 不放坡、不支挡土板。

其计算公式为

$$V = H(a + 2c)(b + 2c)$$

式中　a——基础底宽；

　　　b——基础底长；

　　　c——增加工作面宽，不增加时，$c=0$；

　　　H——地坑深度。

② 放坡时，如图7-12所示。

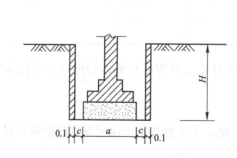

图7-11　双面支挡土板

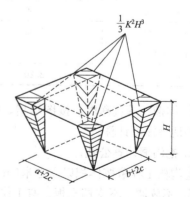

图7-12　挖地坑放坡示意图

172

其计算公式为

$$V = (a+2c)(b+2c)H + (a+2c)KH^2 + (b+2c)KH^2 + \frac{4}{3}K^2H^3$$

$$= (a+2c+KH)(b+2c+KH)H + \frac{1}{3}K^2H^3$$

式中　K——地坑土壤放坡系数；

　　　其余字母同上。

【例 7-1】　某构筑物为满堂基础，基础垫层为 C10 混凝土，基底长宽方向尺寸为 8.04m 和 5.64m，垫层厚 20cm，标高如图 7-13 所示，垫层标高为 −4.550m，室外地面标高为 −0.650m，地下常水位标高为 −3.500m。该处土壤为一，二类土，采用人工挖土。试计算挖土方工程量。

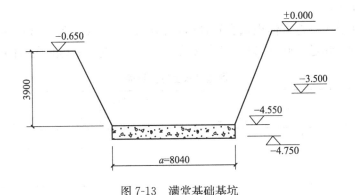

图 7-13　满堂基础基坑

【解】（1）挖干湿土总量

查表 7-7 得放坡系数 $k=0.5$，参照公式：

$$v = (a+2c+KH)(b+2c+KH)H + \frac{1}{3}k^2H^3$$

垫层土方部分 $V_1 = a \times b \times 0.2 = 8.04 \times 5.64 \times 0.2 = 9.07(\text{m}^3)$

垫层以上土方 $V_2 = (8.04+0.5 \times 3.9)(5.64+0.5 \times 3.9)$
　　　　　　　　$+ 1/3 \times (0.5 \times 0.5) \times (3.9 \times 3.9 \times 3.9)$
　　　　　　　$= 295.71 + 4.94 = 300.65(\text{m}^3)$

挖干湿土总量 $V_0 = V_1 + V_2 = 9.07 + 300.65 = 309.72(\text{m}^3)$

（2）挖湿土量

按图 7-13，放坡部分挖湿土深度为 1.05m，则

挖湿土量 $V_3 = V_1 + (8.04+0.5 \times 1.05)(5.64+0.5$
　　　　　　$\times 1.05) \times 1.05 + 1/2 \times (0.5 \times 0.5) \times (1.05 \times 1.05 \times 1.05)$
　　　　　　$= (9.07 + 55.44 + 0.096)\text{m}^3 = 64.61(\text{m}^3)$

（3）挖干土量

$$V_4 = V_0 - V_3 = 309.72 - 64.61 = 254.11(\text{m}^3)$$

（6）人工挖孔桩土方工程量计算

人工挖孔桩土方量按图示桩断面积乘以设计桩孔中心线深度计算。

（7）岩石开凿及爆破工程量计算

岩石开凿及爆破工程量，区别石质按下列规定计算：

① 人工凿岩石，按图示尺寸以立方米（m³）计算。

② 爆破岩石按图示尺寸以立方米（m³）计算，其沟槽、基坑深度、宽度允许超挖量：次坚石为 200mm；特坚石为 150mm。超挖部分岩石并入岩石挖方量计算。

（8）回填土工程量计算

回填土区分夯填，松填按图示回填体积并依下列规定，以立方米（m³）计算。

① 沟槽、基坑回填土。

沟槽、基坑回填土体积以挖方体积减去设计室外地坪以下埋设砌筑物（包括基础垫层、基础等）体积计算。

② 管道沟槽回填土。

管道沟槽回填土以挖方体积减去管径所占体积计算。管径在 500mm 以下的不扣除管道所占体积；管径超过 500mm 以上时直接按表 7-11 规定扣除管道所占体积计算。

管道扣除土方体积表 表 7-11

管道名称	管道直径（mm）					
	501～600	601～800	801～1000	1101～1200	1201～1400	1401～1600
钢管	0.21	0.44	0.71			
铸铁管	0.24	0.49	0.77			
混凝土管	0.33	0.60	0.92	1.15	1.35	1.55

③ 房心回填土。

房心回填土，按主墙之间的面积乘以回填土厚度计算。

$$回填土厚度＝室内外地坪高差－室内地坪结构层厚度$$

④ 余土或取土。

余土或取土工程量，可按下式计算：

$$余土外运体积＝挖土总体积－回填土总体积$$

式中，计算结果为正值时为余土外运体积，负值时为需取土体积。

（9）土方运距的计算

土方运距，按下列规定计算：

① 推土机推土运距，按挖方区重心至回填区重心之间的直线距离计算。

② 铲运机运土运距，按挖方区重心至卸土区重心加转向距离 45m 计算。

③ 自卸汽车运土运距，按挖方区重心至回填区（或堆放地点）重心的最短距离计算。

（10）地基强夯

地基强夯按设计图示强夯面积，区分夯击能量，夯击遍数以平方米（m²）计算。

（11）井点降水工程量计算

井点降水区别轻型井点、喷射井点、大口径井点、电渗井点、水平井点，按不同井管深度的井管安装、拆除，以根为单位计算，使用按套、天计算。

井点套组成：轻型井点，50 根为一套；喷射井点，30 根为一套；大口径井点，45 根为一套；电渗井点阳极，30 根为一套；水平井点，10 根为一套。

井管间距应根据地质条件和施工降水要求，按施工组织设计确定，施工组织设计没有规定时，可按轻型井点管距 0.8～1.6m，喷射井点管距 2～3m 确定。

使用天应以每昼夜 24h 为一天，使用天数应按施工组织设计规定的使用天数计算。

(12) 桩基础工程

桩基础由桩和承台组成。桩基础工程是指陆地上打桩，包括人工挖孔桩、钻(冲)孔桩、地下连续墙等分项工程。

① 计算打桩(灌注桩)工程量前应确定的事项。

打桩工程量计算与工程地质、工程规模、桩类型和规格，以及打桩工艺等因素密切相关，在计算工作开始之前，必须明确以下计算依据：

A. 确定土壤级别，依工程地质中的土层构造，土壤物理、化学性质及每米沉桩时间鉴别适用定额土质级别。

B. 确定施工方法、工艺流程，采用机型、桩、土壤泥浆运距。

② 打预制钢筋混凝土桩工程量计算。

A. 打预制钢筋混凝土桩的体积，按设计桩长(包括桩尖，不扣除桩尖虚体积)乘以桩截面面积计算。

B. 管桩的空心体积应扣除，如管桩的空心部分按设计要求灌注混凝土或其他填充材料时应另行计算。

③ 接桩工程量计算。

接桩是指设计打桩深度较大，设计要求两根或两根以上桩连接后才能达到设计桩底标高的情况。连接的方式有两种：焊接法和浆锚法(亦称硫磺胶泥接桩)。

接桩工程量计算规则：电焊接桩按设计接头，以"个"计算；硫磺胶泥接桩按桩断面以平方米(m^2)计算。

④ 送桩工程量计算。

送桩是指设计要求将桩顶面打到低于桩操作平台以下某一标高处，这时桩锤就不可能将桩打到要求的位置，因而需另一根"冲桩"(也称送桩)，接到该桩顶上以传递桩锤的力量，将桩打到要求的位置，再去掉"冲桩"，这一过程即为送桩。

送桩工程量计算规则：按桩截面面积乘以送桩长度(即打桩机架底至桩顶面高度或自桩顶面至自然地坪面另加 0.5m)计算。

⑤ 打拔钢板桩工程量计算。

打拔钢板桩的工程量按钢板桩重量以吨(t)计算。

⑥ 打孔灌注桩工程量计算。

A. 混凝土桩、砂桩、碎石桩的体积，按设计规定的桩长(包括桩尖，不扣除桩尖虚体积)乘以钢管管箍外径截面面积计算。

B. 扩大桩的体积按单桩体积乘以次数计算。

C. 打孔后先埋入预制混凝土桩尖，再灌注混凝土者，桩尖按钢筋混凝土规定计算体积，灌注桩按设计长度(自桩尖顶面至桩顶面高度)乘以钢管管箍外径截面面积计算。

⑦ 钻孔灌注桩工程量计算。

A. 钻孔灌注桩按设计桩长(包括桩尖，不扣除桩尖虚体积)增加 0.25m 乘以设计断面面积计算。

B. 灌注混凝土桩的钢筋笼制作依设计规定，按混凝土及钢筋混凝土中钢筋计算规则以吨(t)计算。

C. 泥浆运输工程量按钻孔体积以立方米(m^3)计算。

⑧ 其他。

A. 安、拆导向夹具，按设计图纸规定它的水平延长米来计算。

B. 桩架90°调面只适用轨道式、走管式、导杆、筒式柴油打桩机以次计算。

2. 脚手架工程

脚手架工程包括综合脚手架、单项脚手架、其他脚手架等分项。脚手架材料是周转使用材料，在预算定额中规定的材料消耗量是使用一次应摊销的材料数量。

脚手架工程分为以建筑面积为计算基数的综合脚手架和按垂直(水平)投影面积、长度等计算的单项脚手架等两大类。凡计算建筑面积的工业与民用建筑单位工程，均在执行综合脚手架定额；凡不能计算建筑面积而必须搭设脚手架的单位工程和其他工程项目，可执行单项脚手架定额。

(1) 综合脚手架

① 综合脚手架工程量，按建筑物的总建筑面积以平方米(m^2)计算。

② 综合脚手架定额项目中的单层建筑物是指一层和一层带地下室的单位工程，多层建筑物是指二层以上(不计地下室层)的单位工程。

③ 影剧院、礼堂带有吊顶者，其吊顶高度在4.5m以上时，所需满堂脚手架，可按综合脚手架中影剧院、礼堂增加满堂脚手架定额计算。

④ 综合脚手架定额项目内不包括建筑物垂直封闭、垂直防护架及水平防护架，实际需要时应按单项脚手架另行计算。

⑤ 按综合脚手架定额计算时，除以上规定可增加计算的单项脚手架外，不得再计算其他单项脚手架。

(2) 单项脚手架

① 单项脚手架工程量计算一般规则。

A. 建筑物外墙脚手架，凡设计室外地坪至檐口(或女儿墙上表面)的砌筑高度在15m以下的按单排脚手架计算；砌筑高度在15m以上的或砌筑高度不足15m，但外墙门窗及装饰面积超过外墙表面积60%以上时，均按双排脚手架计算。采用竹制脚手架时，按双排计算。

B. 建筑物内墙脚手架，凡设计室内地坪至顶板下表面(或山墙高度的1/2处)的砌筑高度在3.6m以下的，按里脚手架计算；砌筑高度在3.6m以上的，按单排脚手架计算。

C. 石砌墙体，凡砌筑高度超过1.0m以上时，按外脚手架计算。

D. 计算内、外墙脚手架时，均不扣除门、窗洞口、空圈洞口等所占面积。

E. 同一建筑物高度不同时，应按不同高度分别计算。

F. 现浇钢筋混凝土框架柱、梁按双排脚手架计算。

G. 围墙脚手架，凡室外自然地坪至围墙顶面的砌筑高度在3.6m以下的，按里脚手架计算；砌筑高度超过3.6m以上时，按单排脚手架计算。

H. 室内天棚装饰面距设计室内地坪在3.6m以上时，应计算满堂脚手架，计算满堂脚手架后，墙面装饰工程则不再计算脚手架。

I. 滑升模板施工的钢筋混凝土烟囱、筒仓，不另计算脚手架。

J. 砌筑贮仓，按双排外脚手架计算。

K. 贮水（油）池、大型设备基础，凡距地坪高度超过1.2m以上的，均按双排脚手架计算。

L. 整体满堂钢筋混凝土基础，凡其宽度超过3m以上时，按其底板面积计算满堂脚手架。

② 砌筑脚手架工程量计算。

A. 外脚手架按外墙外边线长度，乘以外墙砌筑高度以平方米（m²）计算，突出墙外宽度在24cm以内的墙垛，附墙烟囱等不计算脚手架；宽度超过24cm以外时按图示尺寸展开计算，并计入外脚手架工程量之内。

B. 里脚手架按墙面垂直投影面积计算。

C. 独立柱按图示柱结构外围周长另加3.6m，乘以砌筑高度以平方米（m²）计算，套用相应外脚手架定额。

③ 现浇钢筋混凝土框架脚手架工程量计算。

A. 现浇钢筋混凝土柱，按柱图示周长尺寸另加3.6m，乘以柱高以平方米（m²）计算，套用相应外脚手架定额。

B. 现浇钢筋混凝土梁、墙，按设计室外地坪或楼板上表面至楼板底之间的高度，乘以梁、墙净长以m²计算，套用相应双排外脚手架定额。

④ 装饰工程脚手架工程量计算。

A. 满堂脚手架，按室内净面积计算，其高度在3.6～5.2m之间时，计算基本层，超过5.2m时，每增加1.2m按增加一层计算，不足0.6m的不计。以算式表示为

$$满堂脚手架增加层 = \frac{室内净高 - 5.2(m)}{1.2(m)}$$

B. 挑脚手架，按搭设长度和层数，以延长米计算。

C. 悬空脚手架，按搭设水平投影面积以平方米（m²）计算。

D. 高度超过3.6m墙面装饰不能利用原砌筑脚手架时，可以计算装饰脚手架。装饰脚手架按双排脚手架乘以0.3计算。

⑤ 其他脚手架工程量计算。

A. 水平防护架，按实际铺板的水平投影面积，以平方米（m²）计算。

B. 垂直防护架，按自然地坪至最上一层横杆之间的搭设高度，乘以实际搭设长度，以平方米（m²）计算。

C. 架空运输脚手架，按搭设长度以延长米计算。

D. 烟囱、水塔脚手架，区别不同搭设高度，以座计算。

E. 电梯井脚手架，按单孔以座计算。

F. 斜道，区别不同高度以座计算。

G. 砌筑贮仓脚手架，不分单筒或贮仓组均按单筒外边线周长，乘以设计室外地坪至贮仓上口之间高度，以平方米（m²）计算。

H. 贮水（油）池脚手架，按外壁周长乘以室外地坪至池壁顶面边线之间高度，以平方米（m²）计算。

I. 大型设备基础脚手架，按其外形周长乘以地坪至外形顶面边线之间高度，以平方米(m^2)计算。

J. 建筑物垂直封闭工程量按封闭面的垂直投影面积计算。

⑥ 安全网工程量计算。

A. 立挂式安全网按架网部分的实挂长度乘以实挂高度计算。

B. 挑出式安全网按挑出的水平投影面积计算。

3. 砌筑工程

砌筑工程包括砌砖和砌石工程。砌砖工程包括：砖基础、各种规格的砖墙、砖柱、砖地沟、小型砌体、砖墙勾缝等；砌石工程包括毛石基础、各种规格的毛石墙、石墙勾缝等。

（1）砌筑工程量计算的一般规则

砖砌体厚度，按如下规定计算：

① 标准砖以 240mm×115mm×53mm 为准，其砌体计算厚度，按表 7-12 计算。

标准砖砌体计算厚度表　　　　　　　　　　表 7-12

砖数(厚度)	1/4	1/2	3/4	1	1.5	2	2.5	3
计算厚度(mm)	53	115	180	240	365	490	615	740

② 使用非标准砖时，其砌体厚度应按砖实际规格和设计厚度计算。

（2）基础与墙身（柱身）的划分

① 基础与墙（柱）身使用同一种材料时，以设计室内地面为界（有地下室者，以地下室室内设计地面为界），以下为基础，以上为墙（柱）身。

② 基础与墙身使用不同材料时，位于设计室内地面±300mm 以内时，以不同材料为分界线，超过±300mm 时，以设计室内地面为分界线。

③ 砖、石围墙，以设计室外地面为界，以下为基础，以上为墙身。

（3）砌筑基础工程量计算

砖石基础以图示尺寸按 m^3 计算。

① 基础长度。外墙墙基按外墙中心线长度计算；内墙墙基按内墙基净长计算。

② 基础放大脚 T 形接头处的重叠部分以及嵌入基础的钢筋、铁件、管道、基础防潮层及单个面积在 $0.3m^2$ 以内孔洞所占体积不予扣除，但靠墙暖气沟的挑檐亦不增加。附墙垛基础宽出部分体积应并入基础工程量内。

③ 条形砖基础大放脚的断面面积。

砖基础的大放脚通常采用等高式和不等高式两种砌法，如图 7-14 所示。

采用大放脚砌筑法时，砖基础断面面积常按下述两种方法计算。

A. 采用折加高度计算：

$$基础断面积＝基础墙宽度×（基础高度＋折加高度）$$

式中　基础高度——垫层上表面至室内地面的高度；

$$折加高度＝\frac{大放脚增加断面积}{基础墙宽度}$$

B. 采用增加断面面积计算：

$$基础断面积＝基础墙宽度×基础高度＋大放脚增加断面面积$$

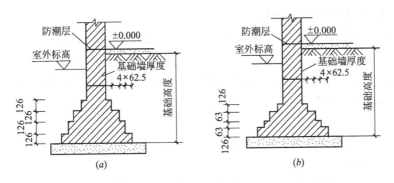

图 7-14 大放脚砖基础示意图

(a)等高大放脚砖基础；(b)不等高大放脚砖基础

等高式和不等高式砖墙基础大放脚折加高度和增加断面面积见表 7-13。

砖墙基础大放脚折加高度和增加断面面积计算表　　　　　表 7-13

放脚层数	折加高度(m)												增加断面(m²)	
	基础墙厚砖数(m)													
	1/2(0.115)		1(0.24)		1.5(0.365)		2(0.49)		2.5(0.615)		3(0.74)			
	等高	不等高	等高	不等高	等高	不等高	等高	不等高	等高	不等高	等高	不等高	等高	不等高
一	0.137	0.137	0.066	0.066	0.043	0.043	0.032	0.032	0.026	0.026	0.021	0.021	0.01575	0.01575
二	0.411	0.342	0.197	0.164	0.129	0.108	0.096	0.08	0.077	0.064	0.064	0.053	0.4725	0.03938
三	0.822	0.685	0.394	0.328	0.259	0.216	0.193	0.161	0.154	0.128	0.128	0.106	0.0945	0.07875
四	1.37	1.096	0.656	0.525	0.432	0.345	0.321	0.257	0.256	0.205	0.213	0.17	0.1575	0.126
五	2.054	1.043	0.984	0.788	0.647	0.518	0.482	0.386	0.384	0.307	0.319	0.255	0.2363	0.189
六	2.876	2.26	1.378	1.083	0.906	0.712	0.675	0.53	0.538	0.419	0.447	0.351	0.3308	0.2599
七			1.838	1.444	1.208	0.949	0.90	0.707	0.717	0.563	0.596	0.468	0.441	0.3465
八			2.363	1.838	1.533	1.208	1.157	0.90	0.922	0.717	0.766	0.596	0.567	0.441
九			2.953	2.927	1.942	1.51	1.447	1.125	1.153	0.896	0.958	0.745	0.7088	0.5513
十			3.61	2.789	2.373	1.834	1.768	1.366	1.409	1.088	1.171	0.905	0.8663	0.6694

【例 7-2】 某仓库基础平面、断面如图 7-15 所示，其内墙断面与外墙相同，均为三层等高式大放脚砖基础。试计算基础砌砖工程量。

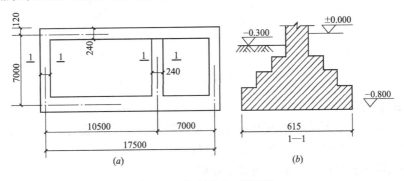

图 7-15 基础平面、断面图

179

【解】 (1) 按大放脚面积计算

基础断面面积 $A = 0.8 \times 0.24 + (0.126 \times 3 + 0.126 \times 2 + 0.126) \times 0.0625 \times 2$
$= 0.192 + 0.0945 = 0.2865 (m^2)$

基础体积 $V = (17.5 + 7.0) \times 2 + (7.0 - 0.24) \times 0.2865 = 55.76 \times 0.2865 = 15.975 (m^3)$

(2) 按折加高度计算

由公式

基础断面面积 $A =$ 基础墙宽度 $\times$ (基础高度 + 折加高度)

查表 7-13 可得

基础体积 $V = 0.24 \times (0.8 + 0.394) \times 55.76 = 15.978 (m^2)$

(3) 按增加断面面积计算

由公式

基础断面面积 $A =$ 基础墙宽度 $\times$ 基础高度 + 放大脚增加断面面积

查表 7-13 可得

基础体积 $V = (0.24 \times 0.8 + 0.0945) \times 55.76 = 15.975 (m^3)$

三种方法计算结果一致，基础砖砌体工程量为 15.98m³。

(4) 砌筑墙体工程量计算

砌筑墙体按墙体长度乘以厚度再乘以高度，以 m³ 计算，并扣除相应的内容。

① 墙的长度。

外墙长度按外墙中心线长度计算，内墙长度按内墙净长线计算。

② 墙身高度。

A. 外墙墙身高度。

斜(坡)屋面无檐口天棚的算至屋面板底，如图 7-16(a) 所示；
有屋架，且室内外均有天棚的算至屋架下弦底面另加 200mm，如图 7-16(b) 所示；
无天棚的算至屋架下弦底加 300mm，出檐宽度超过 600mm 时，应按实砌高度计算；
平屋面算至钢筋混凝土板底，如图 7-16(c) 所示。

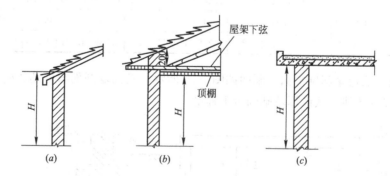

图 7-16 外砖墙计算高度示意图

B. 内墙墙身高度。

位于屋架下弦者，其高度算至屋架底；无屋架者算至天棚底另加 100mm；有钢筋混凝土楼板隔层者算至板底，有框架梁时算至梁底面。

内、外山墙墙身高度：按其平均高度计算。

180

女儿墙高度，自外墙顶面至图示女儿墙顶面高度，分别不同墙厚并入外墙计算。

③ 计算实砌砖墙时，应扣除及不扣除的体积。

A. 计算墙体时，应扣除的体积：

凡超过 0.3m² 的一切洞口所占的体积，包括门窗洞口、过人洞、空圈等；

嵌入墙身的钢筋混凝土柱、梁(包括过梁、圈梁、挑梁)、砖平璇、平砌砖过梁等；

暖气包壁龛及内墙上的钢筋混凝土板头的体积。

B. 不扣除的体积：

单个面积在 0.3m² 以下的孔洞；

嵌入墙内的梁头、外墙板头、檩头、垫木、木楞头、沿椽木、木砖、门窗走头以及砖墙内的加固钢筋、木筋、铁件、钢管等所占体积；

突出墙面的窗台虎头砖、压顶线、山墙泛水、烟囱根、门窗套及三皮砖以内的腰线和挑檐等体积。

C. 砖垛、三皮砖以上的腰线和挑檐等体积并入墙身体积内计算。

④ 附墙烟囱(包括附墙通风道、垃圾道)。

按其外形体积计算，并入所依附的墙体积内，不扣除每一个孔洞横截面在 0.1m² 以下的体积，但孔洞内的抹灰工程量亦不增加。

⑤ 砖平璇、平砌砖过梁。

按图示尺寸以 m³ 计算。如设计无规定时，砖平璇按门洞口宽度两端共加 100mm，乘以高度(门窗洞口小于 1500mm 时，高度为 240mm，大于 1500mm 时，高度为 360mm)计算；平砌砖过梁按门窗洞口宽度两端共加 500mm，高度按 440mm 计算，如图 7-17 所示。

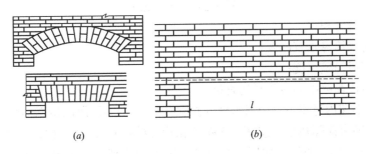

图 7-17 砖平璇、砌砖过梁示意图
(a)砖平璇；(b)钢筋砖过梁

⑥ 框架墙砌体。

内外墙以框架间的净空面积乘以墙厚计算，框架外表镶贴砖部分并入框架间砌体工程量内计算。

⑦ 空花墙。

按空花部分外形体积以 m³ 计算，空花部分不予扣除，其中实体部分以 m³ 另行计算。

⑧ 空斗墙。

按外形尺寸以 m³ 计算，墙角、内外墙交接处、门窗洞口立边、窗台砖及屋檐处的实砌部分已包括在定额内，不另行计算，但窗间墙、窗台下、楼板下、梁头下等实砌部分，应另行计算，套零星砌体定额项目。

181

⑨ 多孔砖、空心砖。

按图示厚度以 m^3 计算，不扣除其孔、空心部分体积。

⑩ 填充墙。

按外形尺寸以 m^3 计算，其中实砌部分已包括在定额内，不另计算。

⑪ 加气混凝土墙、硅酸盐砌块墙、小型空心砌块墙。

按图示尺寸以 m^3 计算，按设计规定需要镶嵌砖砌体部分已包括在定额内不另行计算。

（5）其他砖砌体积

① 砖砌锅台、炉灶，不分大小，均按图示外形尺寸以 m^3 计算，不扣除各种空洞的体积。

② 砖砌台阶（不包括梯带）按水平投影面积以 m^2 计算。

③ 厕所蹲台、水槽腿、灯箱、垃圾箱、台阶挡墙或梯带、花台、花池、地垄墙及支撑地楞的砖墩，房上烟囱、屋面架空隔热层砖墩及毛石墙的门窗立边、窗台虎头砖等实砌体积，以 m^3 计算，套用零星砌体定额项目。

④ 检查井及化粪池不分壁厚均以 m^3 计算，洞口上的砖平拱碹等并入砌体体积内计算。

⑤ 砖砌地沟不分墙基、墙身合并以 m^3 计算。石砌地沟按其中心线长度以延长米计算。

（6）砖烟囱

① 筒身，圆形、方形均按图示筒壁平均中心线周长乘以厚度并扣除筒身各种孔洞、钢筋混凝土圈梁、过梁等体积以 m^3 计算，其筒壁周长不同时可按下式分段计算。

$$V = \sum H \times C \times \pi D$$

式中　V——筒身体积；

　　　H——每段筒身垂直高度；

　　　C——每段筒壁厚度；

　　　D——每段筒壁中心线的平均直径。

② 烟道、烟囱内衬按不同内衬材料并扣除孔洞后，以图示实体积计算。

③ 烟囱内壁表面隔热层，按筒身内壁并扣除各种孔洞后的面积以 m^2 计算；填料按烟囱内衬与筒身之间的中心线平均周长乘以图示宽度和筒高，并扣除各种孔洞所占体积（但不扣除连接横砖及防沉带的体积）后以 m^3 计算。

④ 烟道砌砖，烟道与炉体的划分以第一道闸门为界，炉体内的烟道部分列入炉体工程量计算。

（7）砖砌水塔

① 水塔基础与塔身划分，以砖砌体的扩大部分顶面为界，以上为塔身，以下为基础，分别套相应基础砌体定额。

② 塔身以图示实砌体积计算，并扣除门窗洞口和混凝土构件所占的体积，砖平拱碹及砖出檐等并入塔身体积内计算，套用塔砌筑定额。

③ 砖水箱内外壁，不分壁厚，均以图示实砌体积计算，套相应的内外砖墙定额。

（8）砌体内的钢筋加固

应根据设计规定，以 t 为单位计算，套钢筋混凝土章节相应项目。

4. 混凝土及钢筋混凝土工程

混凝土及钢筋混凝土工程包括模板、钢筋和混凝土三个部分。《全国统一建筑工程基础定额》对混凝土及钢筋混凝土工程的划分如图7-18所示。

（1）模板

① 现浇混凝土及钢筋混凝土模板工程量计算：

A. 现浇混凝土及钢筋混凝土模板工程量，除另有规定者外，均应区别模板的不同材质，按混凝土与模板的接触面积，以 m^2 计算。

B. 现浇钢筋混凝土柱、梁、板、墙的支模高度（即室外地坪至板底或板面至板底之间的高度）以 3.6m 以内为准，超过 3.6m 以上部分，另按超过部分计算增加支撑工程量。

C. 现浇钢筋混凝土墙、板上单孔面积在 $0.3m^2$ 以内的孔洞，不予扣除，洞侧壁模板亦不增加；单孔面积在 $0.3m^2$ 以外时，应予扣除，洞侧壁模板面积并入墙、板模板工程量之内计算。

D. 现浇钢筋混凝土框架分别按梁、板、柱、墙有关规定计算，附墙柱并入墙内工程量计算。

E. 杯形基础杯口高度大于杯口大边长度的，套高杯基础定额项目。

F. 柱与梁、柱与墙、梁与梁等连接的重叠部分以及伸入墙内的梁头、板头部分，均不计算模板面积。

G. 构造柱外露面均应按图示外露部分计算模板面积。构造柱与墙接触面不计算模板面积。

H. 现浇钢筋混凝土悬挑板（雨篷、阳台）按图示外挑部分尺寸的水平投影面积计算。挑出墙外的牛腿梁及板边模板不另计算。

I. 现浇钢筋混凝土楼梯，以图示露明面尺寸的水平投影面积计算，不扣除小于500mm 楼梯井所占面积。楼梯的踏步、踏步板平台梁等侧面模板，不另计算。

J. 混凝土台阶不包括梯带，按图示台阶尺寸的水平投影面积计算，台阶端头不另计算模板面积。

K. 现浇混凝土小型池槽按构件外围体积计算，池槽内、外侧及底部的模板不应另计算。

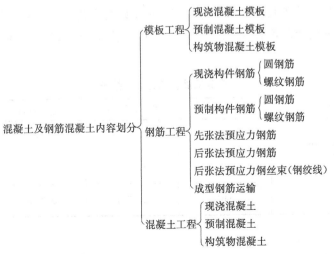

图 7-18　混凝土及钢筋混凝土工程的划分示意图

② 预制钢筋混凝土构件模板工程量计算。

A. 预制钢筋混凝土构件模板工程量，除另有规定者外均按混凝土实体积以 m³ 计算。

B. 小型池槽按外形体积以 m³ 计算。

C. 预制桩尖按虚体积(不扣除桩尖虚体积部分)计算。

③ 构筑物钢筋混凝土模板工程量计算。

A. 构筑物工程的模板工程量，除另有规定者外，区别现浇、预制和构件类别，分别按本条①、②的有关规定计算。

B. 大型池槽等分别按基础、墙、板、梁、柱等有关规定计算套相应定额项目。

C. 液压滑升钢模板施工的烟囱、水塔塔身、贮仓等，均按混凝土体积，以 m³ 计算。预制倒圆锥形水塔罐壳模板按混凝土体积，以 m³ 计算。

D. 预制倒圆锥形水塔罐壳组装、提升、就位，按不同容积计算。

(2) 钢筋

① 钢筋工程量，按以下规定计算：

A. 钢筋工程，应区别现浇、预制构件、不同钢种和规格，分别按设计长度乘以单位重量，以 t 计算。

B. 计算钢筋工程量时，设计已规定钢筋搭接长度的，按规定搭接长度计算；设计未规定搭接长度的，已包括在钢筋损耗率之内，不另计算搭接长度。钢筋电渣压力焊接、套筒挤压等接头，以个计算。

C. 先张法预应力钢筋，按构件外形尺寸计算长度，后张法预应力钢筋按设计图规定的预应力钢筋预留孔道长度，并区别不同的锚具类型，分别计算。

D. 钢筋混凝土构件预埋铁件工程量，按设计图示尺寸，以 t 计算。

② 钢筋长度的计算。

A. 直钢筋长度计算：

直钢筋长度＝构件长度－两端保护层厚度＋钢筋两端弯钩增加长度

一个半圆弯钩(180°)增加长度为 $6.25d$。

B. 弯起钢筋长度：

弯起钢筋长度＝构件长度－两端保护层厚度＋两端弯钩长度＋弯起部分增加长度

常用弯起钢筋的弯起角有 30°、45°、60°三种，弯起钢筋增加长度可按表 7-14 有关系数计算。

弯起钢筋斜长计算系数表　　　　　　　　　　表 7-14

弯起钢筋示意图	弯起角度(a)	弯起斜长(S)	底边长度(L)	增加长度($S-L$)
	30°	$2h_0$	$1.732h_0$	$0.268h_0$
	45°	$1.41h_0$	h_0	$0.41h_0$
	60°	$1.15h_0$	$0.075h_0$	$0.585h_0$

C. 箍筋长度计算：

箍筋长度＝[$(B-2b)+(H-2b)$]×2＋两端弯钩增加长度＋$6d$

式中 B——构件的宽；

         H——构件的高；

         b——保护层厚度；

         d——箍筋直径；

弯钩增加长度——135°弯钩，弯钩平直段要求为 $10d$ 时，弯钩增加长度为 $11.9d$。

【例题 7-3】 有一矩形梁如图 7-19 所示，②号钢筋弯起角度为 45°，求钢筋的下料长度。

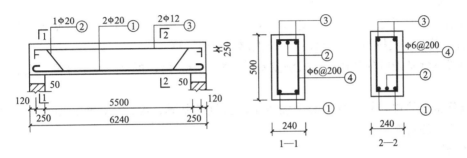

图 7-19   矩形梁配筋图

【解】 （1）直钢筋长度计算

由公式

            直钢筋长度＝构件长度－两端保护层厚度＋两端弯钩增加长度

①号钢筋长度为

$$L_1 = 6240 - 2 \times 10 + 2 \times 6.25 \times 20 = 6470 \text{(mm)}$$

两根①号钢筋长度为：$2 \times 6.47 = 12.94 \text{(m)}$

③号钢筋长度为

$$L_3 = 6240 - 2 \times 10 + 2 \times 6.25 \times 12 = 6370 \text{(mm)}$$

两根③号钢筋长度为：$2 \times 6.37 = 12.74 \text{(m)}$

（2）弯起钢筋长度计算

由公式

弯起钢筋长度＝构件长度－两端保护层厚度＋两端弯钩长度＋弯起部分增加长度

查表 7-14 得一个 45°弯起钢筋增加长度为

$$0.41h_0 = 0.41(500 - 2 \times 25) = 185 \text{(mm)}$$

②号钢筋长度为

$$L_2 = 6240 - 2 \times 10 + 2 \times 250 + 2 \times 185 = 7090 \text{(mm)} = 7.09 \text{(m)}$$

（3）箍筋长度计算

由公式

            箍筋长度＝$[(B-2b)+(H-2b)] \times 2 +$两端弯钩增加长度$+6d$

④号钢筋计算

箍筋长度为：$[(240-2 \times 25)+(500-2 \times 25)] \times 2 + 2 \times 11.9 \times 6 + 6 \times 6 = 1458.8 \text{(mm)} = 1.459 \text{(m)}$

箍筋个数为：$(6240 - 2 \times 10) \div 200 + 1 = 32$ 个(取整数)

箍筋总长度为：$32 \times 1.495 = 46.69(m)$

（3）混凝土

混凝土部分分为现浇混凝土、预制混凝土、构筑物混凝土三项。

① 现浇混凝土工程量，按以下规定计算：

混凝土工程量除另有规定者外，均按图示尺寸实体体积以 m^3 计算。不扣除构件内钢筋、预埋件及墙、板中 $0.3m^2$ 内的孔洞所占体积。现浇墙、板中 $0.3m^2$ 以上的孔洞所占体积应予扣除。

A. 基础。

有肋带形混凝土基础，其肋高与肋宽之比在 4：1 以内的按有肋带形基础计算。超过 4：1 时，其基础底按板式基础计算，以上部分按墙计算。

箱式满堂基础应分别按无梁式满堂基础、柱、墙、梁、板有关规定计算，套相应定额项目。

设备基础除块体外，其他类型设备基础分别按基础、梁、柱、板、墙等有关规定计算，套相应的定额项目。

B. 柱。

按图示断面计算尺寸乘以柱高以 m^3 计算。柱高按以下规定确定：

有梁板的柱高，应自柱基上表面（或楼板上表面）至上一层楼板上表面之间的高度计算。

无梁板的柱高，应自柱基上表面（或楼板上表面）至柱帽下表面之间的高度计算。

框架柱的柱高，应自柱基上表面至柱顶高度计算。

构造柱按全高计算，与砖墙嵌接部分的体积并入柱身体积内计算。

依附柱上的牛腿，并入柱身体积内计算。

C. 梁。

按图示断面尺寸乘以梁长以 m^3 计算，梁长按下列规定计算：

梁与柱连接时，梁长算至柱侧面；主梁与次梁连接时，次梁长算至主梁侧面。

伸入墙内梁头，梁垫体积并入梁体积内计算。

D. 板。

按图示面积乘以板厚以 m^3 计算，其中：

有梁板，也称为肋形板，指梁（包括主、次梁、圈梁除外）与板构成一体的现浇楼板，其梁、板体积合并计算。

无梁板，指不带梁（圈梁除外）而用柱帽直接支撑板的现浇楼板，其板和柱帽体积合并计算。

平板，指无梁（圈梁除外）直接由墙支撑的板，按板实体体积计算。

现浇挑檐天沟与板（包括屋面板、楼板）连接时，以外墙为分界线；与圈梁（包括其他梁）连接时，以梁外边线为分界线。外墙边线或梁外边线以外为挑檐天沟。

各类板深入墙内的板头并入板体积内计算。

E. 墙。

按图示中心线长度乘以墙高及厚度以 m^3 计算，应扣除门窗洞口及 $0.3m^2$ 以外孔洞的体积，墙垛及突出部分并入墙体积内计算。

F. 整体楼梯。

整体楼梯包括休息平台、平台梁、斜梁及楼梯的连接梁，按水平投影面积计算，不扣除宽度小于 500mm 的楼梯井，伸入墙内部分不另增加。

G. 阳台、雨篷（悬挑板）。

阳台、雨篷（悬挑板），接伸出外墙的水平投影面积计算，伸出外墙的牛腿不另计算。带反挑檐的雨篷按展开面积并入雨篷内计算。

H. 栏杆。

栏杆按净长度以延长米计算。伸入墙内的长度已综合在定额内。栏板以 m^3 计算，伸入墙内的栏板，合并计算。

I. 预制板补现浇板缝时，按平板计算。

J. 预制钢筋混凝土框架柱现浇接头（包括梁接头）按设计规定断面和长度以 m^3 计算。

② 预制钢筋混凝土工程量，按以下规定计算：

混凝土工程量按图示尺寸实体体积以 m^3 计算，不扣除构件内钢筋、铁件及面积在 $0.3m^2$ 以内孔洞所占体积。

A. 预制桩按桩全长（包括桩尖）乘以桩断面（空心桩应扣除孔洞体积）以 m^3 计算。

B. 混凝土与钢构件组合的构件，混凝土部分按构件实体体积以 m^3 计算，钢构件部分按 t 计算，分别套相应的定额项目。

C. 固定预埋螺栓、铁件的支架，固定双层钢筋的铁马登、垫铁件，按审定的施工组织设计规定计算，套相应定额项目。

③ 构筑物钢筋混凝土工程量，按以下规定计算：

构筑物钢筋混凝土除另有规定者外，均按图示尺寸扣除门窗洞口及 $0.3m^2$ 以外孔洞所占体积以 m^3 计算。

A. 水塔。

筒身与槽底以槽底连接的圈梁底为界，以上为槽底，以下为筒身。

筒式塔身即依附于筒身的过梁、雨篷挑檐等并入筒身体积内计算；柱式塔身、柱、梁合并计算。

塔顶及槽底，塔身包括顶板和圈梁，槽底包括底板挑出的斜壁板和圈梁等合并计算。

B. 贮水池不分平底、锥底、坡底，均按池底计算；壁基梁、池壁不分圆形壁和矩形壁，均按池壁计算：其他项目均按现浇混凝土部分相应项目计算。

④ 钢筋混凝土接头灌缝。

A. 钢筋混凝土构件接头灌缝，包括构件坐浆、灌缝、堵板孔、塞板梁缝等，均按预制钢筋混凝土构件实体体积以 m^3 计算。

B. 柱与柱基的灌缝，按首层柱体积计算；首层以上柱灌缝按各层柱体积计算。

C. 空心板堵板的人工材料，已包括在定额内。如不堵孔时每 $10m^2$ 空心板体积应扣除 $0.23m^2$ 预制混凝土块和 2.2 工日。

5. 构件运输及安装工程

构件运输工程主要包括预制混凝土构件运输、金属结构构件运输和木门窗运输三部分。

预制混凝土构件和金属结构构件安装工程主要包括构件翻身、加固、吊装、校正、焊接或紧固螺栓等。其中需要拼装的构件安装还包括搭拆拼装台。

（1）构件运输及安装工程量计算一般规则

① 预制混凝土构件运输及安装均按构件图示尺寸，以实体积计算；钢构件按构件设计图示尺寸以 t 计算，所需螺栓，电焊条等重量不另计算。木门窗以外框面积以 m² 计算。

② 预制混凝土构件运输及安装损耗率，按表 7-15 规定计算后并入构件工程量内。其中预制混凝土屋架、桁架、托架及长度在 9m 以上的梁、板、柱不计算损耗率。

预制钢筋混凝土构件制作、运输、安装损耗率表　　　　　表 7-15

名　　称	制作废品率	运输堆放损耗	安装(打桩)损耗
各类预制构件	0.2%	0.8%	0.5%
预制钢筋混凝土桩	0.1%	0.4%	1.5%

（2）构件运输工程量计算规则

① 构件运输按构件的种类、运输距离分别列项计算。构件运输按表 7-16、表 7-17 分类。

预制混凝土分类　　　　　表 7-16

类别	项　　目
1	4m 以内空心板、实心板
2	6m 以内的桩、屋面板、工业楼板、进深梁、基础梁、吊车梁、楼梯休息板、楼梯段、阳台板
3	6m 以上至 14m 梁、板、柱、桩、各类屋架、桁架、托架
4	天窗架、挡风架、侧板、端壁板、天窗上下档、门框及单件体积在 0.1m³ 的小构件
5	装配式内外墙板、大楼板、厕所板
6	隔墙板(高层用)

金属结构构件分类　　　　　表 7-17

类别	项　　目
1	钢柱、屋架、托架梁、防风桁架
2	吊车梁、制动梁、型钢檩条、钢支撑、上下档、钢拉杆栏杆、盖板、垃圾出灰门、倒灰门、箅子、爬梯、零星构件平台、操作台、走道休息台、扶梯、钢吊车梯级、烟囱紧固箍
3	墙架、挡风架、天窗架、组合檩条、轻型屋架、滚动支架、悬挂支架、管道支架

② 预制混凝土构件运输的最大运输距离取 50km 以内；钢构件和木门窗的最大运输距离取 20km 以内；超过时另行补充。

③ 加气混凝土板(块)，硅酸盐块运输每 m³ 折合钢筋混凝土构件体积 0.4m³ 按一类构件运输计算。

（3）预制混凝土构件安装工程量计算规则

① 焊接形成的预制钢筋混凝土框架结构，其柱安装按框架柱计算，梁安装按框架梁计算；节点浇注成形的框架，按连体框架梁、柱计算。

② 预制钢筋混凝土工字形柱、矩形柱、空腹柱、双肢柱、空心柱、管道支架等安装，均按柱安装计算。

③ 组合屋架安装，以混凝土部分实体体积计算，钢杆件部分不另计算。

④ 预制钢筋混凝土多层柱安装，首层柱按柱安装计算，二层及二层以上按柱接柱计算。

（4）钢构件安装工程量计算规则

① 钢构件安装按图示构件钢材重量以 t 计算。

② 依附于钢柱上的牛腿及悬臂梁等，并入柱身主材重量计算。

③ 金属结构中所用钢板，设计为多边形者，按矩形计算，矩形的边长以设计尺寸中互相垂直的最大尺寸为准。

6. 门窗及木结构工程

（1）门窗工程量计算规则

各类门、窗制作、安装工程量均按门、窗洞口面积计算。

① 门、窗盖口条、贴脸、披水条，按图示尺寸以延长米计算，执行木装修项目。

② 普通窗上部带有半圆窗的工程量应分别按半圆窗和普通窗计算。其分界线以普通窗和半圆窗之间的横框上裁口线为分界线。

③ 门窗扇包镀锌铁皮，按门、窗洞口面积以 m² 计算；门窗框包镀锌铁皮，钉橡皮条、钉毛毡按图示门窗洞口尺寸以延长米计算。

④ 铝合金门窗制作、安装，铝合金、不锈钢门窗、彩板组角钢门窗、塑料门窗、钢门窗安装，均按设计门窗洞口面积计算。

⑤ 卷闸门安装按洞口高度增加 600mm 乘以门实际宽度以 m² 计算。电动装置安装以套计算，小门安装以个计算。

⑥ 不锈钢片包门框按框外表面面积以 m² 计算；彩板组角钢门窗附框安装按延长米计算。

（2）木结构工程计算规则

木结构工程一般包括木屋架、木基层、木楼梯、木装饰等项目。

① 木屋架制作安装均按设计断面竣工木料以 m³ 计算，其后备长度及配制损耗均不另外计算。

② 方木屋架一面刨光时增加 3mm，两面刨光时增加 5mm，圆木屋架按屋架刨光时木材体积每 m³ 增加 0.05m³ 算。附属于屋架的夹板、垫木等已并入相应的屋架制作项目中，不另计算；与屋架连接的挑檐木、支撑等，其工程量并入屋架竣工木料体积内计算。

③ 屋架的制作安装应区别不同跨度，其跨度应以屋架上下弦杆的中心线交点之间的长度为准。带气楼的屋架并入所依附屋架的体积内计算。

④ 屋架的马尾、折角和正交部分半屋架，应并入相连接屋架的体积内计算。

⑤ 钢木屋架区分圆、方木，按竣工木料以立方米计算。

⑥ 圆木屋架连接的挑檐木、支撑等如为方木时，其方木部分应乘以系数 1.7 折合成圆木并入屋架竣工木料内，单独的方木挑檐按矩形檩木计算。

⑦ 檩木按竣工木料以 m³ 计算。简支檩长度按设计规定计算，如设计无规定者，按屋架或山墙中距增加 200mm 计算，如两端出山，檩条长度算至博风板；连续檩条的长度按设计长度计算，其接头长度按全部连接檩条总体积的 5% 计算。檩条托木已计入相应的檩木制作安装项目中，不另计算。

⑧ 屋面木基层，按屋面的斜面积计算。天窗挑檐重叠部分按设计规定计算，屋面烟囱及斜沟部分所占面积不扣除。

⑨ 封檐板按图示檐口外围长度计算。博风板按斜长度计算，每个大刀头增加长度500mm。

⑩ 木楼梯按水平投影面积计算，不扣除宽度小于300mm的楼梯井，其踢脚板、平台和伸入墙内部分不另计算。

7. 楼地面工程

楼地面是地面和楼面的总称，主要由垫层、找平层和面层组成，面层可分为整体面层和块料面层两类。楼地面工程一般还包括室外散水、明沟、踏步、台阶、坡道等。

（1）地面垫层

地面垫层按室内主墙间净空面积乘以设计厚度以m³计算。应扣除凸出地面的构筑物、设备基础、室内铁道、地沟等所占体积，不扣除柱、垛、间壁墙、附墙烟囱及面积在0.3m²以内孔洞所占体积。

（2）面层

① 整体面层、找平层均按主墙间净空面积以m²计算。应扣除凸出地面构筑物、设备基础、室内管道、地沟等所占面积，不扣除柱、垛、间壁墙、附墙烟囱及面积在0.3m²以内孔洞所占面积，但门洞、空圈、暖气包槽、壁龛的开口部分亦不增加。

② 块料面层，按图示尺寸实铺面积以m²计算，门洞、空圈、暖气包槽和壁龛的开口部分工程量并入相应的面层内计算。

③ 楼梯面层（包括踏步、平台以及小于500mm宽的楼梯井）按水平投影面积计算。

④ 台阶面层（包括踏步及最上一层踏步沿300mm）按水平投影面积计算。

（3）其他

① 踢脚板按延长米计算，洞口、空圈长度不予扣除，洞口、空圈、垛、附墙烟囱等侧壁长度亦不增加。

② 散水、防滑坡道按图示尺寸以m²计算。

③ 栏杆、扶手包括弯头长度按延长米计算。

④ 防滑条按楼梯踏步两端距离减300mm以延长米计算。

⑤ 明沟按图示尺寸以延长米计算。

8. 屋面及防水工程

屋面工程主要包括瓦屋面、卷材屋面、涂膜屋面、屋面排水等项目。防水工程包括楼地面防水、地下工程防水、防潮等项目。

（1）瓦屋面、金属压型板

瓦屋面、金属压型板（包括挑檐部分）均按图7-20中的尺寸水平投影面积乘以屋面坡度系数（表7-18），以m²计算。不扣除房上烟囱、风帽底座、风道、屋面小气窗、斜沟等所占面积，屋面小气窗的出檐部分亦不增加。

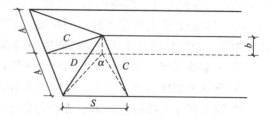

图7-20 屋面尺寸

注：1. 两坡排水屋面面积为屋面水平投影面积乘以延尺系数C；

2. 四坡排水屋面斜脊长度＝$A \times D$（当$S = A$时）；

3. 沿山墙泛水长度＝$A \times C$。

190

屋面坡度系数表　　　　　　表 7-18

坡度 $B(A=1)$	坡度 $B/2A$	坡度 角度(a)	延尺系数 C ($A=1$)	隔延尺系数 D ($A=1$)
1	1/2	45°	1.4142	1.7321
0.75		36°52′	1.2500	1.6008
0.70		35°	1.2207	1.5779
0.666	1/3	33°40′	1.2015	1.5620
0.65		33°01′	1.1926	1.5564
0.60		30°58′	1.1662	1.5362
0.577		30°	1.1547	1.5270
0.55		28°49′	1.1413	1.5170
0.50	1/4	26°34′	1.1180	1.5000
0.45		24°14′	1.0966	1.4839
0.40	1/5	21°48′	1.0770	1.4697
0.35		19°17′	1.0594	1.4569
0.30		16°42′	1.0440	1.4457
0.25		14°02′	1.0308	1.4362
0.20	1/10	11°19′	1.0198	1.4283
0.15		8°32′	1.0112	1.4221
0.125		7°8′	1.0078	1.4191
0.100	1/20	5°42′	1.0050	1.4177
0.083		4°45′	1.0035	1.4166
0.066	1/30	3°49′	1.0022	1.4157

(2) 卷材屋面

卷材屋面工程量按以下规定计算：

① 卷材屋面按图示尺寸的水平投影面积乘以规定的坡度系数(表 7-18)以 m² 计算。但不扣除房上烟囱、风帽底座、风道、屋面小气窗和斜沟所占面积，屋面的女儿墙、伸缩缝和天窗等处的弯起部分，按图示尺寸并入屋面工程量计算。如图纸无规定时，伸缩缝、女儿墙的弯起部分可按 250mm 计算，天窗弯起部分可按 500mm 计算。

② 卷材屋面的附加层、接缝、收头、找平层的嵌缝、冷底子油已计入定额内，不另计算。

(3) 涂膜屋面

涂膜屋面的工程量计算同卷材屋面。涂膜屋面的油膏嵌缝、玻璃布盖缝、屋面分格缝，以延长米计算。

(4) 屋面排水

屋面排水工程量按以下规定计算：

① 铁皮排水按图示尺寸以展开面积计算，如图纸没有注明尺寸时，可按铁皮排水单体零件工程量折算表计算，如表 7-19 所示。咬口和搭接等已计入定额项目中，不另计算。

单体零件名称		单位	折算面积 (m²)	单体零件名称		单位	折算面积 (m²)
不带铁件	天沟	m	1.30	带铁件	水落管	m	0.32
	斜沟天窗窗台泛水	m	0.50		檐沟	m	0.30
	天窗侧面泛水	m	0.70		水斗	个	0.40
	烟囱泛水	m	0.80		漏斗	个	0.16
	通气管泛水	m	0.22		水口	个	0.45
	滴水檐头	m	0.24				
	滴水	m	0.11				

② 铸铁、玻璃钢水落管区别不同直径按图示尺寸以延长米计算，雨水口、水斗、弯头、短管以个计算。

（5）防水工程

防水工程工程量按以下规定计算：

① 建筑物地面防水、防潮层，按主墙间净空面积计算，扣除凸出地面的构筑物、设备基础等所占的面积，不扣除柱、垛、间壁墙、烟囱及 0.3m² 以内的孔洞所占面积。与墙面连接处高度在 500mm 以内者按展开面积计算，并入平面工程量内，超过 500mm 时，按立面防水层计算。

② 建筑物墙基防水、防潮层、外墙长度按中心线，内墙按净长乘以宽以 m² 计算。

③ 构筑物及建筑物地下室防水层，按实铺面积计算，但不扣除 0.3m² 以内的孔洞面积。平面与立面交接处的防水层，其上卷高度超过 500mm 时，按立面防水层计算。

④ 防水卷材的附加层、接缝、收头、冷底子油等人工材料均已计入定额内，不另计算。

⑤ 变形缝按延长米计算。

9. 防腐、保温、隔热工程

（1）防腐工程量计算规则

① 防腐工程项目应区分不同防腐材料种类及其厚度，按设计实铺面积以 m² 计算。应扣除凸出地面的构筑物、设备基础等所占的面积，砖垛等突出墙面部分按展开面积计算并入墙面防腐工程量之内。

② 踢脚板按实铺长度乘以高度以 m² 计算，应扣除门洞所占面积并相应增加侧壁展开面积。

③ 平面砌筑双层耐酸块料时，按单层面积乘以系数 2 计算。

④ 防腐卷材接缝、附加层、收头等人工材料，已计入定额内，不再另行计算。

（2）保温、隔热工程量计算规则

① 保温隔热层应区别不同保温隔热材料，除另有规定者外，均按设计实铺厚度以 m³ 计算。

② 保温隔热层的厚度按隔热材料(不包括胶结材料)净厚度计算。

③ 地面隔热层按围护结构墙体间净面积乘以设计厚度以 m³ 计算，不扣除柱、垛所占

的体积。

④ 墙体隔热层，外墙按隔热层中心线、内墙按隔热层净长乘以图示尺寸的高度及厚度以 m³ 计算。应扣除冷藏门洞口和管道穿墙洞口所占的体积。

⑤ 柱包隔热层，按图示柱的隔热层中心线的展开长度乘以图示尺寸高度及厚度以 m³ 计算。

⑥ 其他保温隔热：

A. 池槽隔热层按图示池槽保温隔热层的长、宽及其厚度以 m³ 计算。其中池壁按墙面计算，池底按地面计算。

B. 门洞口侧壁周围的隔热部分，按图示隔热层尺寸以 m³ 计算，并入墙面的保温隔热工程量内。

C. 柱帽保温隔热层按图示保温隔热层体积并入天棚保温隔热层工程量内。

10. 装饰工程

装饰工程一般包括：内外墙装饰、独立柱装饰、天棚装饰、门窗装饰、楼地面装饰、楼梯装饰、阳台装饰、雨篷装饰等。

（1）内外墙装饰

① 内墙抹灰。

内墙抹灰工程量按以下规定计算：

A. 内墙抹灰面积，应扣除门窗洞口和空圈所占面积，不扣除踢脚板、挂镜线，0.3m² 以内的孔洞和墙与构件交界处的面积，洞口侧壁和顶面亦不增加。墙垛和附墙烟囱侧壁面积与内墙抹灰工程量合并计算。

B. 内墙抹灰的长度，以主墙间的图示净长尺寸计算。其高度确定如下：

无墙裙的，其高度按室内地面或楼面至天棚地面之间距离计算。

有墙裙的，其高度按墙裙顶至天棚底面之间距离计算。

钉板条天棚的内墙抹灰，其高度按室内地面或楼面至天棚底面另加 100mm 计算。

C. 内墙裙抹灰面积按内墙净长乘以高度计算。应扣除门窗洞口和空圈所占面积，门窗洞口和空圈的侧壁面积不另增加，墙垛、附墙烟囱侧壁面积并入墙裙抹灰面积内计算。

② 外墙抹灰。

外墙抹灰工程量按以下规定计算：

A. 外墙抹灰面积按外墙面的垂直投影面积以 m² 计算。应扣除门窗洞口，外墙裙和大于 0.3m² 孔洞所占面积，洞口侧壁面积不另增加。附墙垛、梁、柱侧壁抹灰面积并入外墙抹灰工程量内计算。栏板、栏杆、窗台线、门窗套、扶手、压顶、挑檐、遮阳板、突出墙外的腰线等，另按相应规定计算。

B. 外墙裙抹灰面积按其长度乘以高度计算，应扣除门窗洞口和大于 0.3m² 孔洞所占面积，门窗洞口及孔洞的侧壁不增加。

C. 窗台线、门窗套、挑檐、腰线、遮阳板等展开宽度在 300mm 以内者，按装饰线以延长米计算，如展开宽度超过 300mm 以上时，按图示尺寸以展开面积计算，套零星抹灰定额项目。

D. 栏板、栏杆（包括立柱、扶手或压顶等）抹灰按立面垂直投影面积乘以系数 2.2 以 m² 计算。

E. 阳台底面抹灰按水平投影面积以 m² 计算，并入相应天棚抹灰面积内。阳台如带悬臂梁者，其工程量乘以系数 1.30。

F. 雨篷底面或顶面抹灰分别按水平投影面积以 m² 计算，并入相应天棚抹灰面积内。雨篷顶面带反沿或反梁者，其工程量乘系数 1.20，底面带悬臂梁者，其工程量乘系数 1.20。雨篷外边线按相应装饰或零星项目执行。

G. 墙面勾缝按垂直投影面积计算，应扣除墙裙和墙面抹灰的面积，不扣除门窗洞口、门窗套、腰线等零星抹灰所占面积，附墙柱和门窗洞口侧面的勾缝面积亦不增加。独立柱、房上烟囱勾缝，按图示尺寸以 m² 计算。

③ 外墙装饰抹灰。

外墙装饰抹灰工程量按以下规定计算：

A. 外墙各种装饰抹灰均按图示尺寸以实抹面积计算。应扣除门窗洞口空圈的面积，其侧壁面积不另增加。

B. 挑檐、天沟、腰线、栏杆、栏板、门窗套、窗台线、压顶等均按图示尺寸展开面积以 m² 计算，并入相应的外墙面积内。

④ 块料面层。

块料面层工程量按以下规定计算：

A. 墙面贴块料面层均按图示尺寸以实贴面积计算。

B. 墙裙以高度在 1500mm 以内为准，超过 1500mm 时按墙面计算，高度低于 300mm 以内时，按踢脚板计算。

⑤ 木隔墙、墙裙、护壁板。

木隔墙、墙裙、护壁板，均按图示尺寸长度乘以高度按实铺面积以 m² 计算。

⑥ 玻璃隔断。

玻璃隔断按上横挡顶面至下横挡底面之间高度乘以宽度（两边立梃外边线之间）以 m² 计算。

⑦ 浴厕木隔断。

浴厕木隔断按上横挡顶面至下横挡底面之间高度乘以图示长度以 m² 计算，门扇面积并入隔断面积内计算。

⑧ 铝合金、轻钢隔墙、幕墙。

铝合金、轻钢隔墙、幕墙按四周框外围面积计算。

（2）独立柱

① 一般抹灰、装饰抹灰、镶贴块料按结构断面周长乘以柱的高度以 m² 计算。

② 柱面装饰按柱外围饰面尺寸乘以柱的高度以 m² 计算。

（3）各种“零星项目”

各种“零星项目”均按图示尺寸以展开面积计算。

（4）天棚装饰

① 天棚抹灰。

天棚抹灰工程量按以下规定计算：

A. 天棚抹灰面积，按主墙间的净面积计算，不扣除间壁墙、垛、柱、附墙烟囱、检查口和管道所占的面积。带梁天棚、梁两侧抹灰面积，并入天棚抹灰工程量内计算。

194

B. 密肋梁和井字梁天棚抹灰面积，按展开面积计算。

C. 天棚抹灰如带有装饰线时，区别按三道线以内或五道线以内按延长米计算，线角的道数以一个突出的棱角为一道线。

D. 檐口天棚的抹灰面积，并入相同的天棚抹灰工程量内计算。

E. 天棚中的折线、灯槽线、圆弧形线、拱形线等艺术形式的抹灰，按展开面积计算。

② 吊顶天棚。

各种吊顶天棚龙骨按主墙间净空面积计算，不扣除间壁墙、检查口、附墙烟囱、柱、垛和管道所占面积。但天棚中的折线、迭落等圆弧形、高低吊灯槽等面积也不展开计算。

③ 天棚面装饰。

天棚面装饰工程量按以下规定计算：

A. 天棚装饰面积，按主墙间实铺面积以 m² 计算，不扣除间壁墙、检查口、附墙烟囱、附墙垛和管道所占面积，应扣除独立柱及与天棚相连的窗帘盒所占面积。

B. 天棚的折线、迭落等圆弧形、拱形、高低灯槽及其他艺术形式天棚面层均按展开面积计算。

（5）喷涂、油漆、裱糊工程

喷涂、油漆、裱糊工程量按以下规定计算：

① 楼地面、天棚面、墙、柱、梁面的喷（刷）涂料、抹灰面油漆及裱糊工程，均按楼地面、天棚面、墙、柱、梁面装饰工程相应的工程量计算规则规定计算。

② 木材面、金属面油漆的工程量分别按表7-20～表7-28 中的规定计算，并乘以表列系数以 m² 计算。

单层木门工程量系数表 表 7-20

项目名称	系数	工量计算方法
单层木门	1.00	按单面洞口面积
双层(一板一纱)木门	1.36	
双层(单裁口)木门	2.00	
单层全玻门	0.83	
木百叶门	1.25	
厂库大门	1.10	

单层木窗工程量系数表 表 7-21

项目名称	系数	工量计算方法
单层玻璃窗	1.00	按单面洞口面积
双层(一玻一纱)窗	1.36	
双层(单裁口)窗	2.00	
三层(二玻一纱)窗	2.60	
单层组合窗	0.83	
双层组合窗	1.13	
木百叶窗	1.50	

木扶手(不带拖板)工程量系数表

表 7-22

项目名称	系数	工量计算方法
木扶手(不带托板)	1.00	按延长米
木扶手(带托板)	2.60	
窗帘盒	2.04	
封檐板、顺水板	1.74	
挂衣板、黑板框	0.52	
生活园地框、挂镜线、窗帘棍	0.35	

其他木材面工程量系数表

表 7-23

项目名称	系数	工量计算方法
木板、纤维板、胶合板天棚、檐口	1.00	长×宽
清水板条天棚、檐口	1.07	
木方格吊顶天棚	1.20	
吸音板、墙面、天棚面	0.87	
鱼鳞板墙	2.48	
木护墙、墙裙	0.91	
窗台板、筒子板、盖板	0.82	
暖气罩	1.28	
屋面板(带檩条)	1.11	斜长×宽
木间壁、木隔断	1.90	单面外围面积
玻璃间壁露明墙筋	1.65	
木栅栏、木栏杆(带扶手)	1.82	
木屋架	1.79	跨度(长)×中高×1/2
衣柜、壁柜	0.91	投影面积(不展开)
零星木装修	0.87	展开面积

木地板工程量系数表

表 7-24

项目名称	系数	工量计算方法
木地板、木踢脚线	1.00	长×宽
木楼梯(不包括底面)	2.30	水平投影面积

单层钢门窗工程量系数表

表 7-25

项目名称	系数	工量计算方法
单层钢门窗	1.00	洞口面积
双层(一玻一纱)钢门窗	1.48	
钢百页钢门	2.74	
半截百页钢门	2.22	
满钢门或包铁皮门	1.63	
钢折叠门	2.30	

项目名称	系数	工量计算方法
射线防护门	2.96	框(扇)外围面积
厂库房平开、推拉门	1.70	
铁丝网大门	0.81	
间壁	1.85	长×宽
平板屋面	0.74	斜长×宽
瓦垄板屋面	0.89	斜长×宽
排水、伸缩缝盖板	0.78	展开面积
吸气罩	1.63	水平投影面积

其他金属面工程量系数表　　　　　　　　表 7-26

项目名称	系数	工量计算方法
钢屋架、天窗架、挡风架、屋架梁、支撑、檩条	1.00	重量(t)
墙架(空腹式)	0.50	
墙架(格板式)	0.82	
钢柱、吊车梁、花式梁柱、空花构件	0.63	
操作台、走台、制动梁钢梁车挡	0.71	
钢栅栏门、栏杆、窗栅	1.71	
钢爬梯	1.18	
轻型屋架	1.42	
踏步式钢扶梯	1.05	
零星铁件	1.32	

平板屋面涂刷磷化、锌黄底漆工程量系数表　　　　表 7-27

项目名称	系数	工量计算方法
平板屋面	1.00	长×宽
瓦垄板屋面	1.20	
排水、伸缩缝盖板	1.05	展开面积
吸气罩	2.20	水平投影面积
包镀锌铁皮门	2.20	洞口面积

抹灰面工程量系数表　　　　　　　　　　表 7-28

项目名称	系数	工量计算方法
槽形地板、混凝土折板	1.30	斜长×宽
有梁板底	1.10	
密肋、井子梁底板	1.50	
混凝土平板式楼梯底	1.30	水平投影面积

197

11. 金属结构制作工程

金属结构制作工程适用于一般现场加工制作和企业附属加工厂制作的构件，均以焊接为准，在定额项目中已包括刷一遍防锈漆的工料。

金属结构制作工程计算规则：

（1）金属结构制作按图示钢材尺寸以 t 计算，不扣除孔眼、切边的重量，焊条、铆钉、螺栓等重量，已包括在定额内不另计算。在计算不规则或多边形钢板重量时均以其最大对角线乘最大宽度的矩形面积计算。

（2）实腹柱、吊车梁、H 型钢按图示尺寸计算，其中腹板及翼板宽度按每边增加25mm 计算。

（3）制动梁的制作工程量包括制动梁、制动桁架、制动板重量；墙架的制作工程量包括墙架柱、墙架梁及连接柱杆重量；钢柱制作工程量包括依附于柱上的牛腿及悬臂梁重量。

（4）轨道制作工程量，只计算轨道本身重量，不包括轨道垫板、压板、斜垫、夹板及连接角钢等重量。

（5）铁栏杆制作，仅适用于工业厂房中平台、操作台的钢栏杆。民用建筑中铁栏杆等按本定额其他章节有关项目计算。

（6）钢漏斗制作工程量，矩形按图示分片，圆形按图示展开尺寸，并依钢板宽度分段计算，每段均以其上口长度（圆形以分段展开上口长度）与钢板宽度，按矩形计算，依附漏斗的型钢并入漏斗重量内计算。

12. 建筑工程垂直运输

（1）建筑物垂直运输

建筑物垂直运输机械台班用量，区分不同建筑物的结构类型及高度按建筑面积以 m² 计算。建筑面积按本规则建筑面积计算规定计算。

（2）构筑物垂直运输

构筑物垂直运输机械台班以座计算。超过规定高度时再按每增高 1m 定额项目计算，其高度不足 1m 时，亦按 1m 计算。

13. 建筑物超高增加人工、机械定额

（1）有关说明

建筑物超过一定高度后会引起人工和机械施工效率的降低，其主要影响因素有：

① 高空作业中，工人上下班降低工效，上楼工作前的休息及自然休息增加的时间引起人工降效。

② 高层垂直运输影响作业时间。

③ 人工降效引起机械降效。

④ 由于建筑物超高，水压不足，高层用水需加压所发生的加压水泵的台班费用。

（2）计算规则

① 各项降效系数中包括的内容指建筑物基础以上的全部工程项目，但不包括垂直运输、各类构件的水平运输及各项脚手架。

② 人工降效按规定内容中的全部人工费乘以定额系数计算。

③ 吊装机械降效按建筑工程垂直运输吊装项目中的全部机械费用乘以定额系数计算。

④ 其他机械降效按规定内容中的全部机械费（不包括吊装机械）乘以定额系数计算。

⑤ 建筑物施工用水加压增加的水泵台班，按建筑面积以 m² 计算。

7.3 工程量清单及清单计价表的编制

7.3.1 工程量清单的编制

工程量清单计价是建设工程招标投标中，招标人按照国家统一的工程量计算规则或委托有相应资质的工程造价咨询人编制反映工程实体消耗和措施消耗的工程量清单，由投标人依据工程量清单自主报价，并按照经评审低价中标的工程造价的计价方式。随着《计价规范》的执行，工程量清单计价模式的应用越来越广泛。《计价规范》具有强制性，从资金来源和建设规模方面规定了强制实行工程量清单计价的范围，即全部使用国有资金投资或国有资金投资为主的工程建设项目，必须采用工程量清单计价。

(1) 工程量清单的组成及表格形式

① 工程量清单的组成。

工程量清单由分部分项工程量清单、措施项目清单、其他项目清单、规费项目清单和税金项目清单组成。

② 工程量清单表格形式。

A. 封面：封面应按规定的内容填写、签字、盖章，造价员编制的工程量清单应有负责审核的造价工程师签字、盖章。

```
                    _____工程

                        工 程 量 清 单

                              工程造价
    招标人：_____        咨询人：_____
              (单位盖章)                        (单位资质专用章)


    法定代表人                         法定代表人
    或其授权人：_____        或其授权人：_____
              (签字或盖章)                        (签字或盖章)


    编制人：_____          复核人：_____
         (造价人员签字盖专用章)              (造价工程师签字盖专用章)


    编制时间：  年  月  日             复核时间：  年  月  日
```

B. 总说明，见表 7-29。

总　说　明　　　　　　　　　　　　　　　　　　　表 7-29

工程名称：　　　　　　　　　　　　　　　　　　　　　　　　　　　第　页　共　页

(1) 工程概况：建设规模、工程特征、计划工期、施工现场实际情况、自然地理条件、环境保护要求等。
(2) 工程招标和分包范围。
(3) 工程量清单编制依据。
(4) 工程质量、材料、施工等的特殊要求。
(5) 其他需要说明的问题。

C. 分部分项工程量清单与计价表，见表 7-30。

分部分项工程量清单与计价表 表 7-30

工程名称： 标段： 第 页 共 页

序号	项目编码	项目名称	项目特征描述	计量单位	工程量	金额(元)		
						综合单价	合价	其中：暂估价
本页小计								
合 计								

注：根据建设部、财政部发布的《建筑安装工程费用组成》(建标〔2003〕206号)的规定，为计取规费等的使用，可在表中增设其中："直接费"、"人工费"或"人工费+机械费"。

D. 措施项目清单与计价表(一)，见表 7-31。

措施项目清单与计价表(一) 表 7-31

工程名称： 标段： 第 页 共 页

序号	项目名称	计算基础	费率(%)	金额(元)
1	安全文明施工费			
2	夜间施工费			
3	二次搬运费			
4	冬雨季施工			
5	大型机械设备进出场及安拆费			
6	施工排水			
7	施工降水			
8	地上、地下设施、建筑物的临时保护设施			
9	已完工程及设备保护			
10	各专业工程的措施项目			
11				
12				
合 计				

注：1. 本表适用于以"项"计价的措施项目。

2. 根据建设部、财政部发布的《建筑安装工程费用组成》(建标〔2003〕206号)的规定，"计算基础"可为"直接费"、"人工费"或"人工费+机械费"。

200

E. 措施项目清单与计价表(二),见表7-32。

措施项目清单与计价表(二) 表7-32

工程名称: 标段: 第 页 共 页

序号	项目编码	项目名称	项目特征描述	计量单位	工程量	金额(元)	
						综合单价	合价
本页小计							
合　计							

注:本表适用于以综合单价形式计价的措施项目。

F. 其他项目清单与计价汇总表,见表7-33。

其他项目清单与计价汇总表 表7-33

工程名称: 标段: 第 页 共 页

序号	项目名称	计量单位	金额(元)	备注
1	暂列金额			明细详见表7-34
2	暂估价			
2.1	材料暂估价		—	明细详见表7-35
2.2	专业工程暂估价			明细详见表7-36
3	计日工			明细详见表7-37
4	总承包服务费			明细详见表7-38
5				
合　计				

注:材料暂估单价进入清单项目综合单价,此处不汇总。

G. 暂列金额明细表,见表7-34。

暂列金额明细表 表7-34

工程名称: 标段: 第 页 共 页

序号	项目名称	计量单位	暂定金额(元)	备注
1				
2				
3				
4				
5				
合　计				—

注:此表由招标人填写,也可只列暂定金额总额,投标人应将上述暂列金额计入投标总价中。

H. 材料暂估单价表，见表7-35。

材料暂估单价表　　　　　　　　　　　　　　　　　　　　　表 7-35

工程名称：　　　　　　　　　　　标段：　　　　　　　　　　　　　　第　页　共　页

序号	材料名称、规格、型号	计量单位	单价(元)	备注

注：1. 此表由招标人填写，并在备注栏说明暂估价的材料拟用在哪些清单项目上，投标人应将上述材料暂估单价
　　　计入工程量清单综合单价报价中。
　　2. 材料包括原材料、燃料、构配件以及按规定应计入建筑安装工程造价的设备。

I. 专业工程暂估价表，见表7-36。

专业工程暂估价表　　　　　　　　　　　　　　　　　　　　　表 7-36

工程名称：　　　　　　　　　　　标段：　　　　　　　　　　　　　　第　页　共　页

序号	工程名称	工程内容	金额(元)	备注
合　　计				—

注：此表由招标人填写，投标人应将上述专业工程暂估价计入投标总价中。

J. 计日工表，见表7-37。

计 日 工 表　　　　　　　　　　　　　　　　　　　　　表 7-37

工程名称：　　　　　　　　　　　标段：　　　　　　　　　　　　　　第　页　共　页

编号	项目名称	单位	暂定数量	综合单价	合价
	人工				
1					
人工小计					
二	材料				
1					
材料小计					
三	施工机械				
1					
施工机械小计					
合　　计					

注：此表项目名称、数量由招标人填写，编制招标控制价时，单价由招标人按有关计价规定确定；投标时，单价
　　由投标人自主报价，计入投标总价中。

K. 总承包服务费计价表，见表7-38。

总承包服务费计价表　　　　　　　　　　　　　　　　　　表7-38

工程名称：　　　　　　　　　　标段：　　　　　　　　　　　　第 页 共 页

序号	项目名称	项目价值(元)	服务内容	费率(%)	金额(元)
1	发包人发包专业工程				
2	发包人供应材料				
	合　计				

注：此表由招标人填写，投标人应将上述专业工程暂估价计入投标总价中。

L. 规费、税金项目清单与计价表，见表7-39。

规费、税金项目清单与计价表　　　　　　　　　　　　　　　表7-39

工程名称：　　　　　　　　　　标段：　　　　　　　　　　　　第 页 共 页

序号	项目名称	计算基础	费率(%)	金额(元)
1	规费			
1.1	工程排污费			
1.2	社会保障费			
(1)	养老保险费			
(2)	失业保险费			
(3)	医疗保险费			
1.3	住房公积金			
1.4	危险作业意外伤害保险			
1.5	工程定额测定费			
2	税金	分部分项工程费＋措施项目费＋其他项目费＋规费		
	合　计			

注：根据建设部、财政部发布的《建筑安装工程费用组成》(建标〔2003〕206号)的规定，"计算基础"可为"直接费"、"人工费"或"人工费＋机械费"。

(2)工程量清单的编制说明

① 总说明。

总说明包括以下内容：

A. 工程概况，包括建设规模、工程特征、计划工期、施工现场实际情况、交通运输情况、自然地理条件、环境保护要求、周边居民情况等。

B. 编制依据。

C. 明确质量、材料、施工顺序、施工方法的特殊要求，招标人自行采购材料的范围、设备的名称、规格型号、数量等。

D. 现场施工条件说明，即工程需要按特殊次序或工程区段进行施工时，应详细说明清楚。

E. 对工程量的确认，设计变更、价格调整等的说明。

F. 对无法预见、定义或详示，以及不能准确计算的工程项目，应加以说明，并以

"暂定项目"的名义列入清单项目内，同时明确其结算方法。

G. 总说明还要明确采取统一的工程量计算规则、统一的计量单位。

② 分部分项工程量清单。

分部分项工程量清单应包括项目编码、项目名称、项目特征、计量单位和工程量。编制人在编制分部分项工程量清单时，必须遵循五统一的规则，即统一项目编码、统一项目名称、统一项目特征、统一计量单位、统一工程量计算规则。

A. 清单项目编码。

每个分部分项工程量清单项目均有一个编码。项目编码采用十二位阿拉伯数字表示，以五级编码设置。同一招标工程的项目编码不得有重码。

一、二、三、四级共9位编码为全国统一编码，即《计价规范》中已经给定。编制工程量清单时，应按《计价规范》附录中的相应编码设置，不得变动。

第五级编码共3位，由工程量清单编制人区分具体工程清单项目特征而分别编制。如同一规格、同一材质的项目，具有不同的项目特征时，应分别列项，此时项目编码前9位相同，后3位不同，如表7-40所示。

清单项目编码表 表7-40

第一级为 附录分类码	第二级为 章顺序码	第三级为 节顺序码	第四级附录 清单项目码	第五级具体工程 清单项目编码
01	04	03	004	×××
01 表示建筑工程	04 表示第四章混凝土及钢筋混凝土工程	03 表示第三节现浇混凝土梁	004 表示现浇混凝土圈梁	根据拟建工程确定

B. 项目名称。

项目名称设置规范以清单项目的设置和划分以形成工程实体为原则。清单实体分项工程是一个综合实体，它一般包含一个或几个单一的实体(即若干个子项)。清单分项名称常以其中的主要实体子项名称命名。清单项目名称结合拟建工程的实际要求按《计价规范》中附录表的统一规定进行设置。

C. 项目特征。

项目特征应按《计价规范》附录中规定根据拟建工程实际予以描述。在进行项目特征描述时，有必须描述的内容和可不描述的内容。

在进行项目特征描述时必须描述的内容有：

涉及正确计量的内容必须描述，如门窗洞口尺寸或框外围尺寸；

涉及结构要求的内容必须描述，如混凝土构件的混凝土强度等级，是使用 C20 还是 C30 或 C40 等，因混凝土强度等级不同，其价格也不同，必须描述。

涉及材质要求的内容必须描述，如油漆的品种是调和漆、还是硝基清漆等；管材的材质是碳钢管，还是塑钢管、不锈钢管等；还需对管材的规格、型号进行描述。

涉及安装方式的内容必须描述，如管道工程中的钢管的连接方式是螺纹连接还是焊接；塑料管是粘接连接还是热熔连接等就必须描述。

在进行项目特征描述时可不描述的内容有：

对计量计价没有实质影响的内容可以不描述，如对现浇混凝土柱的高度、断面大小等的特征规定可以不描述，因为混凝土构件是按"m³"计量，对此的描述实质意义不大。

应由投标人根据施工方案确定的可以不描述，如对石方的预裂爆破的单孔深度及装药量的特征规定，如清单编制人来描述是困难的，由投标人根据施工要求，在施工方案中确定，自主报价比较恰当。

D. 清单项目工程量。

每个清单项目的工程量均应按《计价规范》附录中的工程量计算规则进行计算，这是规范要求的第四个统一。清单工程量与施工工程量的区别：

清单项目工程量，原则上以形成实体的净数量表示。该工程量不会因施工主体不同而有差异，这是保证各投标人公平报价竞争的基础，它不是投标人竞争的内容。

施工工程量是从施工角度出发，考虑实施分项工程实际施工的数量，一般以消耗定额规定的工程量计算规则进行计算。据消耗定额计算的施工工程量与工程项目采用的施工工艺、施工方案、施工方法等因素有关。施工工程量也是承建人为了进行工程计价计算的拟施工工程量，因而又称其为计价工程量。

E. 清单计量单位。

工程量计量单位均采用基本单位计量，它与消耗定额的计量单位不一定相同。工程量清单要求以《计价规范》附录中规定的计量单位计量，附录中该项目有两个或两个以上计量单位的，应选择最适宜计量的方式决定其中一个填写。如：长度计量以"m"为单位，面积计量以"m²"为单位，质量以"t"为单位，自然计量单位有"台"、"套"、"个"、"组"等。

③ 措施项目清单。

措施项目清单应根据拟建工程的实际情况列项。通用措施项目可按表 7-41 选择列项，专业工程的措施项目可按《计价规范》附录中规定的项目选择列项。若出现本规范未列的项目，可根据工程实际情况补充。措施项目中可以计算工程量的项目清单宜采用分部分项工程量清单的方式编制，列出项目编码、项目名称、项目特征、计量单位和工程量计算规则；不能计算工程量的项目清单，以"项"为计量单位。

通用措施项目一览表

表 7-41

序号	项 目 名 称
1	安全文明施工(含环境保护、文明施工、安全施工、临时设施)
2	夜间施工
3	二次搬运
4	冬雨期施工
5	大型机械设备进出场及安拆
6	施工排水
7	施工降水
8	地上、地下设施。建筑物的临时保护设施
9	已完工程及设备保护

④ 其他项目清单。

其他项目清单宜按照下列内容列项：

A. 暂列金额，因一些不能预见、不能确定的因素的价格调整而设立。暂列金额由招标人根据工程特点，按有关计价规定进行估算确定，一般可以分部分项工程量清单费的10%～15%为参考。如索赔费用、签证费用从此项扣支。

B. 暂估价，是指招标阶段直至签订合同协议时，招标人在招标文件中提供的用于支付必然要发生但暂时不能确定价格的材料以及专业工程的金额。其包括材料暂估价、专业工程暂估价。材料暂估单价应按照工程造价管理机构发布的工程造价信息或参考市场价格确定，纳入分部分项工程量清单项目综合单价。专业工程的暂估价一般应是综合暂估价，应分不同专业，按有关计价规定估算；应当包括除规费和税金以外的管理费、利润等取费。

C. 计日工，是为了解决现场发生的零星工作的计价而设立的。计日工对完成零星工作所消耗的人工工时、材料数量、施工机械台班进行计量，并按照计日工表中填报的适用项目的单价进行计价支付。

D. 总承包服务费，招标人应预计该项费用并按投标人的投标报价向投标人支付该项费用。包括：

a. 招标人仅要求对分包的专业工程进行总承包管理和协调时，按分包的专业工程估算造价的1.5%计算。

b. 招标人要求对分包的专业工程进行总承包管理和协调并同时要求提供配合服务时，根据招标文件中列出的配合服务内容和提出的要求按分包的专业工程估算造价的3%～5%计算。

c. 招标人自行供应材料的，按招标人供应材料价值的1%计算。

出现上述未列的项目，可根据工程实际情况补充。

⑤ 规费项目清单。

规费项目清单应按照下列内容列项：

A. 工程排污费。

B. 工程定额测定费。

C. 社会保障费：包括养老保险费、失业保险费、医疗保险费。

D. 住房公积金。

E. 危险作业意外伤害保险。

根据建设部、财政部《建筑安装工程费用项目组成》建标〔2003〕206号文的规定，规费包括工程排污费、工程定额测定费、社会保险(养老保险、失业保险、医疗保险)、住房公积金、危险作业意外伤害保险。

规费作为政府和有关权力部门规定必须缴纳的费用，政府和有关权力部门可根据形势发展的需要，对规费项目进行调整。因此，编制人对《建筑安装工程费用项目组成》未包括的规费项目，在编制规费项目清单时应根据省级政府或省级有关权力部门的规定列项。

⑥ 税金项目清单。

税金项目清单应包括下列内容：

A. 营业税。

B. 城市维护建设税。

C. 教育费附加。

根据建设部、财政部"关于印发《建筑安装工程费用项目组成》的通知"(建标〔2003〕206号)文的规定，目前我国税法规定应计入工程造价内的税种包括"营业税、城市建设维护税及教育费附加"。如国家税法发生变化，税务部门依据职权增加了税种，应对税金项目清单进行补充。

7.3.2 工程量清单报价的编制

（1）工程量清单计价表的格式

工程量清单计价表格必须采用《计价规范》规定的统一格式，招标控制价、投标报价、竣工结算的编制时计价表格组成分别如下：

1）招标控制价计价表。

A. 封面：

<table>
<tr><td colspan="2" align="center">_____工程

招 标 控 制 价</td></tr>
<tr><td colspan="2">招标控制价(小写)：_____</td></tr>
<tr><td colspan="2" align="center">(大写)：_____</td></tr>
<tr><td colspan="2" align="center">工程造价</td></tr>
<tr><td>招标人：_____
（单位盖章）</td><td>咨询人：_____
（单位资质专用章）</td></tr>
<tr><td>法定代表人
或其授权人：_____
（签字或盖章）</td><td>法定代表人
或其授权人：_____
（签字或盖章）</td></tr>
<tr><td>编制人：_____
（造价人员签字盖专用章）</td><td>复核人：_____
（造价工程师签字盖专用章）</td></tr>
<tr><td>编制时间：　年　月　日</td><td>复核时间：　年　月　日</td></tr>
</table>

B. 总说明，见表7-42。

总 说 明　　　　　　　　　　　　　表 7-42

工程名称：　　　　　　　　　　　　　　　　　　　　　　　第　页　共　页

（1）工程概况：建设规模、工程特征、计划工期、合同工期、实际工期、施工现场及变化情况、施工组织设计的特点、自然地理条件、环境保护要求等。 （2）编制依据等。

C. 工程项目招标控制价汇总表，见表7-43。

工程项目招标控制价(投标报价)汇总表　　　　　表 7-43

工程名称：　　　　　　　　　　　　　　　　　　　　　　　第　页　共　页

序号	单项工程名称	金额(元)	其　中		
			暂估价 (元)	安全文明 施工费(元)	规费 (元)
合　计					

注：本表适用于工程项目招标控制价或投标报价的汇总。

207

D. 单项工程招标控制价汇总表，见表 7-44。

单项工程招标控制价(投标报价)汇总表　　　　　　　　　　表 7-44

工程名称：　　　　　　　　　　　　　　　　　　　　　　　　　　第 页 共 页

序号	单位工程名称	金额(元)	其 中		
			暂估价 (元)	安全文明 施工费(元)	规费 (元)
	合 计				

注：本表适用于单项工程招标控制价或投标报价的汇总。暂估价包括分部分项工程中的暂估价和专业工程暂估价。

E. 单位工程招标控制价汇总表，见表 7-45。

单位工程招标控制价(投标报价)汇总表　　　　　　　　　　表 7-45

工程名称：　　　　　　　　标段：　　　　　　　　　　　　　　第 页 共 页

序号	汇总内容	金额(元)	其中：暂估价(元)
1	分部分项工程		
1.1			
2	措施项目		
2.1	安全文明施工费		
3	其他项目		
3.1	暂列金额		
3.2	专业工程暂估价		
3.3	计日工		
3.4	总承包服务费		
4	规费		
5	税金		
招标控制价合计＝1＋2＋3＋4＋5			

注：本表适用于单位工程招标控制价或投标报价的汇总，如无单位工程划分，单项工程也使用本表汇总。

F. 分部分项工程量清单与计价表，见表 7-30。

G. 工程量清单综合单价分析表，见表 7-46。

H. 措施项目清单与计价表(一)，见表 7-31。

I. 措施项目清单与计价表(二)，见表 7-32。

J. 其他项目清单与计价汇总表(见表 7-33～表 7-38)。

K. 规费、税金项目清单与计价表，见表 7-39。

工程量清单综合单价分析表

表 7-46

工程名称：　　　　　　　　　　　标段：　　　　　　　　　　　第 页 共 页

项目编码		项目名称		计量单位	
清单综合单价组成明细					

定额编号	定额名称	定额单位	数量	单价				合价			
				人工费	材料费	机械费	管理费和利润	人工费	材料费	机械费	管理费和利润
人工单价			小　计								
元/工日			未计价材料费								
清单项目综合单价											

材料费明细	主要材料名称、规格、型号		单位	数量	单价(元)	合价(元)	暂估单价(元)	暂估合价(元)
	其他材料费				—		—	
	材料费小计				—		—	

注：1. 如不使用省级或行业建设主管部门发布的计价依据，可不填定额项目、编号等。
　　2. 招标文件提供了暂估单价的材料，按暂估的单价填入表内"暂估单价"栏及"暂估合价"栏。

2）投标价计价表。

A．封面：

投 标 总 价

招标人：＿＿＿＿＿＿＿＿＿＿＿＿＿＿＿＿＿＿＿＿＿＿

工程名称：＿＿＿＿＿＿＿＿＿＿＿＿＿＿＿＿＿＿＿＿

投标总价(小写)：＿＿＿＿＿＿＿＿＿＿＿＿＿＿＿＿

　　　(大写)：＿＿＿＿＿＿＿＿＿＿＿＿＿＿＿＿

投标人：＿＿＿＿＿＿＿＿＿＿＿＿＿＿＿＿＿＿＿＿
　　　　　　　　　　(单位盖章)

法定代表人
或其授权人：＿＿＿＿＿＿＿＿＿＿＿＿＿＿＿＿＿
　　　　　　　　　　(签字或盖章)

编制人：＿＿＿＿＿＿＿＿＿＿＿＿＿＿＿＿＿＿＿＿
　　　　　　　(造价人员签字盖专用章)

编制时间：　　年　　月　　日

B. 总说明，见表 7-42。

C. 工程项目投标价汇总表，见表 7-43。

D. 单项工程投标价汇总表，见表 7-44。

E. 单位工程投标价汇总表，见表 7-45。

F. 分部分项工程量清单与计价表，见表 7-30。

G. 工程量清单综合单价分析表，见表 7-46。

H. 措施项目清单与计价表(一)，见表 7-31。

I. 措施项目清单与计价表(二)，见表 7-32。

J. 其他项目清单与计价表，见表 7-33～表 7-38。

K. 规费、税金项目清单与计价表，见表 7-39。

3) 竣工结算的编制。

A. 封面：

_____工程

竣 工 结 算 总 价

中标价(小写)：_____   (大写)：_____

结算价(小写)：_____   (大写)：_____

工程造价

发包人：_____   承包人：_____   咨询人：_____

(单位盖章)   (单位盖章)   (单位资质专用章)

法定代表人   法定代表人   法定代表人

或其授权人：_____   或其授权人：_____   或其授权人：_____

(签字或盖章)   (签字或盖章)   (签字或盖章)

编制人：_____   核对人：_____

(造价人员签字盖专用章)   (造价工程师签字盖专用章)

编制时间： 年 月 日 核对时间： 年 月 日

B. 总说明，见表 7-42。

C. 工程项目竣工结算汇总表，见表 7-47。

工程项目竣工结算汇总表 表 7-47

工程名称：   第 页 共 页

序号	单项工程名称	金额(元)	其　中	
			安全文明施工费(元)	规费(元)
	合　计			

D. 单项工程竣工结算汇总表，见表 7-48。

210

工程名称：   第 页 共 页

序号	单位工程名称	金额(元)	其 中	
			安全文明施工费(元)	规费(元)
合 计				

E. 单位工程竣工结算汇总表，见表 7-49。

工程名称：   标段：   第 页 共 页

序号	汇总内容	金额(元)
1	分部分项工程	
1.1		
1.2		
2	措施项目	
2.1	安全文明施工费	
3	其他项目	
3.1	专业工程结算价	
3.2	计日工	
3.3	总承包服务费	
3.4	索赔与现场签证	
4	规费	
5	税金	
竣工结算总价合计＝1＋2＋3＋4＋5		

注：如无单位工程划分，单项工程也使用本表汇总。

F. 分部分项工程量清单与计价表，见表 7-30。

G. 工程量清单综合单价分析表，见表 7-46。

H. 措施项目清单与计价表(一)，见表 7-31。

I. 措施项目清单与计价表(二)，见表 7-32。

J. 其他项目清单与计价汇总表，见表 7-33~表 7-38。

K. 索赔与现场签证计价汇总表，见表 7-50。

L. 费用索赔申请(核准)表，见表 7-51。

M. 现场签证表，见表 7-52。

索赔与现场签证计价汇总表

表7-50

工程名称：　　　　　　　　　　　　标段：　　　　　　　　　　　　　　　　　　第　页　共　页

序号	签证及索赔项目名称	计量单位	数量	单价(元)	合价(元)	索赔及签证依据
	本页小计					—
	合　计					—

注：签证及索赔依据是指经双方认可的签证单和索赔依据的编号。

费用索赔申请(核准)表

表7-51

工程名称：　　　　　　　　　　　　标段：　　　　　　　　　　　　　　编号：

致：＿＿＿＿＿＿＿＿＿＿＿＿＿＿＿＿＿＿＿＿＿＿（发包人全称）
根据施工合同条款第＿＿＿＿＿＿条的约定，由于＿＿＿＿＿＿＿＿＿原因，我方要求索赔金额（大写）＿＿＿＿＿＿＿＿元，（小写）＿＿＿＿＿＿＿元，请予核准。 附：1. 费用索赔的详细理由和依据： 　　2. 索赔金额的计算： 　　3. 证明材料： 承包人(章) 承包人代表＿＿＿＿＿ 日　　期＿＿＿＿＿

复核意见： 根据施工合同条款第＿＿＿＿条的约定，你方提出的费用索赔申请经复核： □不同意此项索赔，具体意见附件。 □同意此项索赔，索赔金额的计算，由造价工程师复核。 监理工程师＿＿＿＿＿ 日　　期＿＿＿＿＿	复核意见： 根据施工合同条款第＿＿＿条的约定，你方提出的费用索赔申请经复核，索赔金额为（大写）＿＿＿＿＿元，（小写）＿＿＿＿＿元。 造价工程师＿＿＿＿＿ 日　　期＿＿＿＿＿

审核意见： □不同意此项索赔。 □同意此项索赔，与本期进度款同期支付。   发包人(章) 发包人代表＿＿＿＿＿ 日　　期＿＿＿＿＿

注：1. 在选择栏中的"□"内做标识"√"。

　　2. 本表一式四份，由承包人填报，发包人、监理人、造价咨询人、承包人各存一份。

212

現 场 签 证 表   表 7-52

工程名称：   标段：   编号：

施工单位		日期	

致：_____（发包人全称）
　　根据_____（指令人姓名）　年　月　日的口头指令或你方_____（或监理人）　年　月　日
的书面通知，我方要求完成此项工作应支付价款金额为（大写）_____元，（小写）_____元，请
予核准。
　　附：1. 签证事由及原因：
　　　　2. 附图及计算式：

承包人（章）
承包人代表_____
日　　期_____

复核意见：	复核意见：
你方提出的此项签证申请申请经复核：	□此项签证按承包人中标的计日工单价计算，金额
□不同意此项签证，具体意见见附件。	为（大写）_____元，（小写）_____元。
□同意此项签证，签证金额的计算，由造价工程师	□此项签证因无计日工单价，金额为（大写）
复核。	_____元，（小写）_____元。
监理工程师_____	造价工程师_____
日　　期_____	日　　期_____

审核意见：
　　□不同意此项签证赔。
　　□同意此项签证，价款与本期进度款同期支付。

发包人（章）
发包人代表_____
日　　期_____

注：1. 在选择栏中的"□"内做标识"√"。
　　2. 本表一式四份，由承包人在收到发包人（监理人）的口头或书面通知后填写，发包人、监理人、造价咨询
　　　人、承包人各存一份

N. 规费、税金项目清单与计价表，见表 7-39。

O. 工程款支付申请（核准）表，见表 7-53。

（2）工程量清单计价表的内容

采用工程量清单计价，建设工程造价由分部分项工程费、措施项目费、其他项目费、规费和税金组成。

《计价规范》中对上述各项费用计价做出相应的规定，分部分项工程量清单应采用综合单价计价；招标文件中的工程量清单标明的工程量是投标人投标报价的共同基础，竣工结算的工程量按发、承包双方在合同中约定应予计量且实际完成的工程量确定。

措施项目清单计价应根据拟建工程的施工组织设计，可以计算工程量的措施项目，应按分部分项工程量清单的方式采用综合单价计价；其余的措施项目可以"项"为单位的方式计价，应包括除规费、税金外的全部费用，措施项目清单中的安全文明施工费应按照国家或省级、行业建设主管部门的规定计价，不得作为竞争性费用。

其他项目清单应根据工程特点结合《计价规范》的规定计价。

工程款支付申请(核准)表

表 7-53

工程名称：　　　　　　　　　　标段：　　　　　　　　　　编号：

致：＿＿＿＿＿＿＿＿＿＿＿＿＿＿＿＿＿＿＿＿＿＿＿＿＿＿（发包人全称）

　　我方于＿＿＿＿＿＿至＿＿＿＿＿＿期间已完成了＿＿＿＿＿＿＿＿＿＿工作，根据施工合同的约定，现申请支付本期的工程价款为(大写)＿＿＿＿＿＿元，(小写)＿＿＿＿＿＿元，请予核准。

序号	名　称	金额(元)	备注
1	累计已完成的工程价款		
2	累计已实际支付的工程价款		
3	本周期已完成的工程价款		
4	本周期完成的计日工金额		
5	本周期应增加和扣减的变更金额		
6	本周期应增加和扣减的索赔金额		
7	本周期应抵扣的预付款		
8	本周期应扣减的质保金		
9	本周期应增加或扣减的其他金额		
10	本周期实际应支付的工程价款		

承包人(章)

承包人代表＿＿＿＿＿＿

日　　期＿＿＿＿＿＿

复核意见： □与实际施工情况不相符，修改意见见附件。 □与实际施工情况相符，具体金额由造价工程师复核。 　　　　　　　　　　监理工程师 　　　　　　　　　　日　　期	复核意见： 　　你方提出的支付申请经复核，本周期已完成工程价款为(大写)＿＿＿＿＿元，(小写)＿＿＿＿＿元，本期间应支付金额为(大写)＿＿＿＿＿元，(小写)＿＿＿＿＿元。 　　　　　　　　　　造价工程师 　　　　　　　　　　日　　期

审核意见：

□不同意。

□同意，支付时间为本表签发后的 15 天内。

发包人(章)

发包人代表

发包人代表＿＿＿＿＿＿

日　　期＿＿＿＿＿＿

注：1. 在选择栏中的"□"内做标识"√"。

　　2. 本表一式四份，由承包人填报，发包人、监理人、造价咨询人、承包人各存一份。

　　规费和税金应按国家或省级、行业建设主管部门的规定计算，不得作为竞争性费用。

　　采用工程量清单计价的工程，应在招标文件或合同中明确风险内容及其范围(幅度)，不得采用无限风险、所有风险或类似语句规定风险内容及其范围(幅度)。

　　(3) 工程量清单计价表的编制

　　1) 招标控制价的编制。

《计价规范》规定国有资金投资的工程建设项目应实行工程量清单招标，并应编制招标控制价。招标控制价超过批准的概算时，招标人应将其报原概算审批部门审核。投标人的投标报价高于招标控制价的，其投标应予拒绝。招标控制价应由具有编制能力的招标人，或受其委托具有相应资质的工程造价咨询人编制。

① 招标控制价的编制依据

招标控制价的编制依据包括：《计价规范》；国家或省级、行业建设主管部门颁发的计价定额和计价办法；建设工程设计文件及相关资料；招标文件中的工程量清单及有关要求；与建设项目相关的标准、规范、技术资料；工程造价管理机构发布的工程造价信息，工程造价信息没有发布的按市场价；其他的相关资料。

② 招标控制价各部分费用计算

A. 分部分项工程费

分部分项工程费应根据招标文件中分部分项工程量清单项目的特征描述及有关要求，按照国家或省级、行业建设主管部门颁发的计价定额和计价办法、工程设计文件及标准规范的规定确定综合单价。综合单价中应包括招标文件要求投标人承担的风险费用。招标文件提供了暂估单价的材料，按暂估的单价计入综合单价。综合单价是指完成一个规定计量单位的分部分项工程量清单项目或措施清单项目所需的人工费、材料费、施工机械使用费、企业管理费与利润，以及一定范围内的风险费用。"综合单价"是相对于工程量清单计价而言，是对完成一个规定计量单位的分部分项清单项目、措施清单项目所需的人工费、材料费、施工机械使用费、企业管理费、利润以及包含一定范围的风险因素的价格表示，对风险做了一定的限制。

B. 措施项目费

措施项目的计价依据和原则：依据招标文件中措施项目清单所列内容；凡可精确计量的措施清单项目宜采用综合单价方式计价，其余的措施清单项目采用以"项"为计量单位的方式计价。措施项目清单的计价依据和确定原则：国家或省级、行业建设主管部门颁发的计价定额及相关规定和工程造价管理机构发布的工程造价信息或市场价格。其中安全文明施工费应按国家或省级、行业建设主管部门的规定计价。

C. 其他项目费

其他工程费的计价依据《计价规范》的规定：暂列金额由招标人根据工程复杂程度、设计深度、工程环境条件等特点，一般可以分部分项工程费的 10%～15% 为参考；暂估价中的材料单价按照工程造价管理机构发布的工程造价信息或参考市场价格确定。暂估价中的专业工程暂估价应分不同专业，按有关计价规定估算；招标人应根据工程特点，按照列出的计日工项目和有关计价依据，填写用于计日工计价的人工、材料、机械台班单价并计算计日工费用；招标人应根据招标文件中列出的内容和向总承包人提出的要求计算总承包费，可参照下列标准：

a. 招标人仅要求对分包的专业工程进行总承包管理和协调时，按分包的专业工程估算造价的 1.5% 计算；

b. 招标人要求对分包的专业工程进行总承包管理和协调并同时要求提供配合服务时，根据招标文件中列出的配合服务内容和提出的要求按分包的专业工程估算造价的 3%～5% 计算。

c. 招标人自行供应材料的，按招标人供应材料价值的 1％计算。

D. 规费和税金

规费和税金的计取原则，即规费和税金必须按国家或省级、行业建设主管部门的有关规定计算。

规费和税金招标控制价的编制特点和作用决定了招标控制价不同于标底，无需保密。为体现招标的公开、公平、公正性，防止招标人有意抬高或压低工程造价，给投标人以错误的信息，因此规定招标人应在招标文件中如实公布招标控制价，同时应公布招标控制价的组成详细内容，不得只公布招标控制总价，不得对所编制的招标控制价进行上浮或下调。同时，招标人应将编制的招标控制价明细表报工程所在地的工程造价管理机构备查。

2）投标价的编制。

《计价规范》规定除强制性规定外，投标报价由投标人自主确定，但不得低于成本。投标报价应由投标人或受其委托具有相应资质的工程造价咨询人编制，应按招标人提供的工程量清单填报价格。填写的项目编码、项目名称、项目特征、计量单位、工程量必须与招标人提供的一致。

① 投标价的编制依据

投标报价应根据招标文件中计价要求，按照下列依据自主报价：《计价规范》；国家或省级、行业建设主管部门颁发的计价办法；企业定额，国家或省级、行业建设主管部门颁发的计价定额；招标文件、工程量清单及其补充通知、答疑纪要；建设工程设计文件及相关资料；施工现场情况、工程特点及拟定的投标施工组织设计或施工方案；与建设项目相关的标准、规范等技术资料；市场价格信息或工程造价管理机构发布的工程造价信息；其他的相关资料。

② 投标价各部分费用计算

A. 分部分项工程费用

分部分项工程费用应依据《计价规范》对综合单价的组成内容，按招标文件中分部分项工程量清单项目的特征描述确定综合单价的计算，综合单价中应考虑招标文件中要求投标人承担的风险费用，招标文件中提供了暂估单价的材料，按估的单价计入综合单价。"综合单价"是相对于工程量清单计价而言，是对完成一个规定计量单位的分部分项清单项目、措施清单项目所需的人工费、材料费、施工机械使用费、企业管理费、利润以及包含一定范围的风险因素的价格表示，对风险做了一定的限制。

分部分项工程费报价的最重要依据之一是该项目的特征描述，投标人应依据招标文件中分部分项工程量清单项目的特征描述确定清单项目的综合单价，当出现招标文件中分部分项工程量清单项目的特征描述与设计图纸不符时，应以工程量清单项目的特征描述为准；当施工中施工图纸或设计变更与工程量清单项目的特征描述不一致时，发、承包双方应按实际施工的项目特征，依据合同约定重新确定综合单价。

投标人在自主决定投标报价时，还应考虑招标文件中要求投标人承担的风险内容及其范围（幅度）以及相应的风险费用。在施工过程中，当出现的风险内容及其范围（幅度）在招标文件规定的范围内时，综合单价不得变更，工程价款不做调整。

B. 措施项目费用

措施项目清单费应根据招标文件中的措施项目清单及投标时拟定的施工组织设计或施

216

工方案。投标人可根据工程实际情况结合施工组织设计，对招标人所列的措施项目清单进行增补。按《计价规范》的规定，自主确定。其中安全文明施工应按照国家或省级、行业建设主管部门的规定计价，不得作为竞争性费用。

由于各投标人拥有的施工装备、技术水平和采用的施工方法有所差异，招标人提出的措施项目清单是根据一般情况确定的，没有考虑不同投标人的"个性"，投标人投标时可根据自身编制的投标施工组织设计(或施工方案)确定措施项目，并可对招标人提供的措施项目进行调整，但应通过评标委员会的评审。措施项目费的计算包括：

a. 措施项目的内容应依据招标人提供的措施项目清单和投标人投标时拟定的施工组织设计或施工方案。

b. 措施项目清单费的计价方式应根据招标文件的规定，凡可以精确计量的措施清单项目采用综合单价方式报价，其余的措施清单项目采用以"项"为计量单位的方式报价。

c. 措施项目清单费的确定原则是由投标人自主确定，但其中安全文明施工费应按国家或省级、行业建设主管部门的规定确定。

C. 其他项目费

其他项目清单费应按下列规定报价：

a. 暂列金额按招标人在其他项目清单中列出的金额填写，不得变动。

b. 材料暂估价不得变动和更改，暂估价中的材料必须按照暂估单价按招标人在其他项目清单中列出的单价计入综合单价；专业工程暂估价必须按招标人在其他项目清单中列出的金额填写。

c. 计日工必须按招标人在其他项目清单中列出的项目和数量，自主确定综合单价并计算计日工费用。

d. 总承包服务费由投标人依据招标人在招标文件中列出的分包专业工程内容和供应材料、设备情况，按照招标人提出的协调、配合与服务要求和施工现场管理需要自主确定总承包服务费。

D. 规费和税金

规费和税金的计取必须按国家或省级、行业建设主管部门的有关规定计算。规费和税金的计取标准是依据有关法律、法规和政策规定制定的，具有强制性。投标人是法律、法规和政策的执行者，其不能改变且只能按照法律、法规、政策的有关规定执行。

投标总价应当与工程量清单构成的分部分项工程费、措施项目费、其他项目费和规费、税金的合计金额一致。

3) 竣工决算

《计价规范》规定：工程完工后，发、承包双方应在合同约定时间内办理工程竣工结算。工程竣工结算由承包人或受其委托具有相应资质的工程造价咨询人编制，由发包人或受其委托具有相应资质的工程造价咨询人核对。

竣工结算分单位工程竣工结算、单项工程竣工结算和建设项目竣工总结算。竣工结算由承包人编制，实行总承包的工程，由总承包人对竣工结算的编制负总责。承包人也可委托工程造价咨询人编制竣工结算，工程造价咨询人必须按照《工程造价咨询企业管理办法》(建设部令第149号)的规定，在其资质许可的范围内接受承包人的委托编制竣工结算。

① 工程竣工结算依据

工程竣工结算依据：《计价规范》；合同约定的工程价款；工程竣工资料；双方确认的工程量；双方确认追加(减)的工程价款；双方确认的索赔、现场签证事项及价款；投标文件；招标文件；其他依据。

② 招标控制价各部分费用计算

A. 分部分项工程费

《计价规范》规定分部分项工程费用依据双方确认的工程量、合同约定的综合单价计算；如发生调整的，以发、承包双方确认调整的综合单价计算。所以办理竣工结算时分部分项工程费中工程量应依据发、承包双方确认的工程量，综合单价应依据合同约定的单价或发、承包双方确认调整后的综合单价。

B. 措施项目费

措施项目费依据合同约定的项目和金额计算；如发生调整的，以发、承包双方调整确认的金额计算，其中安全文明施工应按照国家或省级、行业建设主管部门的规定计价，不得作为竞争性费用。

办理竣工结算时，措施项目费的计价原则：

a. 明确采用综合单价计价的措施项目，应依据发、承包双方确认的工程量和综合单价计算。

b. 明确采用"项"计价的措施项目，应依据合同约定的措施项目和金额或发、承包双方确认调整后的措施项目费金额计算。

c. 措施项目费中的安全文明施工费应按照国家或省级、行业建设主管部门的规定计算。施工过程中，国家或省级、行业建设主管部门对安全文明施工费进行了调整的，措施项目费中的安全文明施工费应作相应调整。

C. 其他项目费

其他项目费的竣工结算办理要求：

a. 计日工的费用应按发包人实际签证确认的数量和合同约定的相应项目综合单价计算。

b. 当暂估价中的材料是招标采购的，其材料单价按中标价在综合单价中调整。当暂估价中的材料为非招标采购的，其单价按发、承包双方最终确认的单价在综合单价中调整；当暂估价中的专业工程是招标分包的，其金额按中标价计算。当暂估价中的专业工程为非招标分包的，其金额按发、承包双方最终结算确认的金额计算。

c. 总承包服务费应依据合同约定的金额计算，当发、承包双方依据合同约定对总承包服务费进行调整时，应按调整后确定的金额计算。

d. 索赔事件发生产生的费用办理竣工结算时应在其他项目费中反映。索赔费用的金额应依据发、承包双方确认的索赔事项和金额计算。

e. 发包人现场签证的费用在办理竣工结算时应在其他项目费中反映。现场签证费用金额依据发、承包双方签证确认的金额计算。

f. 合同价款中的暂列金额在用于各项价款调整、索赔与现场签证后，若有余额，则余额归发包人，如出现差额，则由发包人补足并反映在相应的价款中。

D. 规费和税金

规费和税金的计取原则：

a. 规费和税金按国家或省级、行业建设主管部门的规定计算。

b. 施工过程中若出现招标文件的工程量清单中没有的规费项目时，竣工结算中应依据省级政府或省级有关权力部门的规定计算。

c. 当施工过程中国家以及省级建设行政主管部门对规费和税金计取标准进行调整时，规费和税金应作相应调整。

（4）工程量清单计价与定额计价的关系

①《计价规范》中清单项目的设置，参考了全国统一定额的项目划分，注意清单计价项目设置与定额计价项目设置的衔接，以便于推广工程量清单计价方式能易于操作，方便使用。

②《计价规范》附录中的"项目特征"的内容，基本上取自原定额的项目（或子目）设置的内容。

③《计价规范》附录中的"工程内容"与定额子目相关联，它是综合单价的组价内容。

④ 工程量清单计价，企业需要根据自己的企业实际消耗成本报价，在目前多数企业没有企业定额的情况下，现行全国统一定额仍然可作为消耗量定额的重要参考。

第8章 建筑工程概预算设计实例

8.1 工程概算

总概算书是单项工程建设费用的综合性文件，它是由各专业的单位工程概算书组成。

8.1.1 主要内容

(1) 建安工程费，包括：土建工程概算书，给排水消防工程概算书，电气工程概算书，弱电工程概算书，采暖通风空调工程概算书，室外、构筑物工程概算书。

(2) 其他工程费用，包括：工程设计费、工程地质勘察费、图纸审查费、工程监督费、招投标管理费、招投标交易费、建设单位管理费、基础设施配套费、工程监理费等。

(3) 预备费，包括：基本预备费、涨价预备费。

8.1.2 概算编制步骤

(1) 根据初步设计图纸、建筑概算定额工程量计算规则，计算工程量。在计算工程量时一定要先熟悉图纸，掌握工程量计算规则。计算工程量时要紧扣图纸，尽可能利用图纸所给定的建筑指标。

(2) 编制各专业单位工程概算表。一般根据工程概算基价的顺序和施工顺序编制概算表，以土建专业为例，见表8-1(只列出部分)。

(3) 编制单位工程概算取费表。编制此表应该掌握零星项目增加费费率，综合费用费率、概算调整费费率，见表8-2。

(4) 编制概算汇总表。该表是整个项目概算的集合，这里主要需要说明的是在计算其他工程费用时要了解取费标准和依据，见表8-3。

(5) 最后写出"编制说明"。编制说明主要反映工程概况、概算的编制依据、三材(水泥、钢材、木材)用量及有关情况说明。

8.1.3 设计实例

以某高校教学楼建筑为例。

(1) 工程概况：该工程建筑面积15439.8m²，建筑高度为24.6m，层数五层，框架结构，井桩基础，屋面为卷材防水屋面，外里面局部为隐框玻璃幕墙。设计图纸如图8-1所示。

(2) 工程量计算及建筑工程概算表，在计算工程量时应注意墙体工程量的单位，见表8-1。

(3) 概算取费见表8-2。

(4) 汇总表及其说明见表8-3。

(5) 编制说明。

① 该工程建筑面积15439.8m²，工程总造价为2283.26万元。

建筑结构工程概算表

表 8-1
第 1 页 共 4 页

工程名称：××××高校 B 型教学楼土建工程

序号	定额号	项目名称	计量单位	工程量	单价(元)	合价(元)	人工费 单价	人工费 合价	材料费 单价	材料费 合价	机械费 单价	机械费 合价
		基础及土方工程				1726253.49		384904.16		1208548.37		132800.96
1	1-1	平整场地	m²	2153.55	0.81	1744.38	0.81	1744.38				
2	1-4	井桩基础土方 桩长15m以内	m³	4343.50	78.97	343006.20	57.18	248361.33	5.36	23281.16	16.43	71363.71
3	2-69-2	人工成孔灌注钢筋混凝土桩 短桩 筋桩部分配筋 长15m以内 桩径 Φ1000 C20[Φ40 C30 525# 中砂]	m³	4343.50	306.59	1331673.67	30.03	130435.31	262.94	1142079.89	13.62	59158.47
4	2-6-1	基础垫层 混凝土 C15	m³	17.90	203.12	3635.85	26.08	466.83	168.09	3008.81	8.95	160.21
5	2-14-2	混凝土带形基础 C20[Φ40 C30 425# 中砂]	m³	210.38	219.57	46193.39	18.52	3896.31	190.98	40178.51	10.07	2118.57
		砌体工程				418578.30		124158.36		284636.34		9783.60
6	3-55	300mm多孔砖外墙 内墙面水泥石灰砂浆抹灰外墙面喷涂	m²	2870.04	56.94	163420.08	12.51	35904.20	42.40	121689.70	2.03	5826.18
7	3-41	200mm多孔砖内墙 内墙面水泥石灰砂浆抹灰	m²	3746.26	34.00	127372.84	10.51	39373.19	22.88	85714.43	0.61	2285.22
8	3-40	200mm多孔砖内墙 内墙面水泥砂浆抹灰	m²	1178.59	34.73	40932.43	10.93	12881.99	23.19	27331.50	0.61	718.94
9	3-102	墙面块料装饰 瓷板 水泥石灰砂浆结合层	m²	1178.59	32.30	38068.46	12.64	14897.38	19.66	23171.08		
10	3-108	栏板内外侧抹水泥砂浆	m²	47.880	79.10	3787.31	57.52	2754.06	21.02	1006.44	0.56	26.81
11	5-226	喷(刷)涂料 106涂料 二遍墙、柱、天棚砂浆抹灰面	m²	6616.30	1.80	11909.34	0.94	6219.32	0.86	5690.02		
12	8-27	沥青粘贴聚苯乙烯泡沫板 附墙铺贴	m³	86.10	384.29	33087.84	140.86	12128.22	232.67	20033.17	10.76	926.45
		门窗工程				1593900.51		177220.57		1415266.70		1413.24
13	4-124	铝合金平开窗	m²洞	2634.20	310.20	817128.84	15.58	41040.84	294.61	776061.66	0.01	26.34
14	4-125	铝合金推拉窗	m²洞	248.40	264.03	65585.05	15.75	3912.30	248.27	61670.27	0.01	2.48

工程取费表

表 8-2

工程名称：××××高校 B 型教学楼土建工程

第 1 页　共 1 页

序号	编号	费用名称	计算公式	系数	金额
1	一、	直接费	[2]+[6]+[7]		11104624.72
2		地区基价定额直接费	直接费＋未计价资源费＋设备费		10833780.21
3	1.	人工费	人工费		1604650.39
4	2.	材料费	材料费		8434803.38
5	3.	机械费	机械费		794326.44
6		零星项目增加费	[2]×费率	2.5	270844.51
7		二次搬运费			
8	二、	综合费用	[2]×系数	22	2383431.65
9	三、	定额测定编制管理费	([1]+[8])×系数	0.15	20232.08
10	四、	税金	([1]+[8]+[9])×系数	3.41	460632.64
11	五、	概算调整费	([1]+[8]+[9]+[10])×系数	14.12	1972411.66
12	六、	概算工程造价	[1]+[8]+[9]+[10]+[11]		15941332.75
13	七、	建筑面积	建筑面积		
14	八、	平方米造价	[12]/[13]		

概 算 汇 总 表

表 8-3

序号	工程费用名称	概算价值				总价（万元）	技术经济指标			在总投资比例（%）
		建筑工程费用	设备购置费	安装工程费	其他费用		单位	数量	单价（元）	
Ⅰ	建安工程费	1707.41	19.45	276.39		2003.25	m²	15439.8	1297.46	87.7
一	教学楼	1634.00	19.45	244.18		1878.18	m²	15439.8	1216.45	
1	建筑工程	1631.53				1594.13	m²	15439.8	1032.48	
2	给排水及消防		3.47	32.56		36.03	m²	15439.8	23.34	
3	采暖及通风		4.57	106.63		111.2	m²	15439.8	72.02	
4	电气照明		7.5	60.35		67.85	m²	15439.8	43.94	
5	弱电及其他配电		3.91	33.72		37.63	m²	15439.8	24.37	
6	综合布线			10.92		10.92	点	156	700.00	
7	井桩安全施工措施费	2.47				2.47		4343.5	5.68	
二	室外工程	73.41		32.21		105.62	m²			
1	道路	26.28				26.28	m²	876	300.00	

序号	工程费用名称	概算价值				总价（万元）	技术经济指标			在总投资比例（%）
		建筑工程费用	设备购置费	安装工程费	其他费用		单位	数量	单价（元）	
2	给排水及消防	21.86		16.64		38.5	m²			
3	热网工程	13.51		1.76		15.27	m²			
4	电网工程			13.81		13.81	m²			
5	公共绿化	11.76				11.76	m²	2352	50	
Ⅱ	其他费用				171.27	171.27				7.50
1	工程设计费				71.19	71.19		插值法		
2	工程地质勘察费				13.64	13.64				
3	施工图审查费				3.09	3.09	m²	15439.8	2	
4	工程质量监督费				3.09	3.09	m²	15439.8	2	
5	工程招投标管理费				1.2	1.2	元	30000	40	
6	工程监理				54.02	54.02		插值法		
7	工程预算编制费				5.01	5.01	元	2003.25	0.25%	
8	建设单位管理费				20.03	20.03	元	2003.25	1%	
三	预备费					108.74				4.76
1	基本预备费				108.74	108.74		2174.52	5%	
四	概算总投资	1707.41	19.45	276.39	280.01	2283.26	m²	15439.8	1478.8	

② 根据下列资料进行编制的：

A. 初步设计图纸工程号 2008-07-01 及说明。

B. 现行××省定额：××省建筑、安装概算定额(2001)，××省建筑工程消耗量定额(2004)，××省建筑装饰装修工程消耗定额(2004)，所有计价均采用××地区基价。

C. 本工程取费按××建价(2001)385 号文执行，按二类计取。

D. 概算调整指标为 14.12。

E. 工程建设其他费用文件执行××建价(2001)277 号文。

③ 三材用量：钢材：802.8696，水泥：4289.186，木材：314.774m³。

④ 其他说明：

A. 未含土地费。

B. 未考虑施工期间人、材、机上涨费用及因费率调整所发生的费用因素。

(6) 装订顺序：编制说明—工程概算汇总表—概算取费表（土建）—工程概算表（土建）—概算取费表—工程概算表（水）……

8.2 工程预算

施工图预算是确定工程预算造价、签订建筑安装工程合同，实行建设单位和施工单位投资包干和办理工程结算的依据。

8.2.1 定额单价法

(1) 利用定额单价法编织单位工程施工图预算的内容：土建工程预算、给排水及消防工程预算、采暖通风工程预算、电气照明工程预算、弱电工程预算等各专业工程预算。

(2) 利用定额单价法编织工程预算的依据：

① 法律、法规及有关规定。

② 施工图及说明书和有关标准图等资料。

③ 施工方案及施工组织设计。

④ 工程量计算规则。

⑤ 当地现行预算定额和有关调价规定。

⑥ 招标文件。

(3) 利用定额单价法编织单位工程施工图预算的步骤：

① 收集资料熟悉图纸计算工程量。

② 利用当地地区基价确定单位工程直接费计算表。

③ 利用计价程序以直接费为计算基础，计算出规费和企业管理费、利润和税金，最终计算出该专业预算造价。

④ 预算汇总表即各专业含税造价之和

(4) 施工图预算编制实例。

以某×××高校住宅楼为例。

工程概况：该工程建筑面积21000m²，建筑总高度73m，结构形式为剪力墙结构，地下一层，地上24层，井筏基础，屋面为上人屋面。设计图纸如图8-2所示。

① 编制依据

A. ×××高校住宅楼施工图。

B. 现行××省定额：××省建筑、安装预算定额(2001)，××省建筑工程消耗量定额(2004)，××省建筑装饰装修工程消耗定额(2004)，所有计价均采用××地区基价。

C. ××省建设工程费用定额。

D. 当地市场指导价。

② 工程预算表见表8-4。

③ 工程费用表见表8-5。

④ 材料价差表见表8-6。

⑤ 商品混凝土见表8-7。

⑥ 商品混凝土取费按外购件计取，见表8-8。

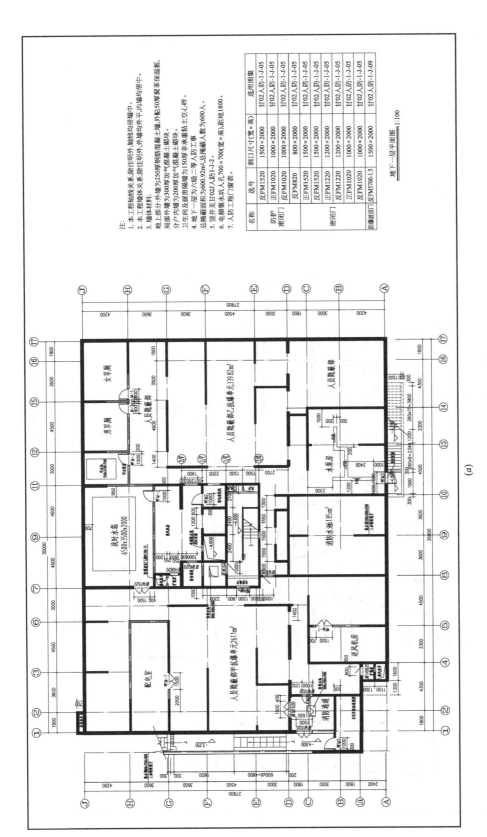

图 8-2　住宅楼设计图纸（一）

(a)

225

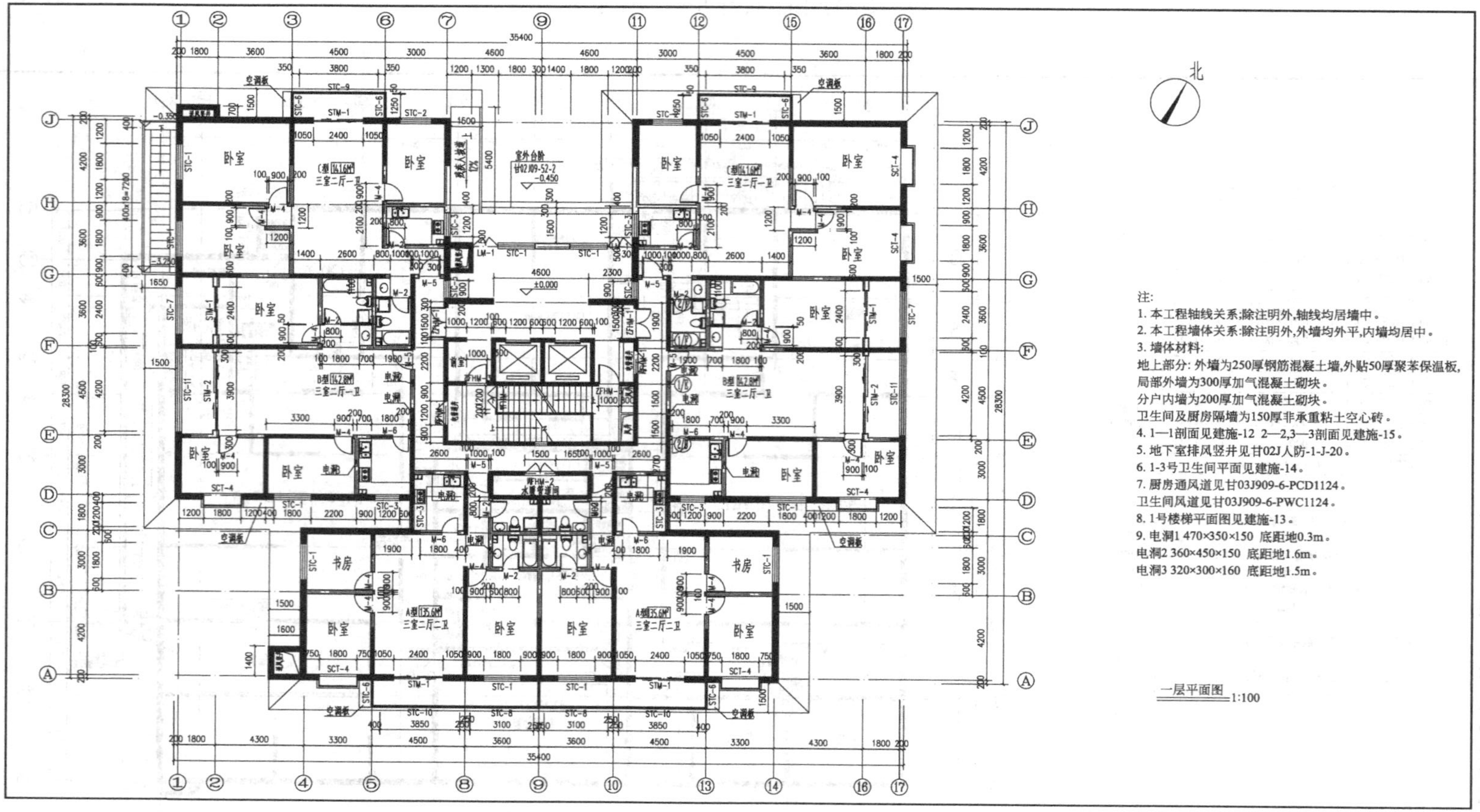
北
注:
1. 本工程轴线关系:除注明外,轴线均居墙中。
2. 本工程墙体关系:除注明外,外墙均外平,内墙均居中。
3. 墙体材料:
地上部分: 外墙为250厚钢筋混凝土墙,外贴50厚聚苯保温板,
局部外墙为300厚加气混凝土砌块。
分户内墙为200厚加气混凝土砌块。
卫生间及厨房隔墙为150厚非承重粘土空心砖。
4. 1—1剖面见建施-12 2—2,3—3剖面见建施-15。
5. 地下室排风竖井见甘02J人防-1-J-20。
6. 1-3号卫生间平面见建施-14。
7. 厨房通风道见甘03J909-6-PCD1124。
卫生间风道见甘03J909-6-PWC1124。
8. 1号楼梯平面图见建施-13。
9. 电洞1 470×350×150 底距地0.3m。
电洞2 360×450×150 底距地1.6m。
电洞3 320×300×160 底距地1.5m。
一层平面图 1:100

(b)

图 8-2　住宅楼设计图纸(二)

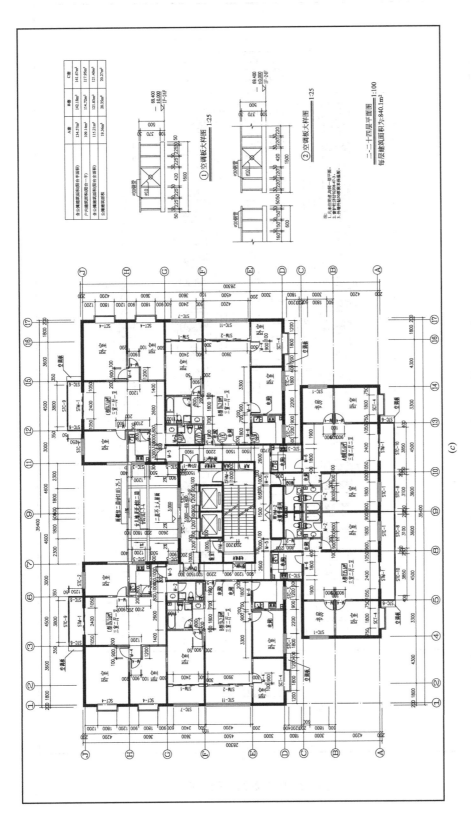

图 8-2 住宅楼设计图纸（三）

(c)

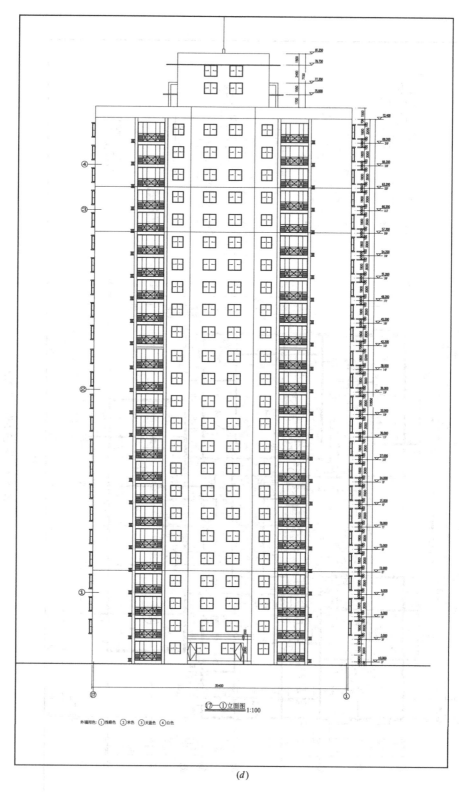

图 8-2 住宅楼设计图纸(四)

228

工程名称：×××高校住宅楼·建筑工程

建筑结构工程预算表

表8-4

序号	定额号	项目名称	计量单位	工程量	单价(元)	合价(元)	人工费 单价	人工费 合价	材料费 单价	材料费 合价	机械费 单价	机械费 合价
	a.1.1	土石方工程			0.00	239348.53	0.00	154740.65	0.00	82.50	0.00	84525.38
1	T1-127	反铲挖掘机挖土自卸汽车运土 运距1000m以内 一二类土	m³	6359.32	8.29	52718.76	1.02	6486.51	0.01	63.59	7.26	46168.66
2	T1-130	自卸汽车运土每增加500m	m³	6359.32	0.83	5278.24	0.00	0.00	0.00	0.00	0.83	5278.24
3	T1-59	人工挖桩孔 一二类土 深度15m以内	m³	2775.95	45.51	126333.48	45.51	126333.48	0.00	0.00	0.00	0.00
4	T1-102	土方运输 运输距离2000m以上	m³	2775.95	14.01	38891.06	3.17	8799.76	0.00	0.00	10.84	30091.30
5	T1-91	夯填土	m³	1890.62	8.53	16126.99	6.94	13120.90	0.01	18.91	1.58	2987.18
	a.1.2	砌筑工程				358023.23	0.00	64754.95	0.00	291743.06	0.00	1525.22
6	T3-4-2	1砖墙 水泥砂浆 M5.0	m³	57.66	162.56	9373.21	39.53	2279.30	121.13	6984.36	1.90	109.55
7	T3-11-2	190厚空心砖砖墙190×290×190(大九孔)水泥砂浆 M5.0	m³	132.30	168.73	22322.98	35.89	4748.25	132.14	17482.12	0.70	92.61
8	T3-18-2	190厚多孔砖砖墙190×190×90 DM2水泥砂浆 M5.0	m³	36.18	195.57	7075.72	34.68	1254.72	159.66	5776.50	1.23	44.50
9	T3-48-2	加气混凝土砌块墙 水泥砂浆 M5.0	m³	1687.59	166.04	280207.44	31.79	53648.49	133.90	225968.30	0.35	590.66
10	T4-115	砌体加筋	t	10.14	3850.48	39043.87	278.52	2824.19	3504.12	35531.78	67.84	687.90
	a.1.3	现场搅拌混凝土工程				302238.13	0.00	280403.05	0.00	21835.08	0.00	0.00
11	T4-108	集中搅拌(预拌)混凝土 护 基础 前台震捣养	m³	3400.49	15.55	52877.62	14.01	47640.86	1.54	5236.75	0.00	0.00
12	T4-109	集中搅拌(预拌)混凝土 护 柱 前台震捣养	m³	0.00	41.22	0.00	40.53	0.00	0.69	0.00	0.00	0.00
13	T4-110	集中搅拌(预拌)混凝土 护 墙 前台震捣养	m³	5240.09	34.90	182879.14	33.79	177062.64	1.11	5816.50	0.00	0.00
14	T4-111	集中搅拌(预拌)混凝土 护 梁、板 前台震捣养	m³	2460.54	25.88	63678.78	21.65	53270.69	4.23	10408.08	0.00	0.00
	【累计】					896807.29		313286.89				86050.60

预算员：　　　　　　　　　　日期：

工程名称：×××高校住宅楼·建筑工程

序号	定额号	项目名称	计量单位	工程量	单价（元）	合价（元）	人工费 单价	人工费 合价	材料费 单价	材料费 合价	机械费 单价	机械费 合价
15	T4-112	集中搅拌（预拌）混凝土 前台震捣养护 其他小型构件	m³	50.28	16.46	827.61	14.27	717.50	2.19	110.11	0.00	0.00
16	T4-113	集中搅拌（预拌）混凝土 前台震捣养护 楼梯	m²	462.53	4.27	1975.00	3.70	1711.36	0.57	263.64	0.00	0.00
	a.1.4	钢筋工程			0.00	5557776.27	0.00	402639.25	0.00	4987030.76	0.00	168106.26
17	T4-115	普通钢筋 φ6mm以上	t	638.6112	3850.48	2458959.65	278.52	177865.99	3504.12	2237770.28	67.84	43323.38
18	T4-117	低合金钢筋	t	702.62	3909.17	2746661.03	278.52	195693.72	3562.81	2503301.56	67.84	47665.74
19	T4-138	电渣压力焊接 钢筋直径 20mm以内	个接头	28362.00	4.94	140108.28	0.73	20704.26	1.74	49349.88	2.47	70054.14
20	T4-139	电渣压力焊接 钢筋直径 22mm以内	个接头	96.00	5.19	498.24	0.75	72.00	1.80	172.80	2.64	253.44
21	T4-143	锥螺纹套筒连接 钢筋直径 20mm以内	个接头	8076.00	21.55	174037.80	0.84	6783.84	20.02	161681.52	0.69	5572.44
22	T4-144	锥螺纹套筒连接 钢筋直径 22mm以内	个接头	1508.00	21.60	32572.80	0.87	1311.96	20.02	30190.16	0.71	1070.68
23	T4-145	锥螺纹套筒连接 钢筋直径 25mm以内	个接头	228.00	21.66	4938.48	0.91	207.48	20.02	4564.56	0.73	166.44
	a.1.5	屋面工程			0.00	161023.16	0.00	11461.99	0.00	149543.86	0.00	17.31
24	8-63	冷底子油 第一遍	m²	865.25	1.59	1375.75	0.37	320.14	1.20	1038.30	0.02	17.31
25	8-4	干铺 珍珠岩	m³	865.25	142.53	123324.08	10.33	8938.03	132.20	114386.05	0.00	0.00
26	8-6-1	水泥炉渣 1：6	m³	54.67	150.99	8254.62	19.42	1061.69	131.57	7192.93	0.00	0.00
27	9-31-3	水泥砂浆 1：3 在填充材料上 厚度 20mm	m²	0.00	6.58	0.00	1.93	0.00	4.44	0.00	0.21	0.00
28	7-37	改性沥青卷材（SBS-I）满铺 厚度 4mm	m²	865.25	32.44	28068.71	1.32	1142.13	31.12	26926.58	0.00	0.00
	a.1.6	防腐保温及防水工程	0.00	438430.76	0.00	126001.15	0.00	306439.09	0.00	5990.52	0.00	
29	T8-27	沥青粘贴聚苯乙烯泡沫板 附墙铺贴	m³	556.74	384.29	213949.61	140.86	78422.40	232.67	129536.70	10.76	5990.52
【累计】						6832358.95				5579771.96		260164.69

预算员：

日期：

工程名称：×××高校住宅楼·建筑工程

序号	定额号	项目名称	计量单位	工程量	单价(元)	合计(元)	人工费 单价	人工费 合价	材料费 单价	材料费 合价	机械费 单价	机械费 合价
30	T8-83	涂膜防水 平面	m²	3760.22	16.22	60990.77	2.50	9400.55	13.72	51590.22	0.00	0.00
31	T8-84	涂膜防水 立面	m²	9133.54	17.90	163490.37	4.18	38178.20	13.72	125312.17	0.00	0.00
	a.1.7	楼地面			0.00	273895.16	0.00	90297.44	0.00	176619.42	0.00	6978.30
32	T9-1-2	灰土 2：8 打夯机夯实	m³	658.45	60.01	39513.58	19.00	12510.55	40.14	26430.18	0.87	572.85
33	T9-1-3	灰土 3：7 打夯机夯实	m³	145.25	67.58	9816.00	19.00	2759.75	47.71	6929.88	0.87	126.37
34	T9-27-1换	混凝土垫层 C10 塑混凝土 C10-32.5 L40 中砂	m³	33.26	176.61	5874.05	28.70	954.56	137.98	4589.21	9.93	330.27
35	T9-27-2换	混凝土垫层 C15 塑混凝土 C15-32.5 L40 中砂	m³	220.53	182.07	40151.90	28.70	6329.21	143.44	31632.82	9.93	2189.86
36	T9-30-1	水泥砂浆 1：2 在混凝土或硬基层上 厚度20mm	m²	1069.73	6.78	7252.77	1.88	2011.09	4.73	5059.82	0.17	181.85
37	T9-30-3	水泥砂浆 1：3 在混凝土或硬基层上 厚度20mm	m²	2427.09	6.02	14611.08	1.88	4562.93	3.97	9635.55	0.17	412.61
38	T9-35-1	楼地面 水泥砂浆 1：2	m²	3092.15	8.14	25170.10	2.48	7668.53	5.49	16975.90	0.17	525.67
39	T9-35-2	楼地面 水泥砂浆 1：2.5	m²	12095.01	7.84	94824.88	2.48	29995.62	5.19	62773.10	0.17	2056.15
40	T9-39-2	踢脚板水泥砂浆 1：2.5	m	16311.10	1.84	30012.42	1.21	19736.43	0.60	9786.66	0.03	489.33
41	T9-40-2	楼梯混凝土水泥砂浆 1：2.5	m²	372.45	16.69	6216.19	9.56	3560.62	6.90	2569.91	0.23	85.66
42	T9-41-2	台阶水泥砂浆 1：2.5	m²	30.70	14.73	452.21	6.78	208.15	7.70	236.39	0.25	7.68
	a.1.8	墙面及天棚			0.00	599755.72	0.00	294905.39	0.00	290057.43	0.00	14792.90
43	T10-72	现浇混凝土天棚 水泥砂浆底面	m²	16276.37	7.80	126955.69	4.00	65105.48	3.65	59408.75	0.15	2441.46
44	T10-1	砖墙面、墙裙水泥砂浆	m²	255.60	7.80	1993.68	3.67	938.05	3.95	1009.62	0.18	46.01
45	T10-2	混凝土墙面墙裙水泥砂浆	m²	18295.45	8.50	155511.33	3.96	72449.98	4.36	79768.16	0.18	3293.18
46	T10-8	矩形混凝土柱面水泥砂浆	m²	44.51	10.19	453.56	5.45	242.58	4.55	202.52	0.19	8.46
47	T10-11	砖墙面、墙裙混凝土石灰膏砂浆	m²	40988.61	6.88	282001.64	3.40	139361.27	3.28	134442.64	0.20	8197.72
48	T10-71	混凝土墙面、墙裙抹灰 水泥珍珠岩砂浆	m²	2985.44	11.00	32839.84	5.63	16808.03	5.10	15225.74	0.27	806.07
【累计】						7930491.01				6223351.20		281935.89

预算员：　　　　　　　　日期：

工程名称：×××高校住宅楼·建筑工程

序号	定额号	项目名称	计量单位	工程量	单价(元)	合价(元)	人工费		材料费		机械费	
							单价	合价	单价	合价	单价	合价
	a.1.9	大型垂直运输机械使用费			0.00	49060.64	0.00	0.00	0.00	0.00	0.00	49060.64
49	T1001	固定式基础(带配重)	座	1.00	4154.74	4154.74	0.00	0.00	0.00	0.00	4154.74	4154.74
50	T2005	自升式塔式起重机	台次	1.00	14994.80	14994.80	0.00	0.00	0.00	0.00	14994.80	14994.80
51	T3018	自升式塔式起重机	台次	1.00	17460.60	17460.60	0.00	0.00	0.00	0.00	17460.60	17460.60
52	T2011	施工电梯100m	台次	1.00	5661.43	5661.43	0.00	0.00	0.00	0.00	5661.43	5661.43
53	T3020	施工电梯100m	台次	1.00	6789.07	6789.07	0.00	0.00	0.00	0.00	6789.07	6789.07
【累计】						7979551.65				6223351.20		330996.53

预算员：　　　　　　　　　　　　　　　　　　　　　　　　　　日期：

工 程 取 费 表

表 8-5

工程名称：×××高校住宅楼·建筑工程

编号	项目名称	计算基数及计算公式	系数(%)	金额(元)
1	直接费	<2>＋<3>＋<4>＋<11>＋实体其他费＋技术措施其他费	0.00	10980414.36
2	其中 A1-人工费	<5.1>＋<8>	0.00	2050363.24
3	A2-材料费	<5.2>＋<9>＋材料费×0.0024	0.00	7320211.09
4	A3-机械费	<5.3>＋<10>	0.00	1141440.35
5	直接工程费	<5.1>＋<5.2>＋<5.3>	0.00	7979551.60
5.1	其中 B1-人工费	实体人工费	0.00	1425203.87
5.2	B2-材料费	实体材料费＋未计价资源费＋设备费	0.00	6223351.20
5.3	B3-机械费	实体机械费	0.00	330996.53
6	措施费	<7>＋<11>	0.00	2983336.32
7	技术措施费	<8>＋<9>＋<10>＋技术措施其他费	0.00	2514936.64
8	其中 C1-人工费	技术措施人工费	0.00	625159.37
9	C2-材料费	技术措施材料费	0.00	1079333.45
10	C3-机械费	技术措施机械费	0.00	810443.82
11	组织措施费	组织措施定额直接费	0.00	468399.68
12	间接费	<1>×系数	8.30	911374.38
13	利润	<1>×系数	6.39	701648.46
14	价差调整	<14.1>＋<14.2>＋<14.3>	0.00	164029.06
14.1	人工费调整	人工价差	8.00	164029.06
14.2	材料价差	<14.2.1>＋<14.2.2>	0.00	0.00
14.2.1	一类材差	材料价差	0.00	0.00
14.2.2	二类材差	<5.2>×系数	0.00	0.00
14.3	机械费调整	机械价差	0.00	0.00
15	规费	<15.1>＋<15.2>＋<15.3>＋<15.4>＋<15.5>	0.00	428220.33
15.1	劳动保险基金	<1>×系数	3.72	408471.41
15.2	住房公积金	按规定计算	0.00	0.00
15.3	工程排污费	按规定计算	0.00	0.00
15.4	工程定额测定费	(<1>＋<12>＋<13>＋<14>＋<15.1>＋<15.2>＋<15.3>)×系数	0.15	19748.92
15.5	危险作业意外伤害保险	按规定计算	0.00	0.00
16	税金	<1>＋<12>＋<13>＋<14>＋<15>×系数	3.41	449631.92
17	单方造价	<18>/建筑面积	0.00	649.31
18	工程造价	<1>＋<12>＋<13>＋<14>＋<15>＋<16>	0.00	13635318.51

预算员：

编制时间：

材 料 价 差 表

表 8-6

工程名称：×××高校住宅楼·建筑工程

序号	材料编码	材料名称及规格	单位	用量	定额价	市场价	价差(单)	价差(合)
1	A266	低合金钢筋	t	727.21	3376.70	6200.22	2823.52	2053296.78
2	A269-1	型钢	t	1.68	3179.85	6059.00	2879.15	4836.97
3	A270	圆钢	t	0.42	3320.00	6111.99	2791.99	1172.64
4	ATB0160	普通钢筋φ5mm以上	t	671.46	3320.00	6111.99	2791.99	1874702.63
5	AYG	圆钢	kg	244.80	3.32	6.12	2.80	685.44
6	Apbfx5	水泥32.5	kg	874432.32	0.28	0.44	0.16	143406.90
7	ATB0090	水泥32.5	kg	1775.47	0.29	0.44	0.15	273.42
8	Bpbfx5	水泥32.5	kg	109731.84	0.28	0.44	0.16	17996.02
9	A258	板方材	m³	267.49	1102.86	2000.00	897.14	239975.80
10	A261	圆木	m³	0.63	875.55	1780.00	904.45	569.80
11	A1	普通黏土砖 240×115×53	千块	30.64	177.00	388.20	211.20	6471.27
12	A5	加气混凝土块	m³	1628.52	131.82	172.50	40.68	66248.37
13	Apbfx20	中砂	m³	141.32	55.00	58.07	3.07	433.84
14	Apbfx28	卵石40mm	m³	207.63	44.52	55.52	11.00	2283.88
15	Apbfx385	生石灰	kg	159315.89	0.11	0.12	0.01	796.58
16	Apbfx71	砂(水泥砂浆用)	m³	1165.46	50.24	53.04	2.80	3263.29
17	Apbfx72	砂(水泥石灰砂浆用)	m³	729.5973	46.34	53.04	6.70	4888.30
18	ATB0173	空心砖 190×290×190（大九孔）	千块	11.8409	1364.00	1641.21	277.21	3282.41
19	ATB0180	多孔砖 190×190×90 DM2	千块	9.6166	534.01	490.39	−43.62	−419.48
	合 计							4424164.86

预算员：

编制时间：

建筑结构工程预算表

表 8-7

工程名称：×××高校住宅楼·商品混凝土

序号	定额号	项目名称	计量单位	工程量	单价(元)	合价(元)	人工费		材料费		机械费	
							单价	合价	单价	合价	单价	合价
1	B1	C25	m³	512.81	240.85	123510.29	0.00	0.00	0.00	0.00	0.00	0.00
2	B2	C30	m³	7502.58	244.75	1836256.46	0.00	0.00	0.00	0.00	0.00	0.00
3	B3	C35	m³	1999.00	253.85	507446.15	0.00	0.00	0.00	0.00	0.00	0.00
4	B4	C40	m³	1956.08	269.25	526674.54	0.00	0.00	0.00	0.00	0.00	0.00
【累计】						2993887.44		0.00		0.00		0.00

预算员：　　　　日期

235

工 程 取 费 表

表 8-8

工程名称：×××高校住宅楼·商品混凝土

编号	项目名称	计算基数及计算公式	系数(%)	金额(元)
1	直接费	<2>＋<3>＋<4>＋<11>＋实体其他费＋技术措施其他费	0.00	2993887.44
2	其中 A1-人工费	<5.1>＋<8>	0.00	0.00
3	A2-材料费	<5.2>＋<9>＋材料费×0.0024	0.00	0.00
4	A3-机械费	<5.3>＋<10>	0.00	0.00
5	直接工程费	<5.1>＋<5.2>＋<5.3>	0.00	0.00
5.1	其中 B1-人工费	实体人工费	0.00	0.00
5.2	B2-材料费	实体材料费＋未计价资源费＋设备费	0.00	0.00
5.3	B3-机械费	实体机械费	0.00	0.00
6	措施费	<7>＋<11>	0.00	0.00
7	技术措施费	<8>＋<9>＋<10>＋技术措施其他费	0.00	0.00
8	其中 C1-人工费	技术措施人工费	0.00	0.00
9	C2-材料费	技术措施材料费	0.00	0.00
10	C3-机械费	技术措施机械费	0.00	0.00
11	组织措施费	组织措施定额直接费	0.00	0.00
12	间接费	<1>×系数	4.00	119755.50
13	利润	<1>×系数	0.00	0.00
14	价差调整	<14.1>＋<14.2>＋<14.3>	0.00	0.00
14.1	人工费调整	人工价差	8.00	0.00
14.2	材料价差	<14.2.1>＋<14.2.2>	0.00	0.00
14.2.1	一类材差	材料价差	0.00	0.00
14.2.2	二类材差	<5.2>×系数	0.00	0.00
14.3	机械费调整	机械价差	0.00	0.00
15	规费	<15.1>＋<15.2>＋<15.3>＋<15.4>＋<15.5>	0.00	57441.92
15.1	劳动保险基金	<1>×系数	1.76	52692.42
15.2	住房公积金	按规定计算	0.00	0.00
15.3	工程排污费	按规定计算	0.00	0.00
15.4	工程定额测定费	(<1>＋<12>＋<13>＋<14>＋<15.1>＋<15.2>＋<15.3>)×系数	0.15	4749.50
15.5	危险作业意外伤害保险	按规定计算	0.00	0.00
16	税金	<1>＋<12>＋<13>＋<14>＋<15>×系数	3.41	108133.99
17	单方造价	<18>/建筑面积	0.00	156.15
18	工程造价	<1>＋<12>＋<13>＋<14>＋<15>＋<16>	0.00	3279218.85

预算员：　　　　　　　　　　　　　　　　　　　编制时间：

8.2.2 工程量清单法(招标清单)

(1) 招标清单包括的内容:分部分项工程量清单;措施项目清单;其他项目清单;零星工作项目清单;规费和税金。

(2) 工程量招标清单编制依据:

① 计价规范。

② 招标文件。

③ 施工图。

④ 拟采用的施工组织设计和施工技术方案。

(3) 分部分项工程量清单编制步骤:

① 熟悉工程量招标清单编制依据。

② 对照《计价规范》项目名称,以及用于描述项目名称的项目特征,确定具体的分部分项名称。

③ 按《计价规范》设置与项目名称相对应的项目编码。

④ 按《计价规范》中的计量单位确定分部分项工程计量单位。

⑤ 按《计价规范》规定的工程量计算规则计算工程量。

⑥ 最后参照《计价规范》中列出的工程内容,建立分部分项工程量清单的综合工程内容。

(4) 措施项目清单编制依据:

① 拟采用的施工组织设计和施工技术方案。

② 招标文件。

③ 施工图。

(5) 措施项目清单编制步骤:

① 首先参照拟采用的工程的施工组织设计,以确定环境保护、文明安全施工、材料的二次搬运等等项目。

② 参阅拟采用的施工技术方案,确定夜间施工、大型机械设备进出场及安拆、脚手架、施工排水降水等项目。

(6) 其他项目清单:其他项目清单由招标人(预留金、材料购置费)部分、投标人(总承包服务费、零星工作项目费)部分等组成。

① 预留金是招标人为可能发生的工程量变更而预留的金额。材料购置费是招标人购置材料预留的费用。预留金、材料购置费这两项目费用由清单编制人根据业主意图和拟建工程实际情况确定。

② 总承包服务费是配合协调招标人工程分包(指国家允许分包的工程)和材料采购所需的费用。零星工作项目费是完成招标人提出的工程量暂估的零星工作费用。

(7) 编制实例:这里仍以某×××高校住宅楼为例。

① 编制依据:

A. ×××高校住宅楼施工图。

B. 《建设工程工程量清单计价规范》和《××省工程工程量清单计价规则》。

C. ××省现行费用定额等。

② 分部分项工程量清单见表8-9。

序号	项目编码	项 目 名 称	计量单位	工程数量
	a. 1	建筑工程		
	a. 1. 1	土方工程		
1	010101002001	挖土方 1. 土壤类别：一、二类土；2. 挖土平均厚度：5m 以内；3. 弃土运距：1km 以内	m³	6359.31
	a. 1. 2	混凝土桩		
2	010201003001	混凝土灌注桩 1. 土壤级别：二级土；2. 单桩长度、根数：30m 内，99 根；3. 桩截面：φ1000；4. 成孔方法：人工成孔；5. 混凝土强度等级：C30	m	2970.00
	a. 1. 3	砌筑工程		
3	010302004001	填充墙 1. 砖的品种、规格、强度等级：标准砖；2. 墙体厚度：200；3. 填充材料种类：加气块；4. 勾缝要求：平缝；5. 砂浆强度等级：M5	m³	1277.85
4	010302004002	填充墙 1. 砖的品种、规格、强度等级：标准砖；2. 墙体厚度：290；3. 填充材料种类：加气块；4. 勾缝要求：平缝；5. 砂浆强度等级：M5	m³	1599.70
	a. 1. 4	混凝土及钢筋混凝土工程		
5	010401005001	桩承台基础 1. 垫层材料种类、厚度：C10，混凝土，厚度 100mm；2. 混凝土强度等级：C40；3. 混凝土拌和料要求：中砂	m³	246.40
6	010403001001	基础梁 1. 梁底标高：−5.1m；2. 梁截面：300×700；3. 混凝土强度等级：C40；4. 混凝土拌和料要求：中砂，砾石	m³	68.774
7	010401005002	筏板 1. 垫层材料种类、厚度：混凝土 C10 100mm；2. 混凝土强度等级：C40；3. 混凝土拌和料要求：中砂，砾石	m³	290.91
8	010402001001	矩形柱 1. 柱高度：3.0m 内；2. 柱的截面尺寸：周长 1.8m 外；3. 混凝土强度等级：C40；4. 混凝土拌和料要求：10.25	m³	10.25
9	010402001002	矩形柱 1. 柱高度：3.0m 内；2. 柱的截面尺寸：周长 1.8m 外；3. 混凝土强度等级：C35；4. 混凝土拌和料要求：中砂，砾石	m³	250.70
10	010403002001	矩形梁 1. 梁底标高：−1.5，2.5，5.5；2. 梁截面：200×500；3. 混凝土强度等级：C40；4. 混凝土拌和料要求：中砂，砾石	m³	40.92
11	010403002002	矩形梁 1. 梁底标高：5.5-24.9；2. 梁截面：200×350；3. 混凝土强度等级：C35；4. 混凝土拌和料要求：中砂，砾石	m³	77.871
12	010403002003	矩形梁 1. 梁底标高：58.9-70；2. 梁截面：200×350；3. 混凝土强度等级：C30；4. 混凝土拌和料要求：中砂，砾石	m³	112.773
13	010404001001	直形墙 1. 墙类型：地下室外墙；2. 墙厚度：400mm 内；3. 混凝土强度等级：C40；4. 混凝土拌和料要求：中砂，砾石	m³	658.60
14	010404001002	直形墙 1. 墙类型：直形墙；2. 墙厚度：300mm 内；3. 混凝土强度等级：C35；4. 混凝土拌和料要求：中砂，砾石	m³	3842.08
15	010404001003	直形墙 1. 墙类型：直形墙；2. 墙厚度：200mm 外；3. 混凝土强度等级：C30；4. 混凝土拌和料要求：中砂，砾石	m³	776.09
16	010405001001	有梁板 1. 板底标高：−1.00；2. 板厚度：250mm；3. 混凝土强度等级：C40；4. 混凝土拌和料要求：中砂，砾石	m³	234.37
17	010405001002	有梁板 1. 板底标高：3-45m；2. 板厚度：120mm；3. 混凝土强度等级：C35；4. 混凝土拌和料要求：中砂，砾石	m³	959.61

序号	项目编码	项 目 名 称	计量单位	工程数量
18	010405001003	有梁板 1. 板底标高：48-72；2. 板厚度：120mm；3. 混凝土强度等级：C30；4. 混凝土拌和料要求：中砂，砾石	m³	426.96
19	010405006001	栏板 1. 板厚度：100mm内；2. 混凝土强度等级：C25；3. 混凝土拌和料要求：中砂，砾石	m³	91.92
20	010406001001	直形楼梯 1. 混凝土强度等级：C40；2. 混凝土拌和料要求：中砂，砾石	m²	110.65
21	010406001002	直形楼梯 1. 混凝土强度等级：C35；2. 混凝土拌和料要求：中砂，砾石	m²	136.00
22	010406001003	直形楼梯 1. 混凝土强度等级：C30；2. 混凝土拌和料要求：中砂，砾石	m²	125.80
23	010407001002	其他构件 1. 构件的类型：构造柱；2. 构件规格：200×200；3. 混凝土强度等级：C25；4. 混凝土拌和料要求：中砂，砾石	m³	144.64
24	010416001001	现浇混凝土钢筋 1. 钢筋种类、规格：6.5mm以上普通钢筋	t	625.76
25	010416001002	现浇混凝土钢筋 1. 钢筋种类、规格：低合金钢，钢筋连接	t	751.21
	a.1.5	屋面防水		
26	010702001001	屋面卷材防水 1. 卷材品种、规格：SBS改性沥青防水卷材；2. 防水层做法：一层4mm	m²	865.25
27	010703002001	卫生间聚氨酯涂膜防水	m²	3760.22
28	010703003001	砂浆防水（潮） 1. 防水（潮）部位：地下；2. 防水（潮）厚度、层数：5层；3. 砂浆配比：水泥砂浆1：2	m²	950.00
	a.1.6	保温隔热工程		
29	010803001001	保温隔热屋面 1. 保温隔热部位：屋面；2. 保温隔热方式（内保温、外保温、夹心保温）：外保温；3. 保温隔热材料品种、规格：水泥珍珠岩板，厚度200mm，1：6水泥炉渣找坡，最薄处30mm	m³	173.05
30	010803003001	保温隔热墙 1. 保温隔热部位：墙体；2. 保温隔热方式（内保温、外保温、夹心保温）：外保温；3. 保温隔热材料品种、规格：聚苯乙烯泡沫板，厚度50mm；4. 粘贴材料种类：专用胶粘剂	m³	502.82
31	010803002001	保温隔热天棚 1. 保温隔热部位：天棚；2. 保温隔热方式（内保温、外保温、夹心保温）：内保温；3. 保温隔热材料品种、规格：岩棉板50mm	m³	53.92
	a.1.7	地面工程		
32	020101001001	水泥砂浆楼地面 1. 垫层材料种类、厚度：3：7灰土150mm，C10混凝土100mm；2. 面层厚度、砂浆配合比：1：2.5水泥砂浆，20mm	m²	1592.15
33	020101001002	水泥砂浆楼地面 1. 面层厚度、砂浆配合比：1：2.5水泥砂浆，20mm	m²	12095.04
34	020102002001	块料楼地面 1. 结合层厚度、砂浆配合比：水泥砂浆1：2.5；2. 面层材料品种、规格、品牌、颜色：彩釉砖	m²	1728.00
36	020105001001	水泥砂浆踢脚线 1. 踢脚线高度：120mm；2. 底层厚度、砂浆配合比：13mm 1：3水泥砂浆；3. 面层厚度、砂浆配合比：7mm 1：2.5水泥砂浆	m²	16311.10
37	020106003001	水泥砂浆楼梯面 1. 找平层厚度、砂浆配合比：水泥砂浆1：3；2. 面层厚度、砂浆配合比：水泥砂浆1：2；3. 防滑条材料种类、规格：金刚砂	m²	372.45

工程名称：××高校住宅楼

序号	项目编码	项 目 名 称	计量单位	工程数量
38	020108003001	水泥砂浆台阶面 1. 垫层材料种类、厚度：3；7 灰土，厚度 150mm，C10 混凝土 100mm；2. 面层厚度、砂浆配合比：水泥砂浆 1：2.5	m²	30.70
39	020107001001	金属扶手带栏杆、栏板 1. 扶手材料种类、规格、品牌、颜色：不锈钢管 φ89×2.5；2. 栏杆材料种类、规格、品牌、颜色：不锈钢	m	288.00
40	020107005001	硬木靠墙扶手 1. 扶手材料种类、规格、品牌、颜色：硬木 65×105；2. 油漆品种、刷漆遍数：调合漆	m	195.60
	a.1.8	墙柱面工程		
41	020201001001	墙面一般抹灰 1. 墙体类型：内墙；2. 面层厚度、砂浆配合比：水泥砂浆 1：2.5	m²	36590.90
42	020204003001	块料墙面 1. 墙体类型：内墙；2. 底层厚度、砂浆配合比：13mm 1：3 水泥砂浆；3. 贴结层厚度、材料种类：7mm 1：2.5 水泥砂浆；4. 面层材料品种、规格、品牌、颜色：全瓷砖	m²	6622.90
43	020301001001	天棚抹灰 1. 抹灰厚度、材料种类：石灰砂浆；2. 砂浆配合比：石灰砂浆 1：2.5	m²	19276.37
44	020302001001	天棚吊顶 1. 吊顶形式：单层龙骨；2. 龙骨类型、材料种类、规格、中距：U 型轻钢龙骨；3. 基层材料种类、规格：pvc 板	m²	578.00
	a.1.9	门窗工程		
45	020401001001	镶木板门 1. 门类型：带门框；2. 玻璃品种、厚度、五金材料、品种、规格：折	樘	576.00
46	020406007001	塑钢窗	樘	720.00
47	020402006001	防盗门	樘	144.00
48	010501004001	防护密闭门	樘	3.00
49	010501004002	密闭门	樘	2.00
50	010501004003	防爆活门	樘	2.00
51	020401006001	木质防火门　甲级	樘	48.00
52	020401006002	木质防火门　乙级	樘	50.00
53	020501001001	门油漆	樘	576.00
54	020507001001	刷喷涂料	m²	34571.00

③ 措施项目清单见表8-10。

措施项目清单　　　　　　　　　　　　　　　　表 8-10

工程名称：××高校住宅楼　　　　　　　　　　　　第1页　共1页

序号	项 目 名 称
1	环境保护费
2	文明施工费
3	临时设施费
4	夜间施工费
5	冬雨期施工费
6	生产工具用具使用费
7	工程定位复测、工程点交、场地清理费
8	安全施工费
9	大型机械设备进出场及安拆
10	挖桩孔孔内照明及安全费
11	超高增加费
12	垂直运输
13	脚手架
14	混凝土、钢筋混凝土模板及支架

④ 其他项目清单见表8-11。

其他项目清单　　　　　　　　　　　　　　　　表 8-11

工程名称：××高校住宅楼·其他措施　　　　　　　第1页　共1页

序号	项 目 名 称
1	招标人部分
1.1	预留金
1.2	材料购置费
	小　计
2	投标人部分
2.1	总承包服务费
2.2	零星工作项目费
	小　计

⑤ 零星工作项目清单见表8-12。

零 星 工 作 项 目　　　　　　　　　　　　　　表 8-12

工程名称：××高校住宅楼·其他措施　　　　　　　第1页　共1页

序号	名　　称	计量单位	数量
1	【人工】		
1.1	综合工日	工日	20

序号	名　　称	计量单位	数量
	小　　计		
2	【材料】		
2.1	铁　　件	t	0.993
	小　　计		
3	【机械】		
			0.00
	小　　计		

8.2.3　工程量清单法(投标报价)

(1)工程量清单报价组成：分部分项工程清单计价、措施项目清单计价、其他项目清单计价、规费、税金。

(2)工程量清单计价步骤：

① 熟悉工程量清单。

② 研究招标文件。

③ 全面系统阅读施工图纸。

④ 熟悉工程量计算规则。

⑤ 核算工程量清单所提供清单子目工程量是否正确。

⑥ 计算每个清单子目所组合的工程子项的工程量，以便进行单价分析。

⑦ 分部分项工程清单计价。

⑧ 措施项目清单计价。

⑨ 其他项目清单计价、规费、税金。

8.2.4　编制实例

这里仍以某×××高校住宅楼为例。

(1)编制依据：

① ×××高校住宅楼施工图。

②《建设工程工程量清单计价规范》和《××省工程工程量清单计价规则》。

③《××省建设工程消耗量定额》。

④ ××省现行费用定额等。

⑤ 招标单位提供的工程量清单。

(2)工程项目总表见表8-13。

工程项目总价表　　　　　　　　　　　表8-13

工程名称：××高校住宅楼

第1页　共1页

序号	单项工程名称	金额(元)
1	××高校住宅楼	17762884.15
合计		17762884.15

(3) 单项工程费用汇总表见表8-14。

单项工程费汇总表　　　　　　　　　　　　　　　　　　　表 8-14

工程名称：××高校住宅楼　　　　　　　　　　　　　　　　第1页　共1页

序号	单位工程名称	金额(元)
1	建筑工程	17762884.15
1.1	土方工程	67928.36
1.2	混凝土桩	816106.57
1.3	砌筑工程	587360.38
1.4	混凝土及钢筋混凝土工程	9175917.30
1.5	屋面防水	156021.01
1.6	保温隔热工程	290331.50
1.7	地面工程	427939.71
1.8	墙柱面工程	1173167.94
1.9	门窗工程	1163388.41
1.10	措施项目	3753886.28
1.11	其他措施	150836.69
合计	17762884.15	17762884.15

(4) 单位工程费用汇总表见表8-15。

单位工程费汇总表　　　　　　　　　　　　　　　　　　　表 8-15

工程名称：××高校住宅楼·建筑工程　　　　　　　　　　　第1页　共11页

序号	项目名称	金额(元)
1	分部分项工程费	12961428.45
2	措施项目费	3510868.12
3	其他项目费	141068.70
4	规费	563778.26
5	税金	585740.60
合计		17762884.15

(5) 分部分项工程清单计价分两步第一步是按招标文件给定的工程量清单子目逐个进行综合单价分析。在分析计算一般依据企业定额，本案例采用××省建设工程消耗量定额；按图纸和招标文件描述的项目特征、工程内容和拟建工程的具体情况，求出每个清单项目的综合单价。第二步，按分部分项工程量清单计价格式，将每个清单项目的工程量，分别乘以对应的综合单价计算出各项合计，再将各项和价汇总。具体见表8-16。

(6) 措施项目清单计价表见表8-17。

(7) 其他项目清单计价表见表8-18。

(8) 零星工作项目计价表见表8-19。

序号	项目编码	项 目 名 称	计量单位	工程数量	金额(元)	
					综合单价	合价
	a.1	建筑工程			0.00	16613365.27
	a.1.1	土方工程			0.00	67928.36
1	010101002001	挖土方 1. 土壤类别：一、二类土；2. 挖土平均厚度：5m 以内；3. 弃土运距：1km 以内	m³	6359.31	9.99	63529.51
	a.1.2	混凝土桩			0.00	816106.57
2	010201003001	混凝土灌注桩 1. 土壤级别：二级土；2. 单桩长度、根数：30m 内，99 根；3. 桩截面：φ1000；4. 成孔方法：人工成孔；5. 混凝土强度等级：C30	m	2970.00	257.00	763290.00
	a.1.3	砌筑工程			0.00	587360.38
3	010302004001	填充墙 1. 砖的品种、规格、强度等级：标准砖；2. 墙体厚度：200；3. 填充材料种类：加气块；4. 勾缝要求：平缝；5. 砂浆强度等级：M5	m³	1277.85	191.11	244209.91
4	010302004002	填充墙 1. 砖的品种、规格、强度等级：标准砖；2. 墙体厚度：290；3. 填充材料种类：加气块；4. 勾缝要求：平缝；5. 砂浆强度等级：M5	m³	1599.70	190.75	305142.78
	a.1.4	混凝土及钢筋混凝土工程			0.00	9175917.30
5	010401005001	桩承台基础 1. 垫层材料种类、厚度：C10，混凝土，厚度 100mm；2. 混凝土强度等级：C40；3. 混凝土拌和料要求：中砂	m³	246.40	313.95	77357.28
6	010403001001	基础梁 1. 梁底标高：－5.1m；2. 梁截面：300×700；3. 混凝土强度等级：C40；4. 混凝土拌和料要求：中砂，砾石	m³	68.774	269.41	18528.40
7	010401005002	筏板 1. 垫层材料种类、厚度：混凝土 C10 100mm；2. 混凝土强度等级：C40；3. 混凝土拌和料要求：中砂，砾石	m³	290.91	475.38	138292.80
8	010402001001	矩形柱 1. 柱高度：3.0m 内；2. 柱的截面尺寸：周长 1.8m 外；3. 混凝土强度等级：C40；4. 混凝土拌和料要求：10.25	m³	10.25	291.02	2982.96
9	010402001002	矩形柱 1. 柱高度：3.0m 内；2. 柱的截面尺寸：周长 1.8m 外；3. 混凝土强度等级：C35；4. 混凝土拌和料要求：中砂，砾石	m³	250.70	274.57	68834.70
10	010403002001	矩形梁 1. 梁底标高：－1.5，2.5，5.5；2. 梁截面：200×500；3. 混凝土强度等级：C40；4. 混凝土拌和料要求：中砂，砾石	m³	40.92	275.22	11262.00
11	010403002002	矩形梁 1. 梁底标高：5.5-24.9；2. 梁截面：200×350；3. 混凝土强度等级：C35；4. 混凝土拌和料要求：中砂，砾石	m³	77.871	258.30	20114.08
12	010403002003	矩形梁 1. 梁底标高：58.9-70；2. 梁截面：200×350；3. 混凝土强度等级：C30；4. 混凝土拌和料要求：中砂，砾石	m³	112.773	246.78	27830.12
	本页小计					1741374.54
	合　计					1741374.54

工程名称：××高校住宅楼

序号	项目编码	项目名称	计量单位	工程数量	综合单价	合价
					金额(元)	
13	010404001001	直形墙 1. 墙类型：地下室外墙；2. 墙厚度：400mm内；3. 混凝土强度等级：C40；4. 混凝土拌和料要求：中砂，砾石	m³	658.60	279.07	183795.50
14	010404001002	直形墙 1. 墙类型：直形墙；2. 墙厚度：300mm内；3. 混凝土强度等级：C35；4. 混凝土拌和料要求：中砂，砾石	m³	3842.08	269.43	1035171.61
15	010404001003	直形墙 1. 墙类型：直形墙；2. 墙厚度：200mm外；3. 混凝土强度等级：C30；4. 混凝土拌和料要求：中砂，砾石	m³	776.09	258.20	200386.44
16	010405001001	有梁板 1. 板底标高：−1.00；2. 板厚度：250mm；3. 混凝土强度等级：C40；4. 混凝土拌和料要求：中砂，砾石	m³	234.37	270.77	63460.37
17	010405001002	有梁板 1. 板底标高：3-45m；2. 板厚度：120mm；3. 混凝土强度等级：C35；4. 混凝土拌和料要求：中砂，砾石	m³	959.61	253.85	243597.00
18	010405001003	有梁板 1. 板底标高：48-72；2. 板厚度：120mm；3. 混凝土强度等级：C30；4. 混凝土拌和料要求：中砂，砾石	m³	426.96	242.34	103469.49
19	010405006001	栏板 1. 板厚度：100mm内；2. 混凝土强度等级：C25；3. 混凝土拌和料要求：中砂，砾石	m³	91.92	291.19	26766.19
20	010406001001	直形楼梯 1. 混凝土强度等级：C40；2. 混凝土拌和料要求：中砂，砾石	m²	110.65	62.91	6960.99
21	010406001002	直形楼梯 1. 混凝土强度等级：C35；2. 混凝土拌和料要求：中砂，砾石	m²	136.00	59.35	8071.60
22	010406001003	直形楼梯 1. 混凝土强度等级：C30；2. 混凝土拌和料要求：中砂，砾石	m²	125.80	56.94	7163.05
23	010407001002	其他构件 1. 构件的类型：构造柱；2. 构件规格：200×200；3. 混凝土强度等级：C25；4. 混凝土拌和料要求：中砂，砾石	m³	144.64	329.80	47702.27
24	010416001001	现浇混凝土钢筋 1. 钢筋种类、规格：6.5mm以上普通钢筋	t	625.76	4296.57	2688621.64
25	010416001002	现浇混凝土钢筋 1. 钢筋种类、规格：低合金钢，钢筋连接	t	751.21	4794.69	3601819.08
	a.1.5	屋面防水			0.00	156021.01
26	010702001001	屋面卷材防水 1. 卷材品种、规格：SBS改性沥青防水卷材；2. 防水层做法：一层4mm	m²	865.25	37.27	32247.87
27	010703002001	卫生间聚氨酯涂膜防水	m²	3760.22	27.94	105060.55
28	010703003001	砂浆防水(潮) 1. 防水(潮)部位：地下；2. 防水(潮)厚度、层数：5层；3. 砂浆配合比：水泥砂浆1:2	m²	950.00	9.07	8616.50
	a.1.6	保温隔热工程			0.00	290331.50
	本页小计					8362910.15
	合计					10104284.69

工程名称：××高校住宅楼

序号	项目编码	项目名称	计量单位	工程数量	金额(元)	
					综合单价	合价
29	010803001001	保温隔热屋面 1. 保温隔热部位：屋面；2. 保温隔热方式(内保温、外保温、夹心保温)：外保温；3. 保温隔热材料品种、规格：水泥珍珠岩板，厚度200mm，1：6水泥炉渣找坡，最薄处30mm	m³	173.05	224.24	38804.73
30	010803003001	保温隔热墙 1. 保温隔热部位：墙体；2. 保温隔热方式(内保温、外保温、夹心保温)：外保温；3. 保温隔热材料品种、规格：聚苯乙烯泡沫板，厚度50mm，4. 粘贴材料种类：专用胶粘剂	m³	502.82	441.31	221899.49
31	010803002001	保温隔热天棚 1. 保温隔热部位：天棚；2. 保温隔热方式(内保温、外保温、夹心保温)：内保温；3. 保温隔热材料品种、规格：岩棉板50mm	m³	53.92	201.00	10837.92
	a.1.7	地面工程			0.00	427939.71
32	020101001001	水泥砂浆楼地面 1. 垫层材料种类、厚度：3：7灰土150mm，C10混凝土100mm；2. 面层厚度、砂浆配合比：1：2.5水泥砂浆，20mm	m²	1592.15	40.93	65166.70
33	020101001002	水泥砂浆楼地面 1. 面层厚度、砂浆配合比：1：2.5水泥砂浆，20mm	m²	12095.04	9.00	108855.36
34	020102002001	块料楼地面 1. 结合层厚度、砂浆配合比：水泥砂浆1：2.5；2. 面层材料品种、规格、品牌、颜色：彩釉砖	m²	1728.00	55.27	95506.56
36	020105001001	水泥砂浆踢脚线 1. 踢脚线高度：120mm；2. 底层厚度、砂浆配合比：13mm 1：3水泥砂浆；3. 面层厚度、砂浆配合比：7mm 1：2.5水泥砂浆	m²	16311.10	2.11	34416.42
37	020106003001	水泥砂浆楼梯面 1. 找平层厚度、砂浆配合比：水泥砂浆1：3；2. 面层厚度、砂浆配合比：水泥砂浆1：2；3. 防滑条材料种类、规格：金刚砂	m²	372.45	26.43	9843.85
38	020108003001	水泥砂浆台阶面 1. 垫层材料种类、厚度：3：7灰土，厚度150mm，C10混凝土100mm；2. 面层厚度、砂浆配合比：水泥砂浆1：2.5	m²	30.70	51.10	1568.77
39	020107001001	金属扶手带栏杆、栏板 1. 扶手材料种类、规格、品牌、颜色：不锈钢管 φ89×2.5；2. 栏杆材料种类、规格、品牌、颜色：不锈钢	m	288.00	269.45	77601.60
40	020107005001	硬木靠墙扶手 1. 扶手材料种类、规格、品牌、颜色：硬木65×105；2. 油漆品种、刷漆遍数：调合漆	m	195.60	37.24	7284.14
	a.1.8	墙柱面工程			0.00	1173167.94
41	020201001001	墙面一般抹灰 1. 墙体类型：内墙；2. 面层厚度、砂浆配合比：水泥砂浆1：2.5	m²	36590.90	8.96	327854.46
42	020204003001	块料墙面 1. 墙体类型：内墙；2. 底层厚度、砂浆配合比：13mm 1：3水泥砂浆；3. 贴结层厚度、材料种类：7mm 1：2.5水泥砂浆；4. 面层材料品种、规格、品牌、颜色：全瓷砖	m²	6622.90	85.48	566125.49
		本页小计				1565765.49
		合　计				11670050.18

工程名称：××高校住宅楼

序号	项目编码	项目名称	计量单位	工程数量	金额(元)	
					综合单价	合价
43	020301001001	天棚抹灰 1. 抹灰厚度、材料种类：石灰砂浆；2. 砂浆配合比：石灰砂浆1：2.5	m²	19276.37	8.49	163656.38
44	020302001001	天棚吊顶 1. 吊顶形式：单层龙骨；2. 龙骨类型、材料种类、规格、中距：U形轻钢龙骨；3. 基层材料种类、规格：PVC板	m²	578.00	68.53	39610.34
	a.1.9	门窗工程			0.00	1163388.41
45	020401001001	镶木板门 1. 门类型：带门框；2. 玻璃品种、厚度、五金材料、品种、规格：折	樘	576.00	180.40	103910.40
46	020406007001	塑钢窗	樘	720.00	866.81	624103.20
47	020402006001	防盗门	樘	144.00	545.80	78595.20
48	010501004001	防护密闭门	樘	3.00	1573.81	4721.43
49	010501004002	密闭门	樘	2.00	1617.80	3235.60
50	010501004003	防爆活门	樘	2.00	811.17	1622.34
51	020401006001	木质防火门 甲级	樘	48.00	1425.32	68415.36
52	020401006002	木质防火门 乙级	樘	50.00	1425.32	71266.00
53	020501001001	门油漆	樘	576.00	19.52	11243.52
54	020507001001	刷喷涂料	m²	34571.00	3.50	120998.50
	本页小计	1291378.27				1291378.27
	合　计	12961428.45				12961428.45

措施项目清单计价表　　　　表 8-17

第1页 共1页

工程名称：××高校住宅楼

序号	项目名称	金额(元)
	建筑工程	3510868.12
1	环境保护费	33197.03
2	文明施工费	53115.24
3	临时设施费	179263.91
4	夜间施工费	79672.85
5	冬雨期施工费	105123.90
6	生产工具用具使用费	71926.89
7	工程定位复测、工程点交、场地清理费	22131.35
8	安全施工费	66583.65
9	大型机械设备进出场及安拆	54017.53
10	挖桩孔孔内照明及安全费	12146.85

序号	项 目 名 称	金额（元）
11	超高增加费	127416.82
12	垂直运输	816690.00
13	脚手架	216111.00
14	混凝土、钢筋混凝土模板及支架	1673471.10
合计	3510868.12	3510868.12

其 他 项 目 清 单

表 8-18

工程名称：××高校住宅楼·其他措施

第1页 共1页

序号	项 目 名 称	金额
1	招标人部分	
1.1	预留金	11469
1.2	材料购置费	114690
	小　计	126159
2	投标人部分	
2.1	总承包服务费	9175.2
2.2	零星工作项目费	5734.5
	小　计	14209.7
	合　计	141068.7

零 星 工 作 项 目

表 8-19

工程名称：××高校住宅楼·其他措施

第1页 共1页

序号	名　称	计量单位	数量	金额（元）	
				综合单价	合价
1	【人工】				
1.1	综合工日		20	23.43	468.60
	小　计				468.6
2	【材料】				
2.1	铁　件		0.993	5300	5262.9
	小　计				5262.9
3	【机械】				
	小　计				0.00
	合　计				5734.5

（9）分部分项工程量清单综合单价分析表见表 8-20。

（10）措施项目费分析表见表 8-21。

（11）工程资源汇总表见表 8-22（仅列出部分）。

注意：本书编制预算所用软件均为 PKPM 工程软件，清单部分按 2003 规范编制。

表 8-20

第 1 页　共 11 页

分部分项综合分析表

工程名称：××高校住宅楼

序号	编码	名称	单位	数量	综合单价组成(元)							合价	综合单价
					人工费	材料费	机械费	其他费	管理费	利润	风险费		
	a.1	建筑工程			0.00	0.00	0.00	0.00	0.00	0.00	0.00	0.00	0.00
	a.1.1	土方工程			0.00	0.00	0.00	0.00	0.00	0.00	0.00	0.00	0.00
1	010101002001	挖土方 1. 土壤类别：一、二类土；2. 挖土平均厚度：5m以内；3. 弃土运距：1km以内	m³	6359.31	8.71	0.00	0.00	0.00	0.72	0.56	0.00	63529.51	9.99
	1-5	人工挖土方 一二类土 深度5m以内	m³	6359.31	8.71	0.00	0.00	0.00	0.72	0.56	0.00	63529.51	9.99
	a.1.2	混凝土桩			0.00	0.00	0.00	0.00	0.00	0.00	0.00	0.00	0.00
2	010201003001	混凝土灌注桩 1. 土壤级别：二级土；2. 单桩长度、根数：30m 内，99 根；3. 桩截面：φ1000；4. 成孔方法：人工成孔；5. 混凝土强度等级：C30	m	2970.00	60.48	147.37	16.28	0.00	18.57	14.29	0.00	763290.00	257.00
	1-59	人工挖桩孔 一二类土 深度15m以内	m³	2331.45	35.73	0.00	0.00	0.00	2.97	2.28	0.00	95535.83	40.98
	1-100	土方运输 运输距离2000m以内1000m	m³	2331.45	2.49	0.00	7.28	0.00	0.81	0.62	0.00	26098.48	11.19
	4-2-2换	现浇井桩混凝土 C20塑混凝土 C30-42.5 L40中砂	m³	2331.45	22.27	147.37	9.00	0.00	14.80	11.39	0.00	477551.02	204.83
	a.1.3	砌筑工程			0.00	0.00	0.00	0.00	0.00	0.00	0.00	0.00	0.00
3	010302004001	填充墙 1. 砖的品种、规格、强度等级：标准砖；2. 墙体厚度：200；3. 填充材料种类：加气块；4. 勾缝要求：平缝；5. 砂浆强度等级：M5	m³	1277.85	31.79	134.53	0.35	0.00	13.81	10.63	0.00	244209.91	191.11
	3-48-3	加气混凝土砌块墙 水泥砂浆 M7.5	m³	1277.85	31.79	134.53	0.35	0.00	13.81	10.63	0.00	244209.91	191.11
4	010302004002	填充墙 1. 砖的品种、规格、强度等级：标准砖；2. 墙体厚度：290；3. 填充材料种类：加气块；4. 勾缝要求：平缝；5. 砂浆强度等级：M5	m³	1599.70	31.79	134.22	0.35	0.00	13.78	10.61	0.00	305142.78	190.75

序号	编码	名 称	单位	数量	综合单价组成(元)							合价	综合单价
					人工费	材料费	机械费	其他费	管理费	利润	风险费		
	3-48-2	加气混凝土砌块墙 水泥砂浆 M5.0	m³	1599.70	31.79	134.22	0.35	0.00	13.78	10.61	0.00	305142.78	190.75
	a.1.4	混凝土及钢筋混凝土工程			0.00	0.00	0.00	0.00	0.00	0.00	0.00	0.00	0.00
5	010401005001	桩承台基础 1. 垫层材料种类、厚度：C10，混凝土，厚度100mm；2. 混凝土强度等级：C40；3. 混凝土拌和料要求：中砂	m³	246.40	36.51	224.91	12.38	0.00	22.69	17.47	0.00	77357.28	313.95
	9-27-1换	混凝土垫层 C10-42.5 L40 中砂	m³	49.20	5.73	28.83	1.98	0.00	3.03	2.33	0.00	2061.38	41.90
	4-8-3换	现浇承台基础混凝土 C30 塑混凝土 C40-42.5 L40 中砂	m³	246.00	30.78	196.08	10.39	0.00	19.66	15.14	0.00	66923.72	272.05
6	010403001001	基础梁 1. 梁底标高：-5.1m；2. 梁截面：300×700；3. 混凝土强度等级：C40；4. 混凝土拌和料要求：中砂、砾石	m³	68.774	31.26	197.51	6.20	0.00	19.46	14.98	0.00	18528.40	269.41
	4-14-3换	现浇基础梁 混凝土 C30 塑混凝土 C40-42.5 L40 中砂	m³	68.774	31.26	197.51	6.20	0.00	19.46	14.98	0.00	18528.40	269.41
7	010401005002	筏板 1. 垫层材料种类、厚度：混凝土 C10 100mm；2. 混凝土强度等级：C40；3. 混凝土拌和料要求：中砂、砾石	m³	290.91	59.53	334.71	20.34	0.00	34.35	26.45	0.00	138292.80	475.38
	9-27-1换	混凝土垫层 C10-32.5 L40 中砂	m³	290.91	28.70	138.31	9.93	0.00	14.66	11.29	0.00	59022.73	202.89
	4-8-3换	现浇承台基础混凝土 C30 塑混凝土 C40-42.5 L40 中砂	m³	290.91	30.83	196.40	10.41	0.00	19.69	15.16	0.00	79270.07	272.49
8	010402001001	矩形柱 1. 柱高度：3.0m内；2. 柱的截面尺寸：周长1.8m外；3. 混凝土强度等级：C40；4. 混凝土拌和料要求：10.25	m³	10.25	50.70	196.80	6.30	0.00	21.03	16.19	0.00	2982.96	291.02

工程名称：××高校住宅楼

序号	编码	名称	单位	数量	人工费	材料费	机械费	其他费	管理费	利润	风险费	合价	综合单价
9	4-12-4 换	现浇矩形柱 混凝土 C35 塑混混凝土 C40-42.5 L40 中砂	m³	10.25	50.70	196.80	6.30	0.00	21.03	16.19	0.00	2982.96	291.02
	010402001002	矩形柱 1. 柱高度: 3.0m 内; 2. 柱的截面尺寸: 周长 1.8m 外; 3. 混凝土强度等级: C35; 4. 混凝土拌和料要求: 中砂, 砾石	m³	250.70	50.70	182.46	6.30	0.00	19.84	15.27	0.00	68834.70	274.57
	4-12-4	现浇矩形柱 混凝土 C35	m³	250.70	50.70	182.46	6.30	0.00	19.84	15.27	0.00	68834.70	274.57
10	010403002001	矩形梁 1. 梁底标高: -1.5、2.5、5.5; 2. 梁截面: 200×500; 3. 混凝土强度等级: C40; 4. 混凝土拌和料要求: 中砂, 砾石	m³	40.92	36.34	197.49	6.20	0.00	19.88	15.31	0.00	11262.00	275.22
	4-15-3 换	现浇单梁、连续梁、叠合梁 混凝土 C30 塑混凝土 C40-42.5 L40 中砂	m³	40.92	36.34	197.49	6.20	0.00	19.88	15.31	0.00	11262.00	275.22
11	010403002002	矩形梁 1. 梁底标高: 5.5-24.9; 2. 梁截面: 200×350; 3. 混凝土强度等级: C35; 4. 混凝土拌和料要求: 中砂, 砾石	m³	77.871	36.34	182.73	6.20	0.00	18.66	14.37	0.00	20114.08	258.30
	4-15-3 换	现浇单梁、连续梁、叠合梁 混凝土 C35-42.5 L40 中砂	m³	77.871	36.34	182.73	6.20	0.00	18.66	14.37	0.00	20114.08	258.30
12	010403002003	矩形梁 1. 梁底标高: 58.9-70; 2. 梁截面: 200×350; 3. 混凝土强度等级: C30; 4. 混凝土拌和料要求: 中砂, 砾石	m³	112.773	36.34	172.68	6.20	0.00	17.83	13.73	0.00	27830.12	246.78
	4-15-3	现浇单梁、连续梁、叠合梁 混凝土 C30	m³	112.773	36.34	172.68	6.20	0.00	17.83	13.73	0.00	27830.12	246.78
13	010404001001	直形墙 1. 墙类型: 地下至外墙; 2. 墙厚度: 400mm 内; 3. 混凝土强度等级: C40; 4. 混凝土拌和料要求: 中砂, 砾石	m³	658.60	40.30	196.94	6.15	0.00	20.16	15.52	0.00	183795.50	279.07
	4-22-3 换	现浇直、圆形墙 墙厚 30cm 以外 混凝土 C30 塑混凝土 C40-42.5 L40 中砂	m³	658.60	40.30	196.94	6.15	0.00	20.16	15.52	0.00	183795.50	279.07

综合单价组成(元)

工程名称：××高校住宅楼

序号	编码	名称	单位	数量	综合单价组成（元）							合价	综合单价
					人工费	材料费	机械费	其他费	管理费	利润	风险费		
14	010404001002	直形墙 1.墙类型：直形墙；2.墙厚度：300mm内；3.混凝土强度等级：C35；4.混凝土拌和料要求：中砂，砾石	m³	3842.08	46.23	182.59	6.15	0.00	19.47	14.99	0.00	1035171.61	269.43
	4-21-3换	现浇直、圆形墙 墙厚30cm以内 混凝土C30塑混凝土C35-42.5 L40中砂	m³	3842.08	46.23	182.59	6.15	0.00	19.47	14.99	0.00	1035171.61	269.43
15	010404001003	直形墙 1.墙类型：直形墙；2.墙厚度：200mm外；3.混凝土强度等级：C30；4.混凝土拌和料要求：中砂，砾石	m³	776.09	46.23	172.80	6.15	0.00	18.66	14.36	0.00	200386.44	258.20
	4-21-3	现浇直、圆形墙 墙厚30cm以内 混凝土C30	m³	776.09	46.23	172.80	6.15	0.00	18.66	14.36	0.00	200386.44	258.20
16	010405001001	有梁板 1.板底标高：-1.00；2.板厚度：250mm；3.混凝土强度等级：C40；4.混凝土拌和料要求：中砂，砾石	m³	234.37	30.62	199.33	6.20	0.00	19.56	15.06	0.00	63460.36	270.77
	4-27-3换	现浇有梁板 混凝土C30塑混凝土C40-42.5 L40中砂	m³	234.37	30.62	199.33	6.20	0.00	19.56	15.06	0.00	63460.36	270.77
17	010405001002	有梁板 1.板底标高：3-45m；2.板厚度：120mm；3.混凝土强度等级：C35；4.混凝土拌和料要求：中砂，砾石	m³	959.61	30.62	184.57	6.20	0.00	18.34	14.12	0.00	243597.00	253.85
	4-27-3换	现浇有梁板 混凝土C30塑混凝土C35-42.5 L40中砂	m³	959.61	30.62	184.57	6.20	0.00	18.34	14.12	0.00	243597.00	253.85
18	010405001003	有梁板 1.板底标高：48-72；2.板厚度：120mm；3.混凝土强度等级：C30；4.混凝土拌和料要求：中砂，砾石	m³	426.96	30.62	174.53	6.20	0.00	17.51	13.48	0.00	103469.49	242.34
	4-27-3	现浇有梁板 混凝土C30	m³	426.96	30.62	174.53	6.20	0.00	17.51	13.48	0.00	103469.49	242.34

工程名称：××高校住宅楼

序号	编码	名称	单位	数量	人工费	材料费	机械费	其他费	管理费	利润	风险费	合价	综合单价
								综合单价组成(元)					
19	010405006001	栏板 1. 板厚度：100mm内；2. 混凝土强度等级：C25；3. 混凝土拌和料要求：中砂、砾石	m³	91.92	71.91	172.20	9.84	0.00	21.04	16.20	0.00	26766.18	291.19
	4-36-3	现浇栏板 混凝土C25	m³	91.92	71.91	172.20	9.84	0.00	21.04	16.20	0.00	26766.18	291.19
20	010406001001	直形楼梯 1. 混凝土强度等级：C40；2. 混凝土拌和料要求：中砂、砾石	m²	110.65	11.29	41.90	1.67	0.00	4.55	3.50	0.00	6960.99	62.91
	4-31-3换	现浇整体楼梯板式 直形 混凝土C30；塑混凝土C40-42.5 L40中砂	m²	110.65	11.29	41.90	1.67	0.00	4.55	3.50	0.00	6960.99	62.91
21	010406001002	直形楼梯 1. 混凝土强度等级：C35；2. 混凝土拌和料要求：中砂、砾石	m²	136.00	11.29	38.80	1.67	0.00	4.29	3.30	0.00	8071.60	59.35
	4-31-3换	现浇整体楼梯板式 直形 混凝土C35-42.5 L40中砂	m²	136.00	11.29	38.80	1.67	0.00	4.29	3.30	0.00	8071.60	59.35
22	010406001003	直形楼梯 1. 混凝土强度等级：C30；2. 混凝土拌和料要求：中砂、砾石	m²	125.80	11.29	36.70	1.67	0.00	4.11	3.17	0.00	7163.05	56.94
	4-31-3	现浇整体楼梯板式 直形 混凝土C30	m²	125.80	11.29	36.70	1.67	0.00	4.11	3.17	0.00	7163.05	56.94
23	010407001002	其他构件 1. 构件的类型：构造柱；2. 构件规格：200×200；3. 混凝土强度等级：C25；4. 混凝土拌和料要求：中砂、砾石	m³	144.64	70.62	207.16	9.84	0.00	23.83	18.35	0.00	47702.27	329.80
	4-40-3	现浇小型构件 混凝土C25	m³	144.64	70.62	207.16	9.84	0.00	23.83	18.35	0.00	47702.27	329.80
24	010416001001	现浇混凝土钢筋 1. 钢筋种类、规格：6.5mm以上普通钢筋	t	625.76	230.86	3427.66	88.78	0.00	310.34	238.93	0.00	2688621.64	4296.57
	4-120	普通钢筋 φ5mm以上	t	625.76	230.86	3427.66	88.78	0.00	310.34	238.93	0.00	2688621.64	4296.57
25	010416001002	现浇混凝土钢筋 1. 钢筋种类、规格：低合金钢，钢筋连接	t	751.21	272.21	3711.35	198.01	0.00	346.47	266.65	0.00	3601819.07	4794.69

253

工程名称：××高校住宅楼

序号	编码	名称	单位	数量	综合单价组成（元）							合价	综合单价
					人工费	材料费	机械费	其他费	管理费	利润	风险费		
	4-121	低合金钢筋	t	751.21	230.86	3483.23	81.09	0.00	314.31	241.98	0.00	3268867.78	4351.47
	4-140	电渣压力焊接 钢筋直径 20mm以内	个接头	28362.00	30.20	70.60	106.47	0.00	17.37	13.21	0.00	6746101.86	237.86
	4-139	电渣压力焊接 钢筋直径 22mm以内	个接头	96.00	7.58	0.23	0.34	0.00	3.50	2.22	0.00	73.00	0.76
	4-153	直螺纹套筒连接 钢筋直径 20mm以内	个接头	8076.00	9.03	127.29	8.28	0.00	11.93	9.25	0.00	1338799.78	165.78
	4-154	直螺纹套筒连接 钢筋直径 22mm以内	个接头	1508.00	1.75	25.80	1.59	0.00	2.41	1.87	0.00	50372.63	33.40
	4-155	直螺纹套筒连接 钢筋直径 25mm以内	个接头	228.00	0.28	4.21	0.25	0.00	0.39	0.30	0.00	1235.92	5.42
	a.1.5	屋面防水			0.00	0.00	0.00	0.00	0.00	0.00	0.00	0.00	0.00
26	010702001001	屋面卷材防水 1.卷材品种、规格：SBS 改性沥青防水卷材；2.防水层做法：一层4mm	m²	865.25	1.32	31.19	0.00	0.00	2.69	2.07	0.00	32247.87	37.27
	7-37	改性沥青卷材(SBS-I) 厚度 4mm 满铺	m²	865.25	1.32	31.19	0.00	0.00	2.69	2.07	0.00	32247.87	37.27
27	010703002001	卫生间聚氨酯涂膜防水	m²	3760.22	4.38	19.82	0.17	0.00	2.02	1.55	0.00	105060.55	27.94
	8-79	水乳型普通乳化沥青涂料 二布三涂 平面	m²	3760.22	2.50	15.84	0.00	0.00	1.52	1.17	0.00	79077.43	21.03
	9-30-3	水泥砂浆 1:3 在混凝土或硬基层上 厚度20mm	m²	3760.22	1.88	3.98	0.17	0.00	0.50	0.38	0.00	25983.12	6.91
28	010703003001	砂浆防水（潮） 1.防水（潮）部位：地下；2.防水（潮）厚度，层数：5层；3.砂浆配合比：水泥砂浆1:2	m²	950.00	2.21	5.53	0.17	0.00	0.66	0.50	0.00	8616.50	9.07
	8-99	防水砂浆 平面	m²	950.00	2.21	5.53	0.17	0.00	0.66	0.50	0.00	8616.50	9.07

工程名称：××高校住宅楼

序号	编码	名称	单位	数量	综合单价组成（元）							合价	综合单价
					人工费	材料费	机械费	其他费	管理费	利润	风险费		
	a.1.6	保温隔热工程			0.00	0.00	0.00	0.00	0.00	0.00	0.00	0.00	0.00
29	010803001001	保温隔热屋面 1.保温隔热部位：屋面；2.保温隔热方式(内保温、外保温、夹心保温)：外保温；3.保温隔热材料品种、规格：水泥珍珠岩板，厚度200mm；1:6水泥炉渣找坡，最薄处30mm	m³	173.05	17.10	178.48	0.00	0.00	16.20	12.47	0.00	38804.73	224.24
	8-6-1	水泥炉渣 1:6	m³	60.30	6.77	45.96	0.00	0.00	4.37	3.36	0.00	3645.34	60.45
	8-4	干铺 珍珠岩	m³	173.05	10.33	132.52	0.00	0.00	11.83	9.11	0.00	28343.86	163.79
30	010803003001	保温隔热墙 1.保温隔热部位：墙体；2.保温隔热方式(内保温、外保温、夹心保温)：外保温；3.保温隔热材料品种、规格：聚苯乙烯泡沫板，厚度50mm；4.粘贴材料种类：专用胶粘剂	m³	502.82	140.86	233.23	10.76	0.00	31.90	24.56	0.00	221899.49	441.31
	8-27	沥青粘贴聚苯乙烯泡沫板 附墙粘贴	m³	502.82	140.86	233.23	10.76	0.00	31.90	24.56	0.00	221899.49	441.31
31	010803002001	保温隔热天棚 1.保温隔热部位：天棚；2.保温隔热方式(内保温、外保温、夹心保温)：内保温；3.保温隔热材料品种、规格：岩棉板 厚度50mm	m³	53.92	13.20	162.00	0.00	0.00	14.60	11.20	0.00	10837.92	201.00
	8-13	干铺岩棉板 厚度50mm	m²	1078.40	13.20	162.00	0.00	0.00	14.60	11.20	0.00	216758.40	201.00
	a.1.7	地面工程			0.00	0.00	0.00	0.00	0.00	0.00	0.00	0.00	0.00
32	020101001001	水泥砂浆楼地面 1.垫层材料种类、厚度：3:7灰土150mm、C10混凝土100mm；2.面层厚度、砂浆配合比：1:2.5水泥砂浆，20mm	m²	1592.15	8.20	26.20	1.29	0.00	2.96	2.28	0.00	65166.70	40.93
	T9-1-3	灰土3:7打夯机夯实	m³	238.8225	2.85	7.17	0.13	0.00	0.84	0.65	0.00	2780.61	11.64

工程名称：××高校住宅楼

序号	编码	名 称	单位	数量	综合单价组成(元)							合价	综合单价
					人工费	材料费	机械费	其他费	管理费	利润	风险费		
	T9-27-1换	混凝土垫层 C10 塑混凝土C10-32.5 L40 中砂	m³	159.215	2.87	13.83	0.99	0.00	1.47	1.13	0.00	3230.31	20.29
	T9-35-2	楼地面 水泥砂浆 1：2.5	m²	1592.15	2.48	5.20	0.17	0.00	0.65	0.50	0.00	14329.35	9.00
33	020101001002	水泥砂浆楼地面 1. 面层厚度、砂浆配合比：1：2.5 水泥砂浆，20mm	m²	12095.04	2.48	5.20	0.17	0.00	0.65	0.50	0.00	108855.36	9.00
	T9-35-2	楼地面 水泥砂浆 1：2.5	m²	12095.04	2.48	5.20	0.17	0.00	0.65	0.50	0.00	108855.36	9.00
34	020102002001	块料楼地面 1. 结合层厚度、砂浆配合比：水泥砂浆 1：2.5；2. 面层材料品种、规格、颜色：彩釉砖	m²	1728.00	6.69	41.37	0.15	0.00	3.99	3.07	0.00	95506.56	55.27
	1-18	陶瓷地砖 楼地面 300×300	m²	1728.00	6.69	41.37	0.15	0.00	3.99	3.07	0.00	95506.56	55.27
35			m²	0.00	0.00	0.00	0.00	0.00	0.00	0.00	0.00	0.00	0.00
36	020105001001	水泥砂浆踢脚线 1. 踢脚线高度：120mm；2. 底层厚度、砂浆配合比：13mm 1：3 水泥砂浆；3. 面层厚度、砂浆配合比：7mm 1：2.5 水泥砂浆	m²	16311.10	1.21	0.60	0.03	0.00	0.15	0.12	0.00	34416.42	2.11
	T9-39-2	踢脚板水泥砂浆 1：2.5	m	16311.10	1.21	0.60	0.03	0.00	0.15	0.12	0.00	34416.42	2.11
37	020106003001	水泥砂浆楼梯面 1. 找平层厚度、砂浆配合比 1：3；2. 面层厚度、砂浆配合比 1：2；3. 防滑条材料种类：金刚砂	m²	372.45	11.73	11.11	0.23	0.00	1.90	1.45	0.00	9843.85	26.43
	T9-40-1	楼梯水泥砂浆 1：2	m²	372.45	9.56	7.32	0.23	0.00	1.42	1.09	0.00	7307.47	19.62
	1-78	防滑条楼梯、台阶、坡道 金刚砂	m	1500.00	2.17	3.79	0.00	0.00	0.48	0.36	0.00	10209.42	6.81
38	020108003001	水泥砂浆台阶面 1. 垫层材料种类、厚度：3：7 灰土，厚度150mm，C10混凝土100mm；2. 面层厚度、砂浆配合比：水泥砂浆 1：2.5	m²	30.70	15.28	27.92	1.35	0.00	3.70	2.85	0.00	1568.77	51.10

序号	编码	名　　称	单位	数量	综合单价组成（元）							合价	综合单价
					人工费	材料费	机械费	其他费	管理费	利润	风险费		
	T9-1-3	灰土 3：7 打夯机夯实	m³	4.605	2.85	7.17	0.13	0.00	0.84	0.65	0.00	53.62	11.64
	T9-27-1换	混凝土垫层 C10 塑混凝土 C10-32.5 L40 中砂	m³	3.07	2.87	13.83	0.99	0.00	1.47	1.13	0.00	62.29	20.29
	T9-40-2	楼梯水泥砂浆 1：2.5	m²	30.70	9.56	6.92	0.23	0.00	1.39	1.07	0.00	588.52	19.17
39	020107001001	金属扶手带栏杆、栏板 栏板 1.扶手材料种类、规格、品牌、颜色：不锈钢管 φ89×2.5；2.栏杆材料种类、规格、品牌、颜色：不锈钢	m	288.00	11.41	219.97	3.63	0.00	19.46	14.98	0.00	77601.60	269.45
	6-76	不锈钢栏杆 直线型 竖条式	m	288.00	11.41	219.97	3.63	0.00	19.46	14.98	0.00	77601.60	269.45
40	020107005001	硬木靠墙扶手 1.扶手材料种类、规格、品牌、颜色：硬木 65×105；2.油漆品种、刷漆遍数：调合漆	m	195.60	4.22	28.26	0.00	0.00	2.69	2.07	0.00	7284.14	37.24
	6-113	硬木扶手 直形 断面100×60mm	m	195.60	4.22	28.26	0.00	0.00	2.69	2.07	0.00	7284.14	37.24
	a.1.8	墙柱面工程			0.00	0.00	0.00	0.00	0.00	0.00	0.00	0.00	0.00
41	020201001001	墙面一般抹灰 1.墙体类型：内墙；2.面层厚度、砂浆配合比：水泥砂浆 1：2.5	m²	36590.90	3.67	3.96	0.18	0.00	0.65	0.50	0.00	327854.46	8.96
	T10-1	砖墙面、墙裙水泥砂浆	m²	36590.90	3.67	3.96	0.18	0.00	0.65	0.50	0.00	327854.46	8.96
42	020204003001	块料墙面 1.墙体类型：内墙；2.底层厚度、砂浆配合比：13mm 1：3 水泥砂浆；3.贴结层厚度、材料种类：7mm 1：2.5 水泥砂浆；4.面层材料品种、规格、品牌、颜色：全瓷砖	m²	6622.90	9.93	64.43	0.19	0.00	6.18	4.75	0.00	566125.49	85.48
	2-102	瓷板 200×300mm 水泥砂浆结合层 墙面	m²	6622.90	9.93	64.43	0.19	0.00	6.18	4.75	0.00	566125.49	85.48

工程名称：××高校住宅楼

序号	编码	名称	单位	数量	人工费	材料费	机械费	其他费	管理费	利润	风险费	合价	综合单价
43	020301001001	天棚抹灰 1.抹灰厚度、材料种类：石灰砂浆；2.砂浆配合比：石灰砂浆1:2.5	m²	19276.37	4.06	3.17	0.18	0.00	0.61	0.47	0.00	163656.38	8.49
	T10-74	现浇混凝土天棚 水泥石灰清砂浆底面	m²	19276.37	4.06	3.17	0.18	0.00	0.61	0.47	0.00	163656.38	8.49
44	020302001001	天棚吊顶 1.吊顶形式：单层龙骨；2.龙骨类型、材料种类、规格、中距：U形轻钢龙骨；3.基层材料种类、规格：PVC板	m²	578.00	7.26	52.39	0.12	0.00	4.95	3.81	0.00	39610.34	68.53
	3-25	平面天棚龙骨 装配式U型轻钢 天棚龙骨（不上人型） 面层600×600 一级	m²	578.00	4.45	30.66	0.12	0.00	2.92	2.25	0.00	23351.20	40.40
	3-87	平面天棚面层 塑料板	m²	578.00	2.81	21.73	0.00	0.00	2.03	1.56	0.00	16259.14	28.13
	a.1.9	门窗工程			0.00	0.00	0.00	0.00	0.00	0.00	0.00	0.00	0.00
45	020401001001	镶木板门 1.门类型、带门框；2.玻璃品种、厚度、五金材料，品种、规格：折	樘	576.00	8.11	149.23	0.00	0.00	13.03	10.03	0.00	103910.40	180.40
	4-12	安装镶板门 不带纱门 不带亮子	100m²	10.8864	8.11	149.23	0.00	0.00	13.03	10.03	0.00	1963.92	180.40
46	020406007001	塑钢窗	樘	720.00	29.35	726.66	0.00	0.00	62.60	48.20	0.00	624103.20	866.81
	4-108	安装双玻塑钢推拉窗	100m²	23.328	29.35	726.66	0.00	0.00	62.60	48.20	0.00	20221.05	866.81
47	020402006001	防盗门	樘	144.00	12.25	463.79	0.00	0.00	39.42	30.35	0.00	78595.20	545.80
	4-73	安装保温盗钢门	100m²	2.6676	12.25	463.79	0.00	0.00	39.42	30.35	0.00	1455.98	545.80
48	010501004001	防护密闭门	樘	3.00	169.57	1203.03	0.00	0.00	113.69	87.53	0.00	4721.43	1573.81
	X4-136	安装人防混凝土防密门	100m²	0.0567	169.57	1203.03	0.00	0.00	113.69	87.53	0.00	89.24	1573.81

综合单价组成（元）

工程名称：××高校住宅楼

序号	编码	名称	单位	数量	综合单价组成（元）							合价	综合单价
					人工费	材料费	机械费	其他费	管理费	利润	风险费		
49	010501004002	密闭门	樘	2.00	169.86	1241.11	0.00	0.00	116.87	89.97	0.00	3235.60	1617.80
	X4-135	安装人防混凝土密闭门	100m²	0.0378	169.85	1241.11	0.00	0.00	116.86	89.97	0.00	61.15	1617.80
50	010501004003	防爆活门	樘	2.00	76.28	631.19	0.00	0.00	58.60	45.11	0.00	1622.34	811.17
	X4-137	安装人防混凝土门式悬板活门	100m²	0.0072	76.28	631.18	0.00	0.00	58.59	45.11	0.00	5.84	811.16
51	020401006001	木质防火门 甲级	樘	48.00	27.34	1215.79	0.00	0.00	102.94	79.25	0.00	68415.36	1425.32
	4-126	安装木质防火门	100m²	1.512	27.34	1215.79	0.00	0.00	102.94	79.25	0.00	2155.08	1425.32
52	020401006002	木质防火门 乙级	樘	50.00	27.34	1215.79	0.00	0.00	102.94	79.25	0.00	71266.00	1425.32
	4-126	安装木质防火门	100m²	1.575	27.34	1215.79	0.00	0.00	102.94	79.25	0.00	2244.87	1425.32
53	020501001001	门油漆	樘	576.00	7.58	9.45	0.00	0.00	1.41	1.09	0.00	11243.52	19.52
	5-1	木材面单层木门 调和漆二遍	100m²	10.9431	7.58	9.45	0.00	0.00	1.41	1.09	0.00	213.65	19.52
54	020507001001	刷喷涂料	m²	34571.00	1.70	1.35	0.00	0.00	0.25	0.19	0.00	120998.50	3.50
	5-226	喷（刷）涂料 106涂料 二遍墙、柱、天棚砂浆抹灰面	100m²	345.71	0.94	0.86	0.00	0.00	0.15	0.12	0.00	714.41	2.07
	5-179	抹灰面油漆 乳胶漆 砂浆抹灰面 二遍	100m²	100.456	0.76	0.49	0.00	0.00	0.10	0.08	0.00	143.74	1.43

表 8-21

第 1 页 共 1 页

措施项目费分析表

工程名称：××高校住宅楼

序号	措施项目名称	单位	数量	金额(元)							小计
				人工费	材料费	机械费	现场经费	企管费	利润	风险费	
1	环境保护费	项	1.00	0.00	0.00	0.00	0.00	2402.44	1849.59	0.00	33197.03
2	文明施工费	项	1.00	0.00	0.00	0.00	0.00	3843.90	2959.34	0.00	53115.24
3	临时设施费	项	1.00	0.00	0.00	0.00	0.00	12973.15	9987.76	0.00	179263.91
4	夜间施工费	项	1.00	0.00	0.00	0.00	0.00	5765.84	4439.01	0.00	79672.85
5	冬雨期施工费	项	1.00	0.00	0.00	0.00	0.00	7607.71	5857.02	0.00	105123.90
6	生产工具用具使用费	项	1.00	0.00	0.00	0.00	0.00	5205.28	4007.44	0.00	71926.89
7	工程定位复测、工程点交、场地清理费	项	1.00	18617.31	34151.92	0.00	0.00	1601.62	1233.06	0.00	22131.35
8	安全施工费	项	1.00	0.00	0.00	0.00	0.00	4824.63	3707.72	0.00	66583.65
9	大型机械设备进出场及安拆	项	1.00	0.00	0.00	0.00	0.00	3909.19	3009.61	0.00	54017.53
10	挖桩孔内照明及安全费	项	1.00	0.00	10584.78	0.00	0.00	885.95	676.12	0.00	12146.85
11	超高增加费	项	1.00	46716.24	48430.14	0.00	0.00	9206.13	7100.48	0.00	127416.82
12	垂直运输	项	1.00	20790.00	0.00	0.00	0.00	59010.00	45570.00	0.00	816690.00
13	脚手架	项	1.00	54180.00	119154.00	0.00	0.00	15624.00	12033.00	0.00	216111.00
14	混凝土、钢筋混凝土模板及支架	项	1.00	532350.00	826648.20	0.00	0.00	120964.20	93128.70	0.00	1673471.10
合计				3510868.12							3510868.12

工程资源汇总表

表 8-22

工程名称：××高校住宅楼

序号	材料编码	材料名称	规格、型号等特殊要求	单位	数量	单价(元)	合价(元)
		人工				0.00	2263102.36
1	AR8000	综合工日		工日	86878.9272	23.43	2035573.26
2	BR10	综合工日		工日	7717.1516	23.43	180812.86
3	RGF	人工费		元	46716.2352	1.00	46716.24
		主要材料				0.00	8265998.57
4	A266	低合金钢筋		t	766.2342	3376.70	2587343.02
5	A269-1	型钢		t	1.68	3179.85	5342.15
6	A270	圆钢		t	0.42	3320.00	1394.40
7	ATB0160	普通钢筋	φ5mm 以上	t	638.2752	3320.00	2119073.66
8	AYG	圆钢		kg	244.80	3.32	812.74
9	B2750	镀锌铁丝	22#	kg	165.00	4.19	691.35
10	Apbfx10	水泥 42.5		kg	4221648.1597	0.29	1224277.97
11	Apbfx5	水泥 32.5		kg	768369.4691	0.28	215143.45
12	ATB0090	水泥	32.5	kg	517.7823	0.29	150.16
13	B510	白水泥	32.5	kg	1232.464	0.58	714.83
14	B8270	水泥	32.5	kg	225.00	0.28	63.00
15	Bpbfx5	水泥 32.5		kg	100233.4396	0.28	28065.36
16	A258	板方材		m³	270.172	1102.86	297961.89
17	A259	木脚手板		m³	27.30	1111.66	30348.32
18	A261	圆木		m³	0.63	875.55	551.60
19	B3920	灰板条	1000×38×7.6	百根	26.0185	68.74	1788.51
20	B4450	锯屑		m³	10.368	19.57	202.90
21	B570	板方材		m³	2.8849	1026.25	2960.63
22	A5	加气混凝土块		m³	2776.8358	131.82	366042.50
23	Apbfx180	普通土		m³	282.741	15.00	4241.12
24	Apbfx20	中砂		m³	5751.7013	55.00	316343.57
25	Apbfx26	卵石 10mm		m³	108.6391	53.00	5757.87
26	Apbfx28	卵石 40mm		m³	8873.983	44.52	395069.72
27	Apbfx30	卵石 20mm		m³	71.8447	48.00	3448.55
28	Apbfx380	炉渣		m³	77.3468	46.12	3567.23
29	Apbfx385	生石灰		kg	66382.6793	0.11	7302.09
30	Apbfx70	石灰膏		kg	58499.9277	0.10	5849.99

预算员：

编制时间：

参 考 文 献

［1］ 张长友. 土木工程施工. 北京：中国电力出版社，2007.

［2］ 郑君君，杨学英. 工程估价. 武昌：武汉大学出版社，2006.

［3］ 李书全. 土木工程施工. 上海：同济大学出版社，2004.

［4］ 住房和城乡建设部标准定额研究所. 建设工程工程量清单计价规范(GB 50500—2008).